黄土区水土保持的水沙效应

刘卉芳　曹文洪　孙中峰　著

U0321968

科学出版社

北京

内 容 简 介

本书以黄土区典型流域为对象,采用多种技术方法,从降雨开始,分析土壤入渗发生的时空异质性,研究不同时空尺度水沙运移规律;分析径流产生和发展的物理过程,建立降雨-入渗-径流的综合模型;利用单一动态度、空间动态度模型,分析流域内土地利用/覆被变化的演变过程,调整与优化区域土地利用结构;研究植被和工程对径流和泥沙的影响。

本书可供水土保持、泥沙、水利工程、生态、水文水资源等领域的科研、生产和管理人员参考,也可作为相关专业学生的参考书。

图书在版编目(CIP)数据

黄土区水土保持的水沙效应/刘卉芳,曹文洪,孙中峰著. —北京:科学出版社,2016.3

ISBN 978-7-03-047481-0

Ⅰ.①黄…　Ⅱ.①刘…②曹…③孙…　Ⅲ.①黄土区-水土保持　Ⅳ.①S157.1

中国版本图书馆 CIP 数据核字(2016)第 043777 号

责任编辑:孙伯元　乔丽维 / 责任校对:桂伟利
责任印制:张　伟 / 封面设计:左　讯

科学出版社 出版
北京东黄城根北街 16 号
邮政编码:100717
http://www.sciencep.com

北京教图印刷有限公司印刷
科学出版社发行　各地新华书店经销
*

2016 年 3 月第 一 版　开本:B5(720×1000)
2016 年 3 月第一次印刷　印张:16 1/2
字数:325 000
定价:96.00 元
(如有印装质量问题,我社负责调换)

前　　言

　　黄土高原分布有连续大面积、深厚疏松和易被侵蚀的黄土堆积物,在多种外营力作用下形成了千沟百壑、形态复杂多变的独特地貌特征,是我国乃至世界上水土流失、生态系统退化最严重区域之一。新中国成立以来,黄土高原是我国水土保持与生态建设的重点区域,经过几十年的治理,生态环境得到改善,入黄泥沙减少,成效显著。

　　流域水沙变化主要受气候变化和人类活动影响,而人类活动的影响极为复杂,既包括水土保持、退耕还林还草、水库拦沙和调水调沙等措施减沙的影响,也包括大规模开工建设项目、陡坡开荒等增加水土流失的影响。区域水土保持生态建设控制土壤侵蚀、减少江河泥沙的作用和强度如何,如何制定新形势下水土保持生态建设对策和措施等,都是亟待研究和解决的关键科学问题。为此,围绕黄土区水土保持的水沙效应这一主线,本书依托国家重点基础研究发展计划课题"森林植被调控区域农业水土资源与环境的尺度辨析与转换"(2002CB111503)、国家科技支撑计划课题"沟壑整治工程优化配置与建造技术"(2006BAD09B02)和国家自然科学基金创新研究群体项目"流域水循环模拟与调控"(51021066),以晋西黄土残塬沟壑区的蔡家川小流域和陕北黄土丘陵沟壑区的马家沟小流域为研究对象,基于多年的实测资料,采用空间分析、小波分析、灰色理论、主成分分析、聚类分析等多种数理方法,从降雨入手,分析土壤入渗发生的时空异质性,研究不同时空尺度水沙运移规律;通过对径流产生和发展的物理过程进行分析,得到降雨-入渗-径流的综合模型;采用单一动态度、空间动态度模型分析流域内土地利用/覆被变化的演变过程,调整与优化区域土地利用结构;研究植被对径流和泥沙影响的量化关系。

　　全书共 12 章,第 1 章由曹文洪、刘卉芳、孙中峰撰写;第 2 章由刘卉芳、孙中峰、王昭艳撰写;第 3 章由刘卉芳、孙中峰、王昭艳撰写;第 4 章由孙中峰、刘卉芳、曹文洪撰写;第 5 章由刘卉芳、曹文洪、孙中峰撰写;第 6 章由孙中峰、曹文洪、刘卉芳撰写;第 7 章由刘卉芳、张晓明、池春青撰写;第 8 章由刘卉芳、朱清科、魏天兴、张晓明撰写;第 9 章由刘卉芳、曹文洪、孙中峰撰写;第 10 章由刘卉芳、曹文洪、孙中峰、鲁文、尹婧撰写;第 11 章由刘卉芳、曹文洪、王昭艳、鲁文撰写;第 12 章由曹文洪、刘卉芳、孙中峰撰写。全书由刘卉芳、曹文洪、孙中峰统稿。

　　在本书的撰写过程中,得到了朱金兆教授、朱清科教授、魏天兴教授、张学培副教授等专家的指导和帮助,在此表示衷心感谢。考虑到全书系统性,书中参阅了不少参考文献,向这些文献作者表示衷心感谢。科学出版社为本书的出版给予了大力支持,编辑人员付出了辛勤劳动,在此表示诚挚感谢。

由于问题复杂和作者水平局限,书中难免存在不足之处,恳请读者批评指正。

目　　录

前言

第1章　绪论 ……………………………………………………………… 1

　1.1　水分运移过程 …………………………………………………… 1

　　1.1.1　降雨 ………………………………………………………… 1

　　1.1.2　径流 ………………………………………………………… 2

　　1.1.3　径流异质性 ………………………………………………… 3

　　1.1.4　土壤水分 …………………………………………………… 5

　1.2　泥沙输移过程 …………………………………………………… 7

　　1.2.1　侵蚀产沙 …………………………………………………… 7

　　1.2.2　土地利用/覆被变化的水文泥沙效应 …………………… 9

　　1.2.3　沟壑治理工程的水文泥沙效应 ………………………… 11

　1.3　本书技术路线与结构 ………………………………………… 12

　　1.3.1　技术路线 ………………………………………………… 12

　　1.3.2　本书结构 ………………………………………………… 13

第2章　试验区概况 …………………………………………………… 15

　2.1　吉县试验区概况 ……………………………………………… 15

　　2.1.1　地理位置 ………………………………………………… 15

　　2.1.2　气候 ……………………………………………………… 16

　　2.1.3　地质地貌 ………………………………………………… 17

　　2.1.4　土壤 ……………………………………………………… 17

　　2.1.5　植被 ……………………………………………………… 18

　2.2　安塞县试验区概况 …………………………………………… 18

　　2.2.1　地理位置 ………………………………………………… 18

　　2.2.2　气候 ……………………………………………………… 19

　　2.2.3　地质地貌 ………………………………………………… 19

　　2.2.4　土壤 ……………………………………………………… 20

　　2.2.5　植被 ……………………………………………………… 21

　　2.2.6　土地利用现状 …………………………………………… 21

　　2.2.7　马家沟流域水土流失与沟壑治理 ……………………… 22

第3章　降雨分布及特征分析 ……………………………………………… 25

3.1　降雨分布 …………………………………………………………… 25

　　3.1.1　降雨量年际分布 ………………………………………………… 25

　　3.1.2　降雨量年内分布 ………………………………………………… 27

　　3.1.3　流域降雨量级分布 ……………………………………………… 28

　　3.1.4　流域暴雨雨型 …………………………………………………… 30

　　3.1.5　侵蚀性降雨 ……………………………………………………… 32

　　3.1.6　临界产流降雨量分布 …………………………………………… 33

3.2　降雨特征小波分析 ………………………………………………… 34

　　3.2.1　小波变换的基本原理 …………………………………………… 35

　　3.2.2　马家沟流域降雨量小波分析 …………………………………… 36

　　3.2.3　蔡家川流域降雨量小波分析 …………………………………… 39

第4章　土壤持水性能及水分入渗 ………………………………………… 42

4.1　土壤性质观测方法 ………………………………………………… 42

　　4.1.1　土壤物理性质测定 ……………………………………………… 42

　　4.1.2　土壤入渗测定 …………………………………………………… 42

　　4.1.3　土壤水分特征曲线的标定 ……………………………………… 43

4.2　土壤持水性能 ……………………………………………………… 43

　　4.2.1　样地基本情况及研究方法 ……………………………………… 43

　　4.2.2　不同林地土壤水分特征曲线 …………………………………… 44

　　4.2.3　土壤比水容量与水分分类 ……………………………………… 45

4.3　土壤水分入渗 ……………………………………………………… 46

　　4.3.1　土壤水分运动参数分析 ………………………………………… 46

　　4.3.2　不同地类土壤水分入渗研究 …………………………………… 52

　　4.3.3　影响土壤入渗因素分析 ………………………………………… 55

第5章　土壤水分承载力 …………………………………………………… 69

5.1　林地水分生产力 …………………………………………………… 69

　　5.1.1　生物量分析 ……………………………………………………… 69

　　5.1.2　土壤水分与林木生长分析 ……………………………………… 75

　　5.1.3　林地水分条件与生产力关系 …………………………………… 80

5.2　主要造林树种的耗水规律 ………………………………………… 84

　　5.2.1　林地供耗水量平衡 ……………………………………………… 84

　　5.2.2　不同季节林地供耗水 …………………………………………… 85

　　5.2.3　不同林地供水与耗水 …………………………………………… 86

5.3　坡面尺度林地土壤水分承载力 ················· 86

5.3.1　不同立地条件土壤储水量聚类与生物产量状况 ············· 86

5.3.2　林地生物产量模型的选取与参数确定 ········· 88

5.3.3　最适植被生物产量计算 ·········· 89

5.3.4　主要造林树种密度的确定 ·········· 89

第6章　土壤水分空间异质性 ··············· 91

6.1　土壤水分时空分布规律 ·············· 91

6.1.1　土壤水分的垂直分布 ············· 91

6.1.2　土壤水分的季节动态 ············· 97

6.2　土壤水分入渗模型模拟及其空间变异性 ········· 100

6.2.1　土壤入渗模型概述 ············· 100

6.2.2　各地类土壤水分入渗性能模型拟合 ········· 101

6.3　土壤入渗空间异质性 ·············· 104

6.3.1　简化 Philip 入渗模型 ············· 105

6.3.2　简化 Philip 入渗模型的土壤转换函数 ········· 106

6.3.3　小流域土壤水分入渗特性的空间分异 ········· 108

第7章　土地利用/覆被变化特征 ············ 112

7.1　土地利用动态及其预测 ·············· 112

7.1.1　DEN 图 ··············· 112

7.1.2　土地利用分类图 ············· 113

7.2　土地利用/覆被的演变过程 ············· 114

7.2.1　土地利用变化过程分析 ············ 114

7.2.2　土地资源数量变化模型 ············ 115

7.2.3　土地利用空间转移变化过程 ·········· 116

7.2.4　土地利用程度变化 ············· 121

7.2.5　土地利用/覆被变化趋势 ··········· 124

7.3　土地利用/覆被动态演变驱动力及驱动机制分析 ······· 125

7.3.1　自然因素 ··············· 126

7.3.2　人口因素 ··············· 126

7.3.3　政策因素 ··············· 127

7.3.4　经济因素 ··············· 127

第8章　坡面土地利用/覆被变化下的水沙效应 ······· 128

8.1　坡面土地利用/覆被对产流产沙的影响 ········· 128

8.1.1　坡面土地利用/覆被对径流的影响 ········· 128

　　　8.1.2　坡面土地利用/覆被对产沙的影响 ················· 129

　8.2　坡地经济林与水土保持林的产流产沙效应 ················· 130

　8.3　坡度对坡面产流产沙的影响 ················· 133

第9章　坡面产流模型 ················· 136

　9.1　影响坡面径流因素分析 ················· 136

　　　9.1.1　降雨与径流的关系 ················· 136

　　　9.1.2　地形因子与径流的关系 ················· 137

　　　9.1.3　植被因子与径流的关系 ················· 138

　9.2　坡面产流模型的构建 ················· 148

　　　9.2.1　降雨-入渗-产流综合模型的建立 ················· 148

　　　9.2.2　坡面产流-入渗模型 ················· 156

　9.3　场降雨水文模型的构建 ················· 160

　　　9.3.1　分布式水文模型技术平台概述 ················· 160

　　　9.3.2　流域分布式暴雨水文模型(PRMS_Storm)构建 ················· 167

第10章　流域土地利用/覆被变化的水沙效应 ················· 179

　10.1　SWAT模型原理及组成 ················· 179

　　　10.1.1　SWAT模型原理 ················· 179

　　　10.1.2　SWAT模型组成 ················· 179

　10.2　SWAT的运行及模型校准 ················· 180

　　　10.2.1　SWAT的运行 ················· 180

　　　10.2.2　模型的校准和验证 ················· 182

　10.3　模型的输出 ················· 182

　10.4　基于SWAT模型的马家沟流域产流产沙模拟 ················· 184

　　　10.4.1　流域数据库的构建 ················· 184

　　　10.4.2　土地利用和土壤的定义及叠加 ················· 189

　　　10.4.3　水文响应单元的分配 ················· 190

　　　10.4.4　创建模型输入文件 ················· 190

　　　10.4.5　基于马家沟流域的模型校准和验证 ················· 190

第11章　泥沙来源及流域尺度对洪水过程的影响 ················· 195

　11.1　坡面(沟间地)与沟道(沟谷地)的输沙量 ················· 195

　11.2　流域尺度变化对流域径流的影响 ················· 198

　11.3　流域尺度对流域径流过程的影响 ················· 200

　　　11.3.1　流域的选取 ················· 200

　　　11.3.2　流域尺度变化对流域产流模式的影响 ················· 200

11.3.3　流域尺度的变化对流域洪水过程的影响 ……………………… 203

11.4　嵌套流域洪水过程计算模拟 ……………………………………… 205

第 12 章　流域植被/工程复合作用下的水沙效应 ……………………… 208

12.1　流域径流和泥沙对降雨响应 ……………………………………… 208

12.1.1　年际尺度径流和泥沙对降雨响应 ………………………… 208

12.1.2　月尺度径流和泥沙对降雨响应 …………………………… 211

12.2　流域径流和泥沙对土地利用响应 ………………………………… 213

12.2.1　对比流域选取 ……………………………………………… 213

12.2.2　土地利用现状 ……………………………………………… 215

12.2.3　无林流域和森林流域雨季径流对比分析 ………………… 218

12.2.4　多林流域和少林流域雨季径流对比分析 ………………… 220

12.2.5　多林流域和少林流域枯水流量对比分析 ………………… 222

12.2.6　天然林与人工林对流域径流调节作用 …………………… 223

12.2.7　森林植被对流域产沙的影响 ……………………………… 224

12.3　土地利用和降雨减沙理水耦合效应 ……………………………… 226

12.3.1　对径流量影响 ……………………………………………… 226

12.3.2　对侵蚀产沙影响 …………………………………………… 232

12.4　淤地坝对水沙资源调控效应 ……………………………………… 233

12.4.1　淤地坝减沙效益分析 ……………………………………… 233

12.4.2　淤地坝在流域减沙中作用 ………………………………… 235

12.4.3　淤地坝淤积库容分析 ……………………………………… 240

12.4.4　单坝拦沙效益比较 ………………………………………… 241

12.5　不同治理范式下流域侵蚀强度变化 ……………………………… 243

参考文献 ………………………………………………………………… 245

第1章 绪 论

黄土高原涉及我国青海、甘肃、陕西、山西、河南、宁夏、内蒙古七个省(自治区),地貌形态非常独特,与深海沉积物、南极冰盖和格陵兰冰盖并称为研究全球变化的三本秘籍,是我国重要的农牧业及能源基地。黄土高原也是我国水土流失最严重的地区和黄河泥沙的主要来源区,其水力侵蚀占整个黄土高原流失面积的85%以上,中度以上水土流失约占总流失面积的70%,主要地貌特征为沟谷发育活跃,地形破碎,沟深坡陡;降水特征为降水年季分布极不均匀,暴雨集中,降雨强度大。因此,开展气候变化与人类活动的水沙效应研究,对黄土高原水土流失综合治理具有重要意义。

1.1 水分运移过程

1.1.1 降雨

降雨是影响侵蚀的主要动力因素之一,是产流的主要输入项,对径流产生重要影响,特别是降雨的时空变化对径流具有决定性作用。20 世纪 80 年代以来,不同学者从多角度开展了降雨与侵蚀的关系研究,在天然降雨雨滴特性、降雨动能、侵蚀性暴雨研究方面取得了进展。郑粉莉(1989)建立了坡耕地降雨和径流动能与细沟侵蚀量的统计模型,周佩华等(1981)、高学田等(2001)分别提出了溅蚀量与降雨动能呈指数关系,江忠善等(1985)、吴普特(1997)则分别建立了溅蚀量与降雨动能、降雨强度及坡度间的综合关系。

降雨对土壤侵蚀的能力用降雨侵蚀力来表示,它是描述降雨造成土壤侵蚀潜在能力的定量指标。降雨侵蚀力与降雨量、降雨历时、降雨强度和降雨动能有关,反映了降雨特性对土壤侵蚀的影响。国内对降雨侵蚀力(R)已有大量的研究。其中,估算年 R 值多采用年雨量和月雨量因子两种方法。王万忠等(1996)研究认为,最大 30min 雨强可以作为我国降雨侵蚀力计算的最佳参数,并建立了次降雨侵蚀力、年降雨侵蚀力和多年平均降雨侵蚀力的简易计算方法。国内其他一些研究以 EI 结构形式为基础,提出了针对具体区域的 R 值的计算方法,降雨侵蚀力因子 R 值具有较强的地域性,在尺度转换使用受到限制。因此,开展此项研究仍是一项长期工作。

相对国内研究而言,国外关于降雨侵蚀力的研究较为成熟。Wischmeier 等

(1978)经统计分析发现,降雨的总动能与其最大 30min 雨强的乘积 EI 指数和土壤流失量的关系最为密切,并建立了年均降雨侵蚀力因子的经验公式,在我国多个区域进行应用。

1.1.2　径流

　　径流形成过程通常可以归结为产流和汇流两个阶段,前者是由次洪降雨量预报所形成的产流量(净雨量),后者将产流量变为出口断面的流量过程。径流的形成是一个错综复杂的物理过程,为了揭示降雨径流的机理,径流理论应运而生。径流理论是在 19 世纪以后逐步建立和发展起来的,是水文学的重要分支学科,旨在探讨不同气候和下垫面条件下降雨径流形成的物理机制、不同介质中水流汇集的基本规律以及产汇流计算方法的基本原理,是研制确定性水文模型、短期水文预报方法和解决许多水文、水资源实际问题的重要理论依据。

　　1856 年达西(Darcy)提出渗透力学基本定律——达西定律和 1871 年圣维南(Saint-Venant)导出的明渠缓变不恒定流的基本微分方程组——圣维南方程组,为研究径流奠定了理论基础。20 世纪 30～60 年代,径流理论取得了重大突破。1935 年霍顿(Horton)提出了著名的霍顿产流理论,阐明了自然界超渗地面径流和地下水径流产生的机制。20 世纪 60 年代初,中国水文学者通过对大量的实测水文资料的分析研究,得出了湿润地区以蓄满产流为主和干旱区以超渗产流为主的重要论点,建立了实用的流域产流量计算方法,从而使霍顿产流理论在实际中得到了较为广泛的应用。在汇流方面,1932 年谢尔曼(Sherman)创立的单位线方法,1934 年佐贺(Zoch)建立的线性水库及瞬时单位线概念,1938 年麦卡锡(Macarthy)首次使用的马斯京根(Muskingum)洪水演算法,1957 年加里宁-米留柯夫发明的特征河长原理和纳希(Nash)发明的串联线性水库汇流模型,以及 20 世纪 60 年代中国水文学者对马斯京根法的理论解释和提出的长河段连续演算方法等,已成为现行实用汇流计算方法的基础。20 世纪 70 年代以来,径流理论发展的主要标志是《动力水文学》(*Dynamic Hydrology*)、《水文系统线性理论》(*The Liner Theory of Hydrology Systems*)、《山坡水文学》(*Hillslope Hydrology*)等一批中外学术专著的相继问世,以及非霍顿产流理论、计算河流水力学和地貌瞬时单位线等理论的先后提出,表明产汇流理论已经进入成熟期。

　　降雨量与地表径流无论在小流域还是大流域都有密切关系。有学者指出,小雨量时地表径流与降雨量之间呈指数关系,而雨量较大时,两者之间为线性关系。还有学者认为前期降雨决定了径流量和径流产生的时空分布。前期降雨小,地表径流的产流时间就会推迟,而且降雨终止后径流延续的时间也短。此外,降雨与地表径流的关系受下垫面影响较大。在旱季往往是草地等植被较差的地类,其前期土壤含水量明显低于植被较好的林地,于是这些地类的土壤在降雨初期,入渗能力就可能大于植被较好的林地,其相应的产流时间要晚,产流量也小。在不同的试验区和试验条件下人们得到的结论也有所不同,但坡面因子影响地表径流却得到了共识,黄土区坡度在一定的范围内时,坡度与地表径流量呈正相关关系。

综上所述,地表径流是降雨与下垫面综合影响的结果。下垫面因素主要包括植被、坡度、土壤等,影响地表径流的因子很多,关联性十分复杂,不同区域因气候、土壤、母质等不同,结论也不尽相同。

1.1.3　径流异质性

空间异质性(spatial heterogeneity)是 20 世纪 90 年代生态学研究的一个重要的理论问题,同时也是生态学家研究不同尺度的生态系统功能和过程中最感兴趣的问题。将空间异质性定义为系统或系统属性在空间上的复杂性(complexity)和变异性(variability)。系统属性可以是生态学所设计的任何变量,如植被类型、种群密度、生物量、土壤有机质含量、土壤养分含量、土壤入渗、坡面径流等。空间异质性定量分析可从两方面考虑:一个是空间特征(spatial characteristics);另一个是空间比较(spatial comparison),且已证明是对空间异质性分析的有效途径。目前已对不同系统属性的空间异质性进行了一定的研究,有些已成为其领域研究的重点。

无论在大尺度上还是小尺度上观察,径流空间异质性均存在。即使在环境因子相同的区域内,同一时刻径流在不同空间位置上也具有明显差异。目前对径流空间变异的研究已成为水文学研究的重要内容之一,国内外关于径流空间异质性有过很多的研究。Zonneveld(2003)研究表明,不同的坡度上植被对径流的拦截作用造成局部水分运动的变异。Bergkamp(1998)进行了四个大尺度的降雨模拟试验,发现在灌丛地上试验开始不久就出现小尺度的径流,与优先径流路径处相比,在灌丛周围出现较快的非均一入渗速率,从而阻止了大于 1m 范围内径流的产生;而在休耕地则没有观察到地表水分再分布的现象,因此,环境因子促进水分的非均一入渗,进而促进土壤对降雨的保蓄性;并指出在非连续的环境中,在小尺度上测定的径流量不能直接外推到大尺度环境中。不同的坡面部位降雨入渗有很大的差异,径流系数与坡向和坡面的部位有关,植被覆盖度大的情况下入渗也较大。

目前,研究径流空间异质性的方法很多,主要是经典统计方法、地统计方法以及标定理论的应用。

1. 经典统计方法

经典统计方法即指传统的统计方法,通过计算观测变量的均值方差、标准差、峰度、偏斜度、变异系数等描述性地分析变量的分布及变化。经典统计方法以观测变量间独立、正态分布为前提,进行统计分析之前通常需要概率密度函数验证变量的分布特性,如不遵循正态分布则需要进行转换,使统计分析科学、合理。径流异质性研究中往往通过计算各特征参数(如土壤水分运动参数、土壤入渗、径流阻力的统计特征值)分析径流空间异质性。经典统计分析方法虽然简单易行,但由于径流在空间分布上并非独立分布,它们之间具有一定的空间相关性。

2. 地统计方法

为了进一步揭示事物的变异结构以及变异如何体现于空间分布,地统计方法逐渐应用于异质性分析。

地统计学是 20 世纪 80 年代以后用于分析研究空间异质性的一种有效方法。首先由法国学者 Matheron 于 20 世纪 60 年代建立起来,由于它使传统的地学方法与统计学方法相结合,形成了完整的公式系统,因此又称地质统计学。地统计学以区域化变量、随机函数等概念为基础,并以均值稳定和二阶平稳(即具有相同距离和方向的任意两点的方差是相同的)为前提,通过计算核心函数半变异函数,分析研究自然现象的空间变异问题。半变异函数计算公式如下:

$$2\gamma(h) = D[y(x) - y(x+h)]$$

式中,$\gamma(h)$ 表示半方差函数,h 为位差。地统计学是分析土壤空间变异的强有力手段,被广泛运用于异质性研究中。但由于径流异质性是多变量相互作用的结果,而地统计学目前只对单个变量进行分析,其应用受到一定的限制。

3. 标定理论

标定理论基于相似介质理论发展起来,它假定研究对象几何相似、形态相似、动态相似。所谓标定即是将空间变异的关系,通过对每一点选取适当的标定系数(标定因子或比例系数),将其标定为对各点均适用的统一的关系,代替各点均不相同的关系。标定理论被广泛应用于水力学研究中,作为一种工具,标定理论可借助于标定系数近似异质性后应用到其他异质性研究中。在土壤水力特性中,通过标定系数反映土壤水分特征曲线,异质性的数据分析可大大简化。然而在径流研究中,自然条件下标定理论严格的三个相似假定很难被满足,因此,标定理论应用于径流异质性的研究受到很大限制。

此外,空间异质性的研究方法还包括分形与分数维方法、时序分析法、随机模拟方法。分形是指在形态或结构上存在着相似性的几何对象,利用分形理论中的重要参数分维,可以揭示不同物体的复杂程度以及它的动态演化过程。时序分析以时间序列和空间变异周期序列分析为主要特征,用自相关和空间自相关系数描述区域化变量和时间序列变量两种类型变量的空间结构,运用自回归模型和空间状态模型,借助于频谱分析与协频谱分析、动态数据时域分析、状态空间法三种方法完成时空异质性分析。由于空间协方差对数据要求过高,在实践中一般不容易满足其要求,因此时序分析法具有一定的局限性。随机模拟模型关键在于模拟随机分量,将区域化变量变化序列的随机项进行标准化处理后,用自回归模型求解时刻的随机变量,因此可以获得较为准确的随机变量变化规律。GIS应用于异质性分析是近年的一种研究发展趋势,它通过采集、管理空间数据,运用各子系统、模块提供的空间分析、地统计分析等工具分析数据。由于GIS的特定性质属于空间型,有别于一般的统计型信息系统。以上各种方法各有优缺点,但应用于径流空间异质性较少,在今后的研究中应该尝试结合应用其中一种或几种揭示径流异质性。

1.1.4　土壤水分

1. 土壤水分入渗

降雨有一部分会入渗到土壤中,形成壤中流,其余的会形成地表径流。土壤入渗过程为非饱和的渗流过程,一般降雨初期土壤入渗能力很强,很多情况下大于降雨强度值,这时渗透率等于降雨强度值。随着入渗量增加,土壤入渗能力逐渐减小,当土壤入渗能力减小至等于降雨强度后,土壤实际入渗速率开始小于降雨强度,地表将会产流。此后入渗速率仍不断减小,并沿一条下凹曲线逐渐趋于一个稳定值。我国黄土高原多为超渗产流,即降雨强度大于土壤入渗速率,形成径流。坡面产流模型必须与土壤入渗耦合起来,入渗量的大小直接影响了产流量的多少,对坡面侵蚀量影响很大,增加入渗量是目前控制土壤侵蚀的途径之一。入渗是流体在土壤这种多孔介质中的运动,是一种非恒定非均匀的复杂流动,随时间和空间均发生变化。

目前描述入渗的公式分为经验公式和理论型公式。广泛使用的入渗经验公式有以下三种: $i = Bt^{-a}$, $i = i_c + (i_0 - i_c)e^{-\beta t}$ (Horton,1935), $i = i_c + \alpha(W - I)^n$, $W = (\theta_s - \theta_i)d$ (Holtan,1961)。Holtan公式是美国农业部曾经推荐的公式,并对美国土壤中的大部分提供了所需参数的用表。但它难以精确地描述一个点的入渗,可以粗略估算流域的降雨入渗。Horton公式在中国的运用非常广泛,但它属于经验公式,所涉及参数并非土壤物理性参数,不一定具有通用性。而且,20世纪60年代以来,许多水文学家发现,这种理论仅适合于植被稀疏、土质贫瘠的山坡,是地表径流的一种极端;而对植被稠密、土壤覆盖层深厚的山坡,则存在另一种极端的壤中流模型。在这两种极端之间,存在许多中间类型。

入渗理论型公式主要有Green-Ampt(1911)公式、Philip(1957)公式和Smith-Parlange(1978)公式。其中,Green-Ampt公式是最早提出的基于毛管理论的入渗模型。假定入渗时存在明显的水平湿润锋面,将湿润和未湿润的区域截然分开,然后运用达西定律得到入渗速率与入渗量的关系以及入渗速率随时间的变化。

Mein 等(1973)将其加以改进,用于稳定降雨情形。Chu(1987)进一步将 Green-Ampt 模型推广运用至降雨强度随时间变化的过程,因为实际的降雨过程都不会是均匀雨强。其后该公式又被推广至土壤性质不均一的分层土壤情形。Philip 公式是根据土壤水分运动方程并假设垂直入渗条件下的解为级数形式而得出的。当其级数解取两项时,入渗速率可表示为: $i = A + \dfrac{B}{\sqrt{t}}$。Smith 等(1978)也从土壤基本方程出发,通过一种半解析迭代方法,导出了任意降雨强度下的入渗公式。对于非饱和导水率在接近饱和的范围内不同的变化规律,其公式有不同的形式,公式的具体形式相对比较复杂。此外其他比较著名的模型还有 Childs 提出的以土壤导水性为参数的入渗指数方程,Jiekcee 提出的以压力梯度和渗透系数为参数的渗透方程。还有学者(沈冰等,1993)在其研究中使用了更基本的土壤水分运动方程: $\dfrac{\partial \theta}{\partial t} = \dfrac{\partial}{\partial z}\left(D(\theta)\dfrac{\partial \theta}{\partial z}\right) + \dfrac{\partial}{\partial z}K(\theta)$ 或者 $c(\psi)\dfrac{\partial \psi}{\partial t} = \dfrac{\partial}{\partial z}\left(K(\psi)\dfrac{\partial \psi}{\partial z}\right) + \dfrac{\partial}{\partial z}K(\psi)$,但这种方法计算较为复杂,所需参数的获取也更为困难,目前在产流计算中尚未被广泛使用。

2. 土壤水分生产力

土壤水分生产力反映了土壤水分因子与生物量之间的定量关系。对黄土区土壤水分生产力的研究已经进行的较多,尤其是对主要造林树种的土壤水分生产力研究进行的比较多。韩仕峰等(1993)研究黄土区水资源时指出,黄土区土壤水分利用偏低。李凯荣等(1990)研究刺槐水分生产力时表明,其林地水分利用率不到30%,阴坡水分利用率接近阳坡的2倍。刘康等(1989)认为阳坡、半阳坡刺槐的生产力与水分利用率不同。此外,刘增文等(1990)研究了油松、柠条、沙棘、旱柳等树种土壤水分生产力,也有学者对沙打旺等草种进行水分生长力研究,他们得出的结论是黄土区由于林分配置不当,土壤水分生产力较低,草地的生产力＞灌木＞乔木。

在黄土高原植被生产力模型估算方面,我国从"七五"期间就开始进行。黄土高原综合考察队曾运用里思模型对整个黄土高原的第一性生产力进行估算,并绘制出黄土高原植被生产力图,同时袁嘉祖等(1991)运用仿真模型估算不同区域植被生物量。魏天兴等(2001)对黄土丘陵区植被第一性生产力也做过研究,这些研究在模型估算中均采用温度、降水指标。徐学选等(2003)建立了植被生产力与土壤水资源结合的半理论半经验模型对黄土高原植被进行估算。马霭乃(1990)研究刺槐生长时,得出黄土区年降雨量大于500mm的地区造林密度不应该大于150株/亩。魏天兴等(2001)在研究刺槐和油松林耗水规律时,得出在晋西黄土区刺槐和油松的水分营养面积在不同坡位和不同生长期是不同的,随着林木的生长,水分营养面积随之变动,并计算了油松和刺槐的水分营养面积的动态变化序列表。

3. 土壤水分异质性

土壤水分是土壤物理性质中最重要的因素,前期降雨对产流的影响主要表现在土壤水分含量上,所以土壤水分含量影响到降雨入渗,从而影响地表、地下产流。此外,土壤水分是流域水量平衡及地区水文循环中的重要因子,土壤水分动态变化是诸多环境因子综合作用的反映,准确掌握土壤水分动态变化规律,及时了解本区的水分收支状况,可以在流域整体水平上实现有限的水资源优化配置。

土壤是一个时空变异连续体。土壤特性在不同空间位置上存在明显的差异,即土壤特性的空间变异性。刘春利等(2005)研究表明,黄土高原土壤含水率在垂直剖面方向、坡长方向及垂直于坡长方向均具有不同的变异特征。潘成忠等(2003)研究表明,地统计学对有浅沟微地形存在的陡坡坡面土壤含水率变异特征不能进行很好的描述;也有学者研究认为小尺度上土壤含水率具有高度的空间异质性。已有的研究大都为单一土地利用类型与土壤含水率空间变异性之间的关系研究,而对不同土地利用方式下土壤水分空间变异性的对比研究相对较少。

1.2 泥沙输移过程

1.2.1 侵蚀产沙

土壤侵蚀和流域产沙是地球表面普遍存在的一种既密切联系又有所区别的自然现象,是侵蚀循环的主要过程之一。土壤在外营力(风、水、冻融等)作用下发生的分散移动可称为土壤侵蚀。被侵蚀的土壤一部分留存原地,一部分被搬运。被侵蚀的土壤若沿沟道或河道向下游运动,最终到达流域出口则称为流域产沙。由此可见侵蚀和产沙是一个统一的过程,并非所有的侵蚀都能形成产沙,即由于不是全部被侵蚀的物质都能到达流域出口断面,其中的一部分(甚至是大部分)将在中途落淤,因此,一般说来侵蚀量大于产沙量。

土壤侵蚀定量研究主要是确定土壤侵蚀在时间和空间上量的分异状况,解决侵蚀量在某特定地理景观中不同地貌单元或土地利用单元上的空间分异规律,并搞清侵蚀量在不同历史时段内的变化规律以及预测将来一个时段内的变化趋势。对土壤侵蚀进行定量描述的指标有土壤侵蚀量、土壤侵蚀程度、土壤侵蚀强度。土壤侵蚀模型是进行土壤侵蚀量预测、土壤侵蚀危害评估、水土保持措施布置的基础工具,因此土壤侵蚀模型的构建已经具有非常重要的意义。侵蚀产沙问题的研究始于 20 世纪 20 年代,60 年代以后,侵蚀产沙的机理研究逐渐得到了重视,建立起一些能模拟侵蚀产沙物理过程的模型,80 年代以后侵蚀和产沙的机理研究和数学模型得到更快的发展。欧美国家在土壤侵蚀模型方面起步早,美国先后建立了以 ANSWERS、CREAMS 和 AGNPS 为代表的土壤侵蚀模型,1995 年又研发了水蚀预报模型 WEEP。随着欧洲国家土壤侵蚀的加剧,欧洲政府急欲寻求一个评价土壤侵蚀灾害以及不同土壤保持措施效益的工具,为此,建立了土壤侵蚀模型 EUROSEM 和 LISEM。

黄土高原是我国土壤侵蚀最强烈的地区,水力侵蚀居全国首位。侵蚀类型和强度的空间分布既有区域差异又有垂直变化规律。在小流域内,流域上中下游的侵蚀特点是各不相同的。分析黄土区小流域泥沙来源,区分小流域坡面与沟道水土流失量,对于因害设防、合理配置水土保持措施,有效防治水土流失具有重要的意义。20 世纪 50 年代以来,采用定位观测、人工模拟降雨试验与点面调查结合的手段,对黄土高原小流域水土流失规律和泥沙来源进行研究。研究方法主要有径流小区法、地貌调查法、遥感摄影法、经验数学法、示踪法等。由于研究方法的不同,结论有明显差异。陈永宗(1988)根据流域水力重力侵蚀的空间变化,研究小流域产沙方式的垂直规律;蒋德麒等(1990)采用流域径流分配原理分析了小流域泥沙产生的根源,认为黄河中游小流域的泥沙主要来源于沟道,但在分析中未考虑由于坡面径流通过沟坡时所增加的泥沙;陈永宗(1988)、焦菊英等(1992)、蔡强国等(1996)对于坡面径流下沟对沟谷的影响进行了研究,总体上都认为坡面径流下沟影响沟道产沙,但结论差异较大;陈浩(2001)采用成因分析法确定丘陵区、塬区小流域的泥沙来源,认为从不同地貌部位泥沙产生的根源上看,黄河中游小流域的泥沙主要来自坡面。

黄土高原特殊的地貌条件决定了黄土高原土壤侵蚀形式、侵蚀类型、侵蚀量具有垂直分带性特征,其中沟坡侵蚀产沙分配一直是国内外学者研究的热点和难点问题,也是争论较多的问题,它涉及研究侵蚀泥沙的来源、沟坡水保措施配置等。黄土高原丘陵沟壑区,从分水岭到坡脚线,径流入渗规律、侵蚀产沙强度、侵蚀方式及水沙运移特征表现出明显的垂直分带性规律。陈永宗(1988)分析了降雨、坡度、坡长对坡面侵蚀的影响,描述了黄土丘陵地区各种地貌形态与坡面径流侵蚀的关系,在定性描述和定量分析坡面侵蚀过程的基础上,进行了坡面侵蚀分带性研究。不同地形部位的野外径流小区观测表明上方来水来沙对坡下方侵蚀带产生重要影响。黄土高原坡沟侵蚀产沙关系的研究,在定性和定量研究方面,皆取得了一定的发展。蒋德麒等(1990)就不同地貌地区不同侵蚀亚带的产沙规律做了研究,探讨了沟间地和沟谷地的产沙比例问题,表明黄土丘陵沟壑区第一副区沟谷地产沙量占流域产沙总量的 52.9%～69.8%。20 世纪 80 年代,刘元宝等(1988)根据野外考察,对黄土丘陵沟壑区侵蚀垂直分带也进行了划分。所有这些研究成果,深化了人们对黄土高原侵蚀环境及其侵蚀区域分异规律的认识,展示了土壤侵蚀方式和侵蚀形态空间垂直分异的基本格局。杨华(2001)对黄土区土壤侵蚀最为严重的切沟进行研究,通过实地调查及定位观测,分析得出黄土沟道泥沙主要来自切沟,采用聚类分析方法对切沟进行分类,切沟内塌积土的数量是分类的主要依据之一,也是沟道治理进行造林的关键。也有学者根据细沟侵蚀量沿坡长变化的实测资料,指出黄土区坡地上的冲刷量先增强,以后逐渐减弱,随后增强,呈强弱交替变化。

我国的主要侵蚀产沙经验模型有:牟金泽等(1983)在陕北绥德辛店沟小流域建立了坡面土壤侵蚀预报模型;范瑞瑜(1985)建立了黄河中游地区小流域土壤侵蚀预报模型;孙立达等(1988)在宁夏西吉建立了小流域土壤侵蚀预报模型;尹国康(1998)建立了黄土高原流域特性指体系以及产沙统计模型;马蔼乃(1990)建立了黄土高原小流域土壤侵蚀预报模型;金争平等(1991)在内蒙古皇甫川小流域建立了土壤侵蚀预报模型;陆中臣(1993)建立了晋陕蒙接壤区北片的侵蚀产沙模型;蒋定生等(1994)采用正态整体模拟的方法,通过人工模拟降雨试验,得到了小流域水沙调控的正态模型。理论模型包括:包为民等(1994)根据黄河中游、北方干旱地区流域的超渗产流水文特征和冬季积雪的累积及融化机制,提出大流域水沙耦合模拟物理概念模型;汤立群(1996)从流域水沙产生、输移、沉积过程的基本原理出发,根据黄土地区地形地貌和侵蚀产沙的垂直分带性规律,将流域划分为梁峁坡下部、沟谷坡及沟道三个典型的地貌单元,分别进行水沙演算;曹文洪(1993)采用成因分析方法,建立了黄土地区小流一次暴雨产流、产沙及泥沙输移公式;蔡强国等(1996)建立了一个有一定物理基础的能表示侵蚀—输移—产沙过程的小流域次降雨侵蚀产沙模型;白清俊(2000)建立的黄土坡面细沟侵蚀带产沙模型,由坡面产流、汇流、细沟流侵蚀产沙 3 个部分组合而成,是较为完整的细沟侵蚀带产沙模型。

1.2.2　土地利用/覆被变化的水文泥沙效应

1. 土地利用/覆被变化(LUCC)的水文效应

土地作为人类及其他生物生存与发展的载体,在人为与自然双重因子的相互作用下不断发生变化。为了更好地理解与认识 LUCC 变化过程、机理以及对人类社会与环境产生的影响,实现对 LUCC 未来发展趋势的预测和调控,为区域可持续发展提供决策依据,必须开展全球变化情景下 LUCC 的机制研究,掌握人类活动-土地利用/覆被变化-全球变化-环境反馈之间的相互关系。LUCC 直接体现和反映了人类活动的影响水平,我国关于 LUCC 的研究已经取得不少有价值的成果。

黄土高原环境脆弱多变,受气候变化和社会经济高速发展的影响,生态水文问题的恶化尤为突出。近年来,该地区人口总量及密度迅速增加,工业发展、城市扩张、消费水平不断提高以及对土地资源和水资源的过度、不合理利用,又进一步加剧了水危机。因此,在黄土高原区开展 LUCC 对生态水文过程的影响研究,评价未来不同气候、不同土地利用情景下的生态水文过程及水资源安全,提出相应的技术措施和政策对策,既能丰富全球变化和生态水文学的理论,又能为政府制定区域发展政策或区域规划提供科学依据。此外,由于黄土高原区水资源的安全问题与区域和局部生态水文状态和过程密切相关,在前所未有的气候变化和 LUCC 背景下,就更加迫切需要研究黄土高原区未来不同土地利用情景下的生态水文特征与趋势,正确评估人类活动改变土地利用方式对流域水循环、水资源的影响程度。

　　Calder 等(1995)认为,影响水文的主要土地利用/覆被变化是造林和毁林、农业开发的增强、湿地的排水、道路建设以及城镇化等。虽然这些现象和过程从地方到全球所有的空间尺度都存在,但区域和地方尺度土地利用覆被变化是全球变化最重要的来源与驱动力,因此,研究区域尺度对进一步理解全球变化的原因和影响及其过程是至关重要的。流域是与水有关的区域尺度研究的最佳单元,因为它代表了水与自然特征、人类水土资源利用相关的物质迁移的自然空间综合体。近几十年来,流域土地利用/覆被变化的水文效应研究越来越成为人们普遍关注的焦点。

2. 土地利用/覆被变化(LUCC)的泥沙效应

　　土壤侵蚀是 LUCC 变化引起的主要环境效应之一,是自然和人为因素双重作用的结果。不合理的土地利用和地表植被覆盖的减少对增加流域土壤侵蚀具有放大效应。土地利用/覆被变化与土壤侵蚀之间的关系研究已逐渐成为 LUCC 研究和土壤侵蚀研究的一项新的重要课题。

　　在相同类型的土地上采用的土地利用方式不同,土壤侵蚀形式、强度也不同,有的差异还很大。在不同的土地利用方式下由于影响土壤侵蚀的坡长、坡度、地表覆盖、经营方式等因子不同,产生的土壤侵蚀量也不尽相同。建立土地利用方式及其变化与土壤侵蚀的关系模型,是开展此研究的一种重要手段,也是通常进行研究的主要方法。目前为止,涉及土地利用方式的土壤侵蚀模型很多,通用土壤流失方程(universal soil loss equation,USLE)及其修正版(revised universal soil loss equation,RUSLE)是目前世界上使用最多、最常用的模型,应用此方程的关键在于各因子参数的本地化及各因子的量化精度。由于 USLE 预报坡耕地的溅蚀、片蚀和细沟侵蚀较精确,但地域性强,可移植性差,因此在应用 USLE 模型时,需要对不同的土地利用方式做大量的试验研究。因此,许多国内外学者在广泛应用 ULSE 的同时,对模型的算法、各因子取值都做了相应的改进。孙立达等

(1995)通过对不同土地利用方式下 USLE 中各因子取值的修正,计算分析了宁夏西吉县黄家二岔流域的土壤侵蚀情况。

1.2.3 沟壑治理工程的水文泥沙效应

黄土高原丘陵沟壑区地貌的突出特点是"千沟万壑、支离破碎"。沟道是地表径流的通道,也是地表水、地下水的主要交互带,又是土壤侵蚀主要发生地,是黄河泥沙的主要来源区。在长期水土流失治理的实践中,形成了以生物措施、耕作措施和工程措施为主的综合治理体系。淤地坝作为主要的工程措施,利用水土流失的自然过程,集大面积上的水、沙、肥在坝地上使用,从而获得高产稳产的农业,深受黄土高原地区群众的喜爱;同时淤地坝可以迅速拦截泥沙,减少河道淤积,又为黄河治理所急需。淤地坝建设大体经历了四个阶段:20世纪50年代的试验示范、60年代的推广普及、70年代的发展建设和80年代以来的坝系工程建设。随着淤地坝建设的发展,黄土高原有不少小流域沟道已经形成了完整的坝系工程。由于淤地坝既能有效拦截泥沙、保持水土、改善生态环境,又能淤地造田、增产粮食、发展区域经济,已经成为控制水土流失、减少入黄泥沙和解决当地粮食问题的重要措施。因此,沟壑治理工程的水文泥沙效应已成为泥沙和水土保持领域的热点问题。

1. 沟壑治理工程的水文效应

淤地坝通过对径流泥沙的拦截减缓了上游沟道的比降和径流的流速,减少了水流挟沙能力,同时通过拦截大量的径流削减洪峰,减弱对下游沟道的冲刷。国内一些学者对淤地坝的水文效应开展研究,王国庆等(2002)认为蓄滞型水土保持沟道工程作用强的地区,水向土壤中的下渗能力要比非作用区高得多,更易于使地表径流向壤中流和地下径流转化。张金慧等(2003)认为淤地坝坝系建设在某种程度上可以大大调节径流的时空分布,在提高降水利用率、改善流域生态环境方面发挥着重要作用。李占斌等(2008)采用典型流域对比法研究了小流域坡沟系统径流泥沙的调控。淤地坝的减水量计算包括以下两部分:一部分是计算已经淤平后作为农地利用的坝地减水量,减水作用与有埂的水平梯田一样,可按水平梯田计算方法处理;另一部分是仍在拦洪时期的淤地坝减水量,其拦泥和拦水是同时进行的。淤地坝的总减水量为以上两部分减水量之和。

2. 沟壑治理工程的泥沙效应

淤地坝减沙量包括淤地坝的拦泥量、减轻沟蚀量以及由于坝地滞洪及流速减小对坝下游沟道侵蚀量的影响减少量。目前拦泥量、减蚀量可以通过一定的方法来进行计算,削峰滞洪对下游沟道的影响减少量还很难计算。淤地坝的减蚀作用在沟道建坝后即发挥作用,其减蚀量一般与沟壑密度、沟道比降及沟谷侵蚀模数等因素有关,其数量包括被坝内泥沙淤积物覆盖下的原沟谷侵蚀量和波及的淤泥面以上沟道侵蚀的减少量。魏霞等(2007)通过对大理河流域研究认为淤地坝对产沙量减少的贡献率远远高于其他措施,造林的贡献率居第二位,梯田的贡献率居第三位,种草的贡献率最小。曹文洪等(2012)开展了沟壑整治工程水沙调控模拟理论与方法研究,研发了生态-安全-高效的淤地坝规划、设计和建造新技术,构建了沟壑整治工程开发利用模式。淤地坝的拦沙减蚀机理主要表现在以下四个方面:①抬高了侵蚀基准面,减弱了重力侵蚀,控制沟蚀的发展;②拦蓄洪水泥沙,减轻水沙对下游沟道的冲刷;③形成坝地后,使产汇流条件发生变化,削减了洪水和减少了产沙;④增加坝地面积,促进陡坡退耕还林还草,减少坡面侵蚀。

从本质上来说,水土保持措施对流域地貌过程的影响:一是改变流域下垫面特征,从而改变产流、侵蚀和产沙过程,使侵蚀泥沙减少;二是改变流域中泥沙输移的条件,使侵蚀产生的泥沙在流域中沉积下来,使沉积量增加。尽管淤地坝拦沙贡献率最大,但坡面措施也是至关重要的。坡面措施不仅减少了坡面的径流量和泥沙量,而且由于减少了坡面径流,使流域中汇集到各级沟道的水流减少,从而减少了坡面以下径流的挟沙能力,减少了土壤侵蚀。因此,如果没有坡面措施的减洪作用,当坡面洪水下沟后,将大大增加沟道的侵蚀量。以淤地坝为主的沟壑治理工程,以林草措施和梯田措施为主的坡面治理工程,都是治理水土流失的重要措施,相辅相成,互为补充。

1.3　本书技术路线与结构

1.3.1　技术路线

(1)采用野外试验与室内分析、理论与实测、定性与定量相结合的方法,利用完备的水文监测仪器和先进的计算机技术,将信息技术、图像处理技术和测试技术等有机结合,作为本书的技术支撑。

(2)全面收集、整理流域有关降水、水土保持生态建设数据等资料,采用小波分析方法研究降水的年际、生长季、雨季变化规律。

(3)研究不同界面水分的传输规律及影响机制,寻求径流产生的过程及数量,并建立分布式暴雨-入渗-径流模型,对典型场次降雨-径流过程中单元水量与水流流态以及阻力关系进行模拟;并以径流模型为基础,计算研究区域内场降雨条件下不同部位的径流分配。在此基础上,模拟晋西黄土区嵌套流域的水文模型,并用实际观测数据进行验证。

(4)基于3S技术的流域空间数据库和属性数据库的建设,在Arc-GIS软件的支持下,统计生成 1990 年和 2000 年的土地利用/覆被变化数据,同时结合 2007 年人工调绘处理所得土地利用现状,经过空间叠加分析,得到马家沟流域 3 期土地利用/覆被变化的动态变化信息,生成相关专题图,利用马尔可夫模型分析流域土地利用的转换。

(5) 针对试验区不同立地条件的坡面、沟面、集水区及小流域等,采用不同尺度的试验设备,实测了海量数据,针对这些数据,运用地统计学、动力学理论、标定理论、聚类分析及回归分析等方法,研究不同界面水分的传输规律及影响机制。

(6) 建立分布式暴雨-入渗-径流模型,对典型场次降雨-径流过程中单元水量与水流流态以及阻力关系进行模拟;并以径流模型为基础,计算研究区域内场降雨条件下不同部位的径流分配。在此基础上,模拟黄土区嵌套流域的水文模型,并用实际观测数据进行验证。

(7) 基于 SWAT 模型模拟流域及子流域径流、泥沙数据,在分析流域降雨特征和流域土地利用/覆被变化特征及其动态变化的基础上,研究降水和土地利用/覆被变化对流域水文过程的影响。

(8) 运用 GPS 定位流域内淤地坝,把所有淤地坝加载于流域的数字地形图里,通过 SWAT 模型模拟流域径流量和泥沙量,分析淤地坝对水沙资源的调控。

研究技术路线框图见图 1-1。

1.3.2　本书结构

本书共 12 章,第 1 章是绪论,从水分运移、泥沙输移到土地利用/覆被变化的水沙效应、沟壑治理工程的水沙效应等概述相关研究内容。第 2 章是试验区概况,对研究涉及的两个小流域——蔡家川流域和马家沟流域进行介绍。第 3 章是降雨分布及特征分析,采用小波分析的方法,研究两个小流域降雨特征。第 4~6 章分析土壤水分入渗、土壤水分承载力,揭示水分运移的影响因素及其空间异质性。第 7 章分析土地利用/覆被动态特征,为后续土地利用/覆被变化下的水沙响应提供基础数据。第 8 章是坡面土地利用/覆被变化下的水沙效应,研究土地利用/覆被对产流产沙的影响、不同土地利用方式及坡度对产流产沙的影响。第 9 章是坡面产流模型,研究不同界面水分的传输规律及影响机制,寻求径流产生的过程及数量,并建立分布式暴雨-入渗-径流模型,对典型场次降雨-径流过程中单元水量与水流流态以及阻力关系进行模拟。第 10 章是流域土地利用/覆被变化的水沙效应,基于 SWAT 模型的马家沟流域产流产沙模拟。第 11 章是泥沙来源及流域尺度对洪水过程的影响,研究坡面(沟间地)与沟道(沟谷地)的输沙量,分析流域尺度对洪水过程的影响。第 12 章是流域植被/工程复合作用下的水沙效应,研究土地利用及降雨的减沙理水耦合效应及淤地坝对水沙资源的调控。

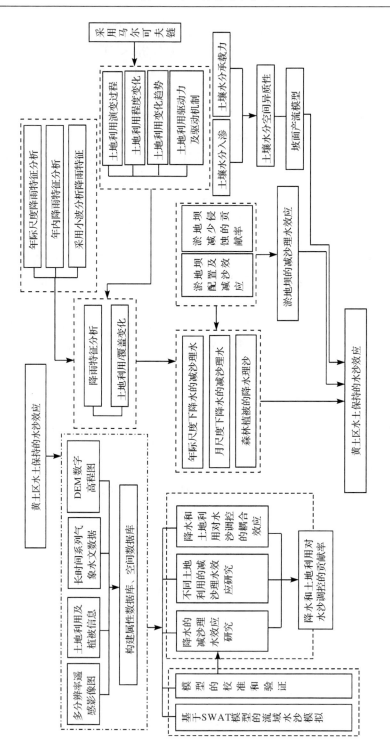

图1-1　研究技术路线框图

第2章 试验区概况

2.1 吉县试验区概况

2.1.1 地理位置

山西省吉县试验区位于吕梁山南端,属典型黄土残塬沟壑区。地理坐标介于东经 110°27′~111°07′与北纬 35°53′~36°21′。吉县全县总土地面积1777km²,包括黄土残塬沟壑区 866km²、黄土丘陵沟壑区 305km²、砂页岩土石山区 401km² 和砂页岩石质山地 205km²。试验区蔡家川流域属于黄河的三级支流,流域由西向东走向,地理坐标为东经 110°37′和北纬 36°40′。流域主沟长12.15km,面积40.10km²,其中吉县境内面积 38.44km²,流域西北有 1.66km² 属于大宁县所辖。蔡家川嵌套流域主沟及其支沟分布和量水堰布设见图 2-1。此外,本章采用了吉县庙沟和木家岭两个小流域的部分资料,其自然地理特征参见表 2-1。蔡家川流域数字高程模型(DEM)图见图 2-2。

图 2-1 蔡家川嵌套流域主沟及其支沟分布和量水堰布设图

表 2-1 庙沟小流域、木家岭小流域自然地理特征

试验流域	地理位置		面积/km²	流域长度/m	流域宽度/m	形状系数	弯曲系数	河流比降
	北纬	东经						
庙沟小流域	36°04′01″~07″	110°46′31″~49″	0.0624	450	138.7	0.31	1.10	0.3188

续表

试验流域	地理位置		面积/km²	流域长度/m	流域宽度/m	形状系数	弯曲系数	河流比降
	北纬	东经						
木家岭小流域	36°03′01″~22″	110°46′42″~47′05″	0.0896	680	131.8	0.18	1.10	0.3617

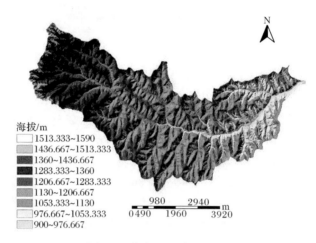

海拔/m
□ 1513.333~1590
■ 1436.667~1513.333
■ 1360~1436.667
■ 1283.333~1360
■ 1206.667~1283.333
■ 1130~1206.667
■ 1053.333~1130
■ 976.667~1053.333
■ 900~976.667

图 2-2　蔡家川流域 DEM 图

2.1.2　气候

吉县属暖温带大陆性气候,冬季寒冷干燥,夏季温度较高,常受不同程度的旱、雹、洪、风、霜冻等自然灾害的威胁。年降水量为 575.9mm,无霜期平均 170 天左右,年平均气温 10℃,历年最低气温-20.4℃,历年最高气温 38.1℃,光照时数平均 2563.8h,最高年 2775.6h,最低年 2074.9h。稳定通过 10℃的年平均积温为 3357.9℃,最高年 3646.7℃,最低年 2807.5℃。风向除冬季外,以偏南风为多。年平均风速 2m/s,3~6 月平均风速 2.4m/s,历年平均出现八级以上大风日数 6 天,其中 3~6 月出现 3 天。

试验区蔡家川流域属于暖温带大陆性气候,年平均降雨量为 575.9mm,降雨主要集中在 6 月、7 月、8 月三个月,约占全年降雨量的 80.6%,最大年降雨量828.9mm(1956 年),最小年降雨量 277.7mm(1997 年),日最大降雨量 151.3mm(1971 年 8 月 31 日),10min 最大雨强 2.7mm/min(1979 年 7 月 24 日 1:55~2:05),降雨年际变化大,降雨的变异系数 C_v 为 0.23。年平均蒸发量为 1723.9mm,4~7 月蒸发量最大,占全年蒸发量的 54%,各月蒸发量远大于降雨量,而 4~6 月蒸发量是降雨量的 4~5 倍。

2.1.3　地质地貌

吉县属山西陆台和燕山准地槽西南臀部交接过渡地带。吉县地层构造比较复杂,上层是第四纪上更新统风积黄土,其成分主要由亚砂土等组成,其下有第三纪红土及三叠纪、二叠纪岩层。第三纪红土在清水河支沟两侧出现,以红色黏土夹钙质结核及砾石为主。三叠纪岩层在人祖山和高祖山一带出现,主要为叶绿色或黄绿色长石砂岩和紫红色或暗紫色砂质泥岩互层出现。二叠纪岩层在窑渠以东广大地区及清水河两侧显露,主要为黄绿色长石砂岩与紫红色砂质泥岩互层出现。覆盖在各种地质上的是第四系沉积物——黄土,掩盖着大约 1500m 以下地质,平均厚度一般在 10m 以上,厚者达百米。

蔡家川流域主沟东西走向,地势东高西低,东西狭长,支沟从南北两侧汇入主沟,南北剖面呈凹形,整个地面向黄河倾斜。分水岭与沟底高差达 $100\sim150m$,地形变化剧烈。流域冲沟发育,梁峁纵横,沟道总长度为 32km,沟壑密度达 $0.8km/km^2$。该地区为典型的黄土残塬、梁峁侵蚀地形,可以明显区分出残塬、沟坡、沟谷和沟底,且四者的比例为 18∶46∶22∶14。蔡家川嵌套流域主沟及其支沟的地形地貌特征见表 2-2。

表 2-2　蔡家川嵌套流域主沟及其支沟的地形地貌特征

编号	流域名称	流域面积 /km²	流域长度 /km	流域宽度 /km	形状系数	河网密度	河流比降
1	南北窑	0.7097	1.38	0.5420	0.3928	1.81	0.0870
2	蔡家川主沟	34.233	14.50	1.2543	0.1628	1.53	0.0194
3	北坡	1.5029	2.18	0.7190	0.3298	3.00	0.1211
4	柳沟	1.9327	3.00	0.6825	0.2275	4.10	0.0843
5	刘家凹	3.6173	3.30	1.0962	0.3322	0.91	0.0889
6	冯家圪垛	18.565	7.25	2.6700	0.3683	25.9	0.0705
7	井沟	2.625	2.88	0.9130	0.3170	1.09	0.1219

2.1.4　土壤

吉县的土壤类型为褐土,可分三个亚类:①丘陵褐土,主要分布在丘陵、塬面、沟坡,一般海拔在 $450\sim1500m$,呈微碱性反应,pH 值为 7.9,有机质含量在 1%以下,与山西省土壤养分标准相比当于 4~5 级;②普通褐土,多分布在海拔 $1400\sim1600m$ 的天然次生林和灌草坡,表土接近中性反应,pH 值为 7.7,土壤较肥,有机质含量一般在 4%以上;③淋溶褐土,分布在 1600m 以上的天然次生林地,表土无石灰性反应,pH 值为 7.1,有机质含量在 10%以上,肥力很高。另外黄河沿岸,清水河、昕水河下部河床和石质山阳坡地带有粗骨性褐土分布,土层在 30 cm 以下,石砾含量在 30% 以上。

蔡家川流域内土壤为碳酸盐褐土,呈微碱性,pH 值在 7.9 左右,山地的斜坡、梁顶、塬面等地形部位为第四纪马兰黄土覆盖,厚度十几米至数十米,沟底为淤积黄土母质,沟坡坡脚为塌积黄土母质,底层常混有红胶土母质。坡面由于植被破坏,垦殖过度,水土流失严重,原始土壤已极少存在。目前所见到的土壤基本上是黄土母质本身,其土层深厚,土质均匀,颜色为灰棕-灰褐-褐色。

2.1.5 植被

森林植物地带属于暖湿带、半湿润地区、褐土、半旱生落叶阔叶林与森林草原地带。天然植被主要有辽东栎、山杨、白桦、侧柏、白皮松、沙棘、黄刺梅、胡枝子、虎榛、山桃、山杏、酸枣、白草、蒿类等。人工植被主要有油松、刺槐、杨树、柏树、榆树、苹果、桃、杏、梨、山楂、红枣、火炬、苜蓿、草木樨等;农作物以玉米、小麦、谷子、豆类为主。

蔡家川流域森林覆盖率约为 72%,有种子植物共 188 种(包括 8 个变种),分属 48 科 136 属。其中双子叶植物 42 科 109 属 154 种,其余为单子叶植物。天然植被主要为松科属的白皮松、落叶松属的华北落叶松、柏科侧柏属的侧柏、杨柳科杨属的山杨、榆科属的榆树、桦木科桦木属的白桦、虎榛子属的虎榛子、壳斗科栎属的辽东栎、豆科胡枝子属的胡枝子、蔷薇科李属的黄桃和山杏、蔷薇属的黄刺梅、绣线菊的三裂绣线菊、鼠李科枣属的酸枣、萝摩科杠柳属的杠柳、胡颓子科沙棘属的沙棘、茄科枸杞属的枸杞、禾本科孔颖草属的白羊草、冰草属的冰草和菊科蒿属的茵陈蒿、艾蒿、黄花蒿等形成的次生林。人工植被主要有松科松属的油松、柏科侧柏属的侧柏、豆科刺槐属的刺槐以及胡颓子科沙棘属的沙棘等人工林,经济树种以蔷薇科苹果属的苹果和桃、李属的杏、梨属的梨、山楂属的山楂和鼠李科枣属的枣树等为主。农作物以玉米、小麦、谷子、豆类为主。

2.2　安塞县试验区概况

2.2.1　地理位置

陕西省延安市安塞县地处西北内陆黄土高原腹地,鄂尔多斯盆地边缘,属典型的黄土高原丘陵沟壑区。地理坐标介于东经 $108°51'44''\sim109°26'18''$,北纬 $36°30'45''\sim37°19'31''$;南北长 92km,东西宽 36km,总面积 2950.2km²。

马家沟流域位于安塞县内,距县城约 1km,是延河的一级支流,位于延河中下游,流域面积 77.5km²,属黄土丘陵沟壑区第二副区,水土流失十分严重。图 2-3

是马家沟流域地理位置图,图 2-4 是马家沟流域 DEM 图。

图 2-3　马家沟流域位置图

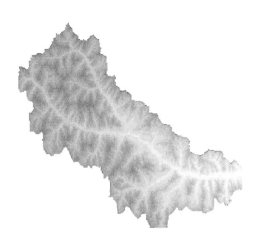

图 2-4　马家沟流域 DEM 图

2.2.2　气候

安塞县土地利用主要包括耕地(包括菜地)、园地、林地、草地和建设用地 5 大类。根据土地详查资料,2000 年耕地面积 $9.66 \times 10^4 hm^2$,占土地总面积的 33%;园地面积 $7000hm^2$,占 2.4%;林地(包括疏林地和灌丛)面积 $5.87 \times 10^4 hm^2$,占 20%;草地(包括人工草地)面积 $1.23 \times 10^5 hm^2$,占 42%,主要分布于沟谷陡坡。其余约 3% 为建设用地、河流水面和少量未利用地。

马家沟流域属暖温带半干旱大陆性季风气候,具有春季干旱多风沙、夏季温热多雷雨、秋季晴朗降雨快、冬季干冷雨雪少的特点。多年平均气温 8.8℃,极端最高气温 36.8℃,极端最低气温 −23.6℃,≥10℃ 的年积温为 3703℃,无霜期为 157 天。流域内最大降雨量 867.0mm(1964 年),最小降雨量 296.6mm(1974 年),多年平均降雨量 503.6mm,降雨年际变化大,年内分配不均,汛期 6～9 月占全年降雨量的 69.5%,多以暴雨形式出现,历时短,强度大,是形成高含沙洪水和产生水土流失的主要原因。

2.2.3　地质地貌

安塞县地貌可分为三种类型:北部梁峁丘陵沟壑区,梁峁起伏连绵,地势较高、沟谷深切,沟底狭窄,面积占全县总面积的 45.8%;中部梁峁沟谷区,地貌由梁峁坡、湾塌、川、台、沟条等组成,是本县主要的产粮区,面积占全县总面积的

31.5%;南部梁峁丘陵沟壑区,沟台、湾塌、坡遍及全区,面积占全县总面积的22.7%。梁、峁是该区最基本的地貌类型,其形成和演变受到多种内、外营力因素的影响和制约,多数既受到下伏古地形的控制,同时也存在着时间上的变化。表2-3为安塞县不同坡度面积及所占比例。

表 2-3　安塞县不同坡度面积及所占比例

坡度	<5°	5°~15°	15°~25°	25°~35°	35°~45°	>45°
面积/万亩	16.1	21.2	91.8	118.9	13.6	1.7
比例/%	4.18	5.46	23.82	30.86	35.2	0.48
土地类型	平缓地 川台地 梁峁地	缓坡地 沟台地 湾塌地	陡坡地 沟谷地	强陡坡地	极陡坡地	险陡坡地

马家沟流域出露基岩由中生代沉积砂岩组成。第三纪岩层呈不整合或假整合于中生代岩层之上。上覆第四纪黄土,黄土深厚。流域属黄土丘陵沟壑区第二副区,地貌由峁、梁、坡、沟组成,以梁为主。流域沟道呈Y形,主沟道长17.5km,沟道平均比降6.5‰,沟道底平均宽度13m。中游以上有两条较大支沟,支沟平均长8.3km,平均比降10.5‰,沟底平均宽度8m。流域内有大小支毛沟113条,其中长度大于2km的较大支沟有8条,1~2km的支沟有39条,小于1km的支沟有66条。流域平均沟壑密度3.2km/km²,沟道断面形状多呈U形;流域内梁峁顶部较缓,一般在5°~15°,沟坡陡,一般在45°~60°。马家沟流域坡度组成见表2-4。流域地形破碎,沟深坡陡,梁峁纵横,残塬、梁峁、沟谷川台、湾掌构成主要地貌单元。塬与塬之间为河谷与河谷所分割,较大的沟谷、沟穴已侵蚀到塬心,将塬面切割得支离破碎。

表 2-4　马家沟流域坡度组成表

≤5°		5°~15°		15°~25°		≥25°		合计	
面积/hm²	比例/%	面积/hm²	比例/%	面积/hm²	比例/%	面积/hm²	比例/%	面积/hm²	比例/%
691.30	8.92	595.20	7.68	1977.03	25.51	4486.47	57.89	7750.00	100

2.2.4　土壤

安塞县大部分被黄土覆盖。黄绵土广泛分布在北部,占总土壤面积的78.7%,它是在耕作熟化过程和侵蚀作用的共同作用下形成的。土壤剖面由耕作层和犁地层组成。黄绵土质地粗,黏性差,极易遭受侵蚀,特别是雨水冲蚀(邱扬等,2000)。通过控制侵蚀和培肥,黄绵土即可培育为上层疏松、下层稍紧实、通气透水、保土保肥、高产稳产的海绵土。在发育较好的黄绵土上,心土层略有黏化现象。整个土体土层深厚,质地以粉砂为主,质地均匀,色泽淡黄,近浅灰黄色,土体疏松,是一种通气透水性良好的土壤。南部塬区为黑垆土,占土壤总面积的2.5%,肥沃高产。此外,该区还有褐土、红黏土、水稻土等。

马家沟流域土壤主要是黄绵土、黑垆土和红胶土,其中以黄绵土为主,约占流域内耕地土壤的80%,抗蚀性极差,其次还有褐土、红黏土、水稻土。黄绵土是在耕作熟化过程和侵蚀作用的共同作用下形成的。土壤剖面由耕作层和犁地层组成,全剖面呈强石灰性反应,有机质含量不超过1%,含氮量也很低。由于其质地疏松,适耕时间长,雨后即能劳作,而且因经常使用有机肥和采用秸秆还田等措施,很易改造成较肥沃的"海绵田"。但由于其质地粗,黏性差,极易遭受侵蚀,特别是雨水冲蚀,因此要加强水土保持,对于坡度较陡地段,要退耕改变经营方向。

2.2.5 植被

安塞县植被为落叶阔叶林向森林草原的过渡带,植被建设以减少水土流失、改善生态环境为宗旨,建立保护性林业。安塞县北部主要以灌、草混交,如柠条与沙打旺带状混交;中部以乔、灌混交,如刺槐与沙棘混交、小叶杨与沙棘混交、油松与沙棘混交等;南部以乔-乔混交,即大乔木与小乔木的混交,如油松与辽东栎混交、油松与五角枫混交等。流域内植被稀少,主要以乔木林和灌木林为主,乔木主要是刺槐、山杨、白桦、山杏、枣树、柳树、辽东栎、侧柏,灌木主要为柠条、沙打旺、沙棘、酸枣、虎榛子等。野生草本植物主要有白草、鹅冠草及青蒿、铁杆蒿、艾蒿等。流域内土地利用类型有林地、草地、坡耕地、裸地、梯田、居民用地等。

2.2.6 土地利用现状

马家沟流域属于典型的黄土丘陵沟壑区,土地利用结构相对比较简单。主要分为草地、林地、梯田、坡耕地、灌木林地、裸地、居民地和水域这八类。表 2-5 为马家沟流域土地利用类型及百分比表。

表 2-5 马家沟流域土地利用类型及百分比表 （单位:hm²）

年份	裸地	林地	草地	居民点	灌木耕地	坡耕地	梯田	水域
2007	63.24	1702.83	4346.66	60.22	20.88	256.75	897.93	25.93
百分比/%	0.86	23.09	58.94	0.82	0.28	3.48	12.18	0.35

草地:是主要的土地利用类型,面积为 4346.66hm²,占 58.94%。占地面积最多。

林地:分为有林地和稀疏林地,有林地是指有一定规模、郁闭度在 0.3 以上的成片林地,大多数是 20 世纪 60 年代末 70 年代初种植的,稀疏林地的郁闭度在 0.3 以下。林地面积为 1702.83hm²,占 23.09%,位居第二。

梯田:梯田的面积占 12.18%,大多数是近年修建的。

坡耕地:随着退耕还林政策的实施,该区坡耕地面积相对较小,仅占总面积的 3.48%。主要分布在坡度为 0°~25°的黄土地区,也是该区水土流失的主要来源。

灌木林地:灌木林地有柠条、沙棘等小灌木组成的高度在 1.5m 以下的,有一定覆盖度的灌木林地。

裸地:裸地面积为 63.24hm²,占 0.86%。

居民地:人类是最具活力的土地利用与土地覆被变化的驱动力之一,人口密度与土地利用变化速率正相关,人口增长速度越快,土地利用变化越快。该区人口占到了 0.82%。

水域:水域面积最小,仅占 0.35%。

2.2.7　马家沟流域水土流失与沟壑治理

马家沟流域多年平均径流量 368.4 万 m³,主要来自汛期 6~9 月暴雨产生的洪水,占径流量 80%以上,洪水呈现峰高、量小、历时短、含沙量高的特点。流域有常流水,平均径流量 157.68 万 m³,主要来自流域支沟泉水。流域土壤侵蚀严重,多年平均产沙量 93 万 t,集中在汛期 6~9 月,占流域年产沙量的 80%以上。泥沙主要来自沟谷地,占流域全年产沙量的 65%以上;其次是坡面产沙,占流域产沙量的 35%左右。多年平均土壤侵蚀模数达 12000t/(km²·a),马家沟流域水土流失现状见表 2-6。

表 2-6　马家沟流域水土流失现状表

流失面积/km²	各级流失面积/km²										侵蚀模数/(万 t//(km²)	沟壑密度/km²)
	轻度		中度		强度		极强度		剧烈			
	面积	比例/%	面积	比例/%	面积	比例/%	面积	比例/%	面积	比例/%		
77.6	6.3	8.1	5.9	7.6	19.2	24.7	24.3	31.4	21.9	28.2	1.2	3.2

马家沟流域为延安水土保持沟壑治理重点流域,坝系工程建设始于 20 世纪 50 年代末,大致经历了初步形成(1959~1985 年)和加固维修(1985 年至今)两个阶段。第一阶段,在流域主沟及较大支沟内先后修建了 7 座较大型淤地坝,同时,在支毛沟内先后修建了一些中小型淤地坝,均为土坝坝体。第二阶段,由于流域内淤地坝多数已基本淤满,不少淤地坝漫顶破坏,该阶段注重对已淤满淤地坝配套溢洪道,对毁坏淤地坝坝体进行加固维修。自 2005 年开始在全流域布置坝系,通过修补老坝和建设新坝,整个流域布设有 64 座坝,其中 11 座骨干坝,33 座中型

坝和 20 座小型坝。本书选取该流域作为研究区,通过 GPS 定位流域内所有坝,加载于流域的数字地形图里,通过流域侵蚀产沙分布式模型的模拟、计算和预测,分析沟壑整治工程对流域水沙运移的调控机制。图 2-5 为马家沟流域淤地坝位置图,表 2-7 为 2006 年马家沟小流域坝系工程统计情况。

表 2-7　2006 年马家沟小流域坝系工程统计

序号	工程类别	坝名	建设地点	坝控面积 /km²	防洪标准 /年	淤积年限 /年	坝高 /m	总库容 /10⁴m³
1		顾塌	顾塌	4.3	300	20	27.5	123.4
2		红柳渠	红柳渠	5.83	300		27.5	41.0
3	骨干坝	张峁	张峁	3.63	300		23.5	24.5
4		汤河	汤河	6.9	300		2.1	17.2
5		大狼牙峁	大狼牙峁	2.95	300		2.1	14.6
6		任塌	任塌	7.9	300	20	41.0	227.0
小计	6 座			31.51				447.7
1		磁窑沟 1♯	磁窑沟	0.16	50	10		
2		阎桥	阎桥	1.11	50	10	23.00	22.63
3		杜家沟 1♯	杜家沟	1.05	50	10	19.00	16.65
4		中峁沟 2♯	中峁沟	1.1	50	10	16.00	14.80
5		大平沟	大平沟	0.66	50	10	18.50	10.48
6		后正沟	后正沟	0.34	50	10	18.00	3.57
7		柳湾 1♯	柳湾	1.43	50	10	11.00	22.57
8		鲍子沟	鲍子沟	0.47	50	10	12.50	7.16
9	中型坝	后柳沟 2♯	后柳沟	1.08	50	10	19.00	17.12
10		赵圪烂沟	赵圪烂沟	0.84	50	10	19.00	13.30
11		曹庄狼岔	曹庄狼岔	0.99	50	10	27.50	15.63
12		补子沟	补子沟	0.7	50	10	18.50	9.55
13		任塌崖窑沟	任塌崖窑沟	1.24	50	10	22.00	19.60
14		白杨树沟	白杨树沟	0.23	50	10	15.00	10.17
15		顾塌 1♯	顾塌	1.18	50	10	22.00	10.30
16		任塌中沟	任塌中沟	2.17	50	10	21.50	33.01
17		任塌正沟 1♯	任塌正沟	0.1	50	10	15.00	10.04
小计	17 座			14.85				236.58

续表

序号	工程类别	坝名	建设地点	坝控面积 /km²	防洪标准 /年	淤积年限 /年	坝高 /m	总库容 /10⁴m³
1		任塌脑畔沟	任塌脑畔沟	0.58	30	5	9.00	3.30
2		崖窑旮2#	崖窑旮	0.19	30	5	9.00	0.98
3		后正沟1#	曹新庄后正沟	0.11	30	5	9.50	0.51
4		曹庄洞沟2#	曹庄沟	0.78	30	5	10.50	1.30
5	小	寨子村	白家营寨子村	0.16	30	5	12.50	0.92
6	型	马河湾	张峁马河湾	0.41	30	5	9.50	2.10
7	坝	大山梁	张峁大山梁	0.28	30	5	11.50	1.53
8		芦渠公路3#	芦渠	0.13	30	5	11.00	0.72
9		芦渠公路4#	芦渠	0.18	30	5	9.00	1.20
10		芦渠公路5#	芦渠	0.26	30	5	11.00	1.34
11		后正沟2#	曹新庄后正沟	0.20	30	5	11.50	1.15
小计	11座			3.28				15.05

图2-5 马家沟流域淤地坝位置图

第3章　降雨分布及特征分析

本章基于马家沟流域和蔡家川流域实测降雨资料,分析流域降雨年际、年内分布特性,为流域土地利用/覆被变化对水文生态过程响应研究奠定数据基础。径流是导致土壤侵蚀的主要动力,但并不是所有的降雨都能够引起土壤侵蚀,能够导致土壤侵蚀的那部分降雨称为侵蚀性降雨。通过对马家沟流域1975～2006年的降雨情况进行统计,分析流域的临界产流降雨情况,在32年内流域发生2599次降雨,产生侵蚀性的降雨399次,占总降雨次数的15%,造成临界产流的降雨98次,占总侵蚀性降雨次数的25%。采用小波分析技术手段分析马家沟流域和蔡家川流域年际、年内、生长季等降雨特征。

3.1　降 雨 分 布

3.1.1　降雨量年际分布

表3-1为马家沟流域1975～2006年的年降雨量统计,图3-1给出了马家沟流域1975～2006年的降雨量年际变化曲线。从图可以看出,马家沟流域降雨量年际变化较大,多年平均降雨量503.6mm,最大年降雨量666.4mm(1983年),最小年降雨量275mm(1997年)。在32年的降雨统计资料中,21年降雨量高于平均值,11年降雨量低于平均值。

表3-1　1975～2006年马家沟流域年降雨量

年份	4～10月/mm	6～9月/mm	绝对变率	相对变率	年降雨总量/mm	降雨频率/%
1975	512.8	369.6	49.48	9.82	553.1	33.3
1976	546.2	464.2	93.88	18.64	597.5	15.2
1977	542.7	446	62.38	12.39	566	30.3
1978	506.8	375.3	41.38	8.22	545	39.4
1979	429.6	403.6	−47.03	−9.34	456.6	69.7
1980	330.4	235.4	−140.53	−27.90	363.1	84.9
1981	498.7	442.4	−61.93	−12.30	441.7	75.8
1982	400.4	358.8	−201.63	−40.03	302	90.9

年份	4~10月 /mm	6~9月 /mm	绝对变率	相对变率	年降雨总量 /mm	降雨频率 /%
1983	646	403.2	162.78	32.32	666.4	3.0
1984	525.6	50.1	48.98	9.72	552.6	36.4
1985	599.8	488.4	105.68	20.98	609.3	12.1
1986	425.1	343.7	−48.73	−9.67	454.9	72.7
1987	400.4	269.4	−73.12	−14.52	430.5	78.8
1988	553.9	473.9	88.68	17.61	592.3	18.2
1989	454.5	386.7	10.47	2.08	514.1	60.6
1990	546.2	428.2	121.08	24.04	624.7	6.1
1991	470	289.6	36.78	7.30	540.4	45.5
1992	524.4	424.2	33.38	6.63	537	51.5
1993	504	396	65.38	12.98	569	27.3
1994	456.2	313.9	−1.02	−0.20	502.6	66.7
1995	384.2	333.9	−115.83	−23.00	387.8	81.8
1996	587	502.9	118.48	23.52	622.1	9.1
1997	233	184.1	−228.63	−45.40	275	96.9
1998	485	292.4	21.98	4.36	525.6	54.6
1999	273.4	218	−203.83	−40.47	299.8	93.9
2000	299.8	234	−172.73	−34.30	330.9	87.9
2001	479.2	385.5	11.57	2.30	515.2	57.6
2002	509.6	387.8	37.48	7.44	541.1	42.4
2003	521.7	415.7	77.97	15.48	581.6	21.2
2004	493.5	449	6.98	1.38	510.6	63.6
2005	529.4	410.5	34.78	6.90	538.4	48.5
2006	526.9	431.6	65.48	13.00	569.1	24.2
总降雨量	15196.4	11608.0			16116.0	
平均	474.9	362.8			503.6	

注:资料为试验区气象局实测。

　　采用降雨变率来反映降雨量的年际变化情况,降雨变率是用以表示降雨量变动程度的统计量。降雨变率可用降雨绝对变率和降雨相对变率两种方式来表达。一般说来,降雨相对变率比绝对变率更具有意义。由表 3-1 可以看出,1975~2006年,降雨量年际相对变率变化幅度较大,从 0.2% 到 45.4%,表现出年际间降雨量

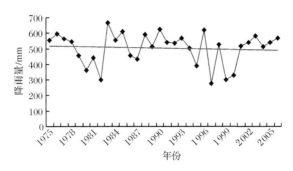

图 3-1 流域降雨年际变化曲线图

的较大差异。

为了进一步分析流域降雨年际变化特征,对马家沟流域 1975～2006 年的年降雨量进行频率统计,图 3-2 为该流域的降雨频率分布曲线,得到降雨频率为 25% 以内丰水年的有 8 年,降雨频率在 75% 以上枯水年的有 8 年,其他 16 年属于平水年。马家沟流域年份平均降雨量和出现次数见表 3-2。

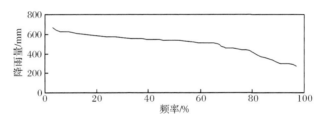

图 3-2 流域降雨频率分布曲线

表 3-2 流域年份平均降雨量和出现次数

流域	统计年限	丰水年	平水年	枯水年
马家沟	1975～2006 年	$P=608(n=8)$	$P=526(n=16)$	$P=354(n=8)$

注:P 为降雨量(mm),n 为出现次数。

3.1.2 降雨量年内分布

根据马家沟流域 1975～2006 年的降雨资料显示,多年平均降雨量为 503.6mm,降雨量季节分配不均匀,年降雨量主要集中在 6～9 月,雨季降雨量占到了年总降雨量的 72%;生长季 4～10 月平均降雨量为 474.9mm,占全年平均降雨量的 94.3%。就多年平均状况而言,年生长季降雨的一般特点为前期(即 4～6 月)干旱少雨,后期(7～10 月)降雨较多,降雨峰值一般在 8 月。表 3-3 为马家沟流域降雨量年内分配情况,图 3-3 为流域内各月降雨量占年降雨量比例,可以看出,8月降雨量占年降雨量比例最大,达到了 22.90%。

表 3-3　流域降雨年内分配

月份	1	2	3	4	5	6	7	8	9	10	11	12	合计
降雨量 /mm	68.5	87.4	328.6	555.1	916	1465.1	2259.3	2412.1	1452.2	736.3	193.8	57.9	10532.3
比例 /%	0.65	0.83	3.12	5.27	8.70	13.91	21.45	22.90	13.79	6.99	1.84	0.55	100.00

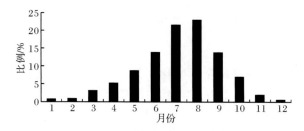

图 3-3　流域内各月降雨量占年降雨量比例

图 3-4 给出了马家沟流域 1975~2006 年多年月平均降雨量和蒸发量分布。由图可以看出,7~8 月是降雨较集中月份,但蒸发量最多的发生在 5 月,这与各月份的天气状况密切相关。从整个趋势看,降雨量和蒸发量变化具有较好的一致性,降雨量与蒸发量均集中在生长季(4~10 月)。

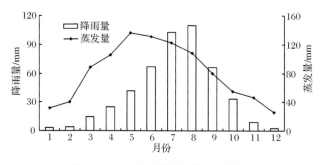

图 3-4　多年月平均降雨量与蒸发量

3.1.3　流域降雨量级分布

降雨是土壤侵蚀的主要动力,其中,强降雨不仅产生了径流,也会造成侵蚀产沙。为了进一步研究流域暴雨雨型、侵蚀性降雨、临界产流降雨等,先对流域日降雨量级分布进行分析。

根据马家沟流域 32 年降雨资料的统计,马家沟降雨强度变化大,最大场次降雨量可达 123.4mm(2004 年 8 月 9 日)。由于降雨不均,短期强降雨引起洪灾,连续无雨月过长造成间断性干旱。≥0.1mm 的降雨量日数总数为 2599 天,其中 2003 年达到最大,为 113 天;≥1mm 的降雨量日数总数为 1657 天,其中 2003 年达到最大,为 80 天;≥5mm 的降雨量日数总数为 810 天,其中 2003 年达到最大,为 36 天;≥10mm 的降雨量日数总数为 454 天,其中 2003 年达到最大,为 22 天;≥25mm 的降雨量日数总数为 115 天,其中 1978 年达到最大,为 8 天;≥50mm 的降雨量日数总数为 18 天。表 3-4 为马家沟流域降雨特征值。

表 3-4　马家沟流域降雨特征值

年份	日最大降雨量/mm	不同量级降雨量日数					
		≥0.1mm	≥1mm	≥5mm	≥10mm	≥25mm	≥50mm
1975	36.5	106	68	32	22	3	
1976	71.5	107	70	29	18	4	1
1977	101.8	86	56	28	16	3	2
1978	50.4	95	63	32	18	8	1
1979	53.6	81	51	19	12	5	1
1980	31.5	71	50	22	13	1	
1981	52.5	79	50	31	21	5	2
1982	45.6	77	49	25	16	4	
1983	72.2	102	62	34	20	7	2
1984	67.5	94	56	25	13	4	2
1985	36.5	94	65	32	21	5	
1986	46.8	69	46	20	14	3	
1987	54.8	71	53	30	10	4	1
1988	46.6	103	64	33	19	4	
1989	55.0	97	56	23	12	5	2
1990	60.2	100	68	32	16	7	1
1991	63.3	95	52	25	19	5	
1992	36.7	95	63	30	20	5	
1993	82.7	96	63	38	14	3	1
1994	49.5	94	57	28	15	4	
1995	41.0	75	37	25	13	2	
1996	67.2	92	63	31	18	4	2
1997	26.8	69	45	19	7	1	

年份	日最大降雨量/mm	不同量级降雨量日数					
		≥0.1mm	≥1mm	≥5mm	≥10mm	≥25mm	≥50mm
1998	42.8	97	59	31	16	5	
1999	47.5	72	44	18	8	2	
2000	36.3	92	55	22	6	1	
2001	38.8	89	52	28	18	5	
2002	35.9	88	60	32	17	3	
2003	41.8	113	80	36	22	3	
2004	123.4	—	—	—	—	—	—
2005	83.6	—	—	—	—	—	
2006	53.6	—	—	—	—	—	
总计		2599	1657	810	454	115	18

3.1.4　流域暴雨雨型

　　黄土高原地区以超渗产流为主,严重土壤侵蚀多发生于短历时、高强度的暴雨。焦菊英等(1992)对黄土高原陕、甘、晋等 13 个流域降雨统计而建立的黄土高原暴雨标准见表 3-5。

表 3-5　黄土高原暴雨取样标准

历时/min	5	10	15	30	60	120	180	240	360	720	1440
雨量/mm	5.8	7.1	8.0	9.7	11.9	14.6	17.8	20.5	25.0	35.1	50.0

　　根据上述暴雨标准对马家沟流域1980~2002年的253场降雨进行了统计,其中暴雨为239场。根据暴雨取样的标准,从239场暴雨中筛选了36场代表性暴雨进行分析。分析表明,14%的暴雨形成的最初历时为5min,并且50%的暴雨发生在降雨开始1h之内,表明暴雨具有短历时、高强度的特点。表 3-6 为筛选的 36 场暴雨的最初历时及频率。

表 3-6　暴雨形成的最初历时

暴雨形成的最初历时/min	5	10	15	30	60	120	180	240	360	720	1440	总计
次数	5	3	4	4	3	3	2	3	3	4	2	36
频率/%	15	8	11	11	8	8	6	8	8	11	6	100

暴雨发生特征见表 3-7。根据暴雨发生的历时及降雨特征,结合焦菊英对黄土区暴雨降雨特点的分析(焦菊英等,1992),马家沟流域暴雨可分为 A、B、C 三种类型。

表 3-7　暴雨发生特征

流域	统计年限	暴雨场次	历时	降雨量/mm	发生次数	发生频率/%	最大时段雨量占次雨量百分比/%			暴雨类型
							10min	30min	60min	
马家沟	1980~2002	36	30min~3h	1~28	24	67	45~80	74~90	86~100	A
			4~13h	7~81	10	28	10~26	35~65	47~84	B
			>15h	50~90	2	5	7~15	4~32	5~30	C

A 型暴雨是局地强对流条件引起的小范围、短历时、高强度的局地性暴雨,占暴雨次数的 67% 左右,历时多在 30min~3h,降雨量为 1~28mm,一般最大 10min 雨量可占总雨量的 45%~80%,最大 30min 雨量可占 74%~90%,最大 60min 雨量可占 86%~100%。

B 型暴雨是峰面型降雨夹有局地雷暴性质的较大范围、中历时、中强度暴雨,占暴雨次数的 28% 左右,历时多在 4~13h,降雨量在 7~81min,一般最大 10min 雨量可占总雨量的 10%~26%,最大 30min 雨量可占 35%~65%,最大 60min 雨量可占 47%~84%。

C 型暴雨是由峰面型降雨引起的大面积、长历时、低强度暴雨,占总暴雨次数的 5% 左右,历时一般大于 15h,雨量一般为 50~90mm,一般最大 10min 雨量可占总雨量的 7%~15%,最大 30min 雨量可占 4%~32%,最大 60min 雨量可占 5%~30%。

由表 3-7 可看出,根据流域 36 场不同类型暴雨时段雨量集中程度的统计分析,选择用最大 60min 雨量 P_{60} 占次降雨总雨量 P 的比例作为划分三种暴雨的数量指标:

A 型暴雨:$P_{60}/P \geqslant 85\%$;

B 型暴雨:$85\% > P_{60}/P > 30\%$;

C 型暴雨:$P_{60}/P \leqslant 30\%$。

马家沟流域发生 A、B 和 C 型暴雨的次数分别是 24、10、2 次,表明无论在丰水年还是枯水年,A、B 型暴雨发生的频率远远大于 C 型暴雨发生的频率。A 型与 B 型相比,A 型暴雨发生的频率也要大于 B 型暴雨发生的频率,说明黄土高原地区的暴雨大多为短历时、高强度。

3.1.5　侵蚀性降雨

降雨是造成水土流失的最直接因子,但并不是每一次降雨都产生侵蚀,也就是说,侵蚀主要是由发生在某一临界点以上的降雨强度或降雨量所引起。侵蚀性降雨是指能够引起土壤流失的降雨,标准是指能够引起土壤流失的最小降雨强度和在该强度范围内的降雨量。也有学者考虑到黄土沟壑区的降雨及土壤特点,参考前人的研究成果,将侵蚀模数≥1t/km² 的降雨定义为侵蚀性降雨。一般而言,凡是产生地表径流的降雨,就能引起地表土壤流失。因此,分析侵蚀性降雨的特征是研究土壤侵蚀的必要依据。

国内外曾就侵蚀性降雨的标准问题进行过许多研究。Wischmerie 等(1978)将侵蚀性降雨的标准确定为一次降雨的总量不小于 12.7mm 或以一次降雨中的 15min 雨量超过 6.4mm。王万忠(1984)根据一定数量产生侵蚀的降雨样本,将侵蚀性降雨的标准细化为基本雨量标准、一般雨量标准、瞬时雨量标准和暴雨标准 4 个具体的指标。江忠善等(1988)根据黄土高原的降雨径流资料,将侵蚀性降雨的标准确定为次降雨量大于 10mm。在所有这些研究中,制定的侵蚀性降雨标准都是基于产流发生侵蚀的降雨样本建立的,因此都不能明确回答采用该标准对计算降雨侵蚀力精度有何影响、剔除的降雨事件能够多大程度地减少工作量等。谢云等(2000)利用陕北子洲团山沟全部降雨资料,根据长时间序列的降雨资料,按漏选和多选降雨事件的降雨侵蚀力相等为原则,将黄土高原坡面侵蚀的侵蚀性降雨确定为日雨量大于 12mm 或平均雨强高于 0.04mm/min 或最大 30min 雨强标准高于 0.25mm/min 几种类型。采用该方法不仅可以减少侵蚀力计算的工作量,同时又确保计算的精度。

根据马家沟流域 32 年的降雨资料,以 12mm 作为侵蚀性降雨的最低标准,小于 12mm 的次降雨按 0 处理,对马家沟 1975~2006 年的侵蚀性降雨进行了统计分析,见图 3-5。

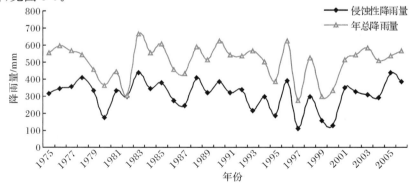

图 3-5　马家沟流域侵蚀性降雨量与总降雨量的关系

通过对马家沟流域 32 年的侵蚀性降雨量分析,在 2599 次降雨中,产生侵蚀的降雨为 399 次,占总降雨次数的 15%。32 年的总降雨量为 16116mm,侵蚀性降雨总量为 9918mm,占总降雨量的 62%,表明尽管产生侵蚀的降雨次数占总降雨次数的比例较小,但产生侵蚀的雨量占总降雨量的比例却超过一半,侵蚀性降雨的强度大。由图 3-5 可以看出,侵蚀性降雨量和年降雨总量的变化趋势基本保持一致,即在降雨总量多的年份,侵蚀性降雨总量相应也比较大。1983 年是侵蚀性降雨量最大的一年,侵蚀性降雨总量达到了 439mm;同时也是降雨总量最大的一年,降雨总量为 666.4mm。

3.1.6　临界产流降雨量分布

临界产流降雨量,也称"降雨阈值"或"临界降雨",是指正好能产生径流的最小降雨量。由于径流冲刷力是坡面侵蚀的主要动力,通常不会形成产流的降雨虽然也能通过击溅作用产生一定的溅蚀,但也不会造成较大强度的土壤侵蚀。也就是说,理论上,在同一个地区,当降雨特征和下垫面条件一定时,临界产流降雨量应高于侵蚀性降雨量,但两者通常较为接近。

秦伟(2009)通过对北洛河流域内的吴旗水文站 1980～2004 年的日降雨按不同等级进行统计,并获得不同等级的年降雨量与年径流量的相关系数平方,即决定系数。结果显示,在不同等级的降雨量中,单日次降雨≥30mm 的降雨量与流域径流量、输沙量间的决定系数最高。因此,他将 30mm 作为流域次降雨产流、产沙临界降雨标准,且以 30mm 作为临界产沙降雨的结论与朱金兆等(2002)在晋西黄土区所获得的严重土壤侵蚀主要由雨量≥30mm 降雨形成的结论一致。

本次把 30mm 作为流域次降雨产流的临界降雨,对马家沟流域 1975～2006 年的 399 次侵蚀性降雨进行了分析,分析表明 399 次侵蚀性降雨中造成临界产流的降雨次数为 98 次(表 3-8),多年平均产生临界产流降雨次数为 3 次/年,占总侵蚀性降雨次数的 25%。临界产流降雨总量为 4334mm,占总侵蚀性降雨总量的 45%。数据表明尽管 4 次侵蚀性降雨可能才会造成 1 次临界产流降雨,但临界降雨量却占侵蚀性降雨总量的近一半。由此可以得出,马家沟流域的土壤侵蚀主要由中雨或大雨造成。

表 3-8　1975～2006 年马家沟流域不同降雨量级及降雨次数统计

时间	侵蚀性 降雨次数	侵蚀性降雨量 /mm	临界产流 次数	临界产流降雨量 /mm	多年总降雨量 /mm
1975～1979 年	68	1755.6	18	834.6	2718.2
1980～1984 年	64	1591.6	16	749.2	2325.8
1985～1989 年	67	1633.0	16	656.4	2601.1

续表

时间	侵蚀性 降雨次数	侵蚀性降雨量 /mm	临界产流 次数	临界产流降雨量 /mm	多年总降雨量 /mm
1990~1994 年	61	1566.2	16	664.6	2773.7
1995~1999 年	49	1144.5	9	398.3	2110.3
2000~2004 年	61	1403.0	13	555.6	2479.4
2005~2006 年	29	824.2	10	475.9	1107.5
总计	399	9918.1	98	4334.6	16116

由图 3-6 和图 3-7 可以看出,1975~2006 年马家沟流域历年临界产流降雨量、侵蚀性降雨量的年际变化与年降雨量波动基本一致。

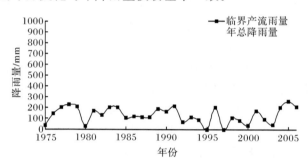

图 3-6　马家沟流域临界产流降雨量和年总降雨量的关系

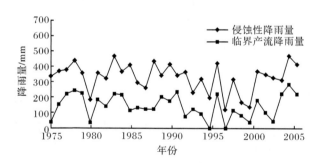

图 3-7　马家沟流域临界产流降雨量和侵蚀性降雨量的关系

3.2　降雨特征小波分析

采用小波分析方法研究蔡家川和马家沟小流域降雨年际、年内与生长季等变化规律。小波分析允许把一个信号分解为对时间和频率(空间和尺度)的贡献,特别适合于分析函数的局部可缩性,并发现它的奇异性和刻画奇异性的可能特征。

小波变换对信号处理是十分有用的,特别是对于获得一复杂信号的调整规律。小波变换在 n 维场中还具有分辨不同尺度的"显微镜"作用和具有分离信号在不同角度贡献的"偏振镜"作用。在近 20 年的发展中,小波变换作为一种应用数学技术,主要用于信号处理、图像编码和数值分析等方面,并且取得了丰硕的成果。但是,在气候诊断分析上,这一新方法的应用才刚刚起步。小波分析是在傅里叶变换基础上发展起来的一种新的统计分析方法,它既能够反映信号在时频域上的总体特征,又能提供时域和频域局部的信号,对客观地研究气候变化的多层次规律与特征十分有益。

3.2.1　小波变换的基本原理

小波变换的实质就是用一族频率不同的振荡函数作为窗口函数 $\Psi_{a,b}(t)$ 对信号 $f(t)$ 进行扫描和平移。设函数 $\Psi(t)$ 为满足下列条件的任意函数:

$$\int_{-\infty}^{\infty} \Psi(t)\mathrm{d}t = 0 \tag{3-1}$$

$$\int_{-\infty}^{\infty} \frac{|\Psi(\omega)|^2}{|\omega|}\mathrm{d}\omega < \infty \tag{3-2}$$

式中, $\Psi(\omega) = \int_{-\infty}^{\infty} \Psi(t)\mathrm{e}^{-i\Delta}\mathrm{d}t$ 是 $\Psi(t)$ 的频谱。该平方可积函数 $\Psi(t)$ 为一个基本小波或小波母函数。定义振荡函数

$$\Psi_{a,b}(t) = \frac{1}{\sqrt{a}}\bar{\Psi}\left(\frac{t-b}{a}\right) \tag{3-3}$$

为由母函数 $\Psi_{a,b}(t)$ 生成的依赖于参数 a,b 的连续小波。

小波变换定义在函数族上的积分表达式为

$$W_f(a,b) = \int_{-\infty}^{\infty} f(t)\Psi_{a,b}(t)\mathrm{d}t$$

$$= \int_{-\infty}^{\infty} f(t)\frac{1}{\sqrt{a}}\bar{\Psi}\left(\frac{t-b}{a}\right)\mathrm{d}t, \quad f(t)\in L^2 R, \quad a\neq 0 \tag{3-4}$$

当研究离散信号 $f(i\Delta t)(i=1,2,\cdots,N)$, N 为样本容量, Δt 为取样时间间隔时,式(3-4)的离散形式表达为

$$W_f(a,b) = |a|^{-\frac{1}{2}}\Delta t \sum_{i=1}^{N} f(i\Delta t)\bar{\Psi}\left(\frac{i\Delta t-b}{a}\right) \tag{3-5}$$

如果 $\Psi(t)$ 满足相容条件:

$$C_{\Psi} = \int_{-\infty}^{+\infty} |\omega|^{-1}\Psi^2(\omega)\mathrm{d}\omega < +\infty$$

则称 $\Psi(t)$ 为允许小波。对于允许小波产生的信号连续小波变换, $f(t)$ 可重构:

$$f(t) = C_{\Psi}^{-1}\iint_{R^2} W_{\Psi}f(a,b)\Psi_{a,b}(t)\frac{\mathrm{d}a\mathrm{d}b}{a^2}$$

3.2.2 马家沟流域降雨量小波分析

1. 年际降雨的小波分析

本次在 5 个尺度上对马家沟流域 1975～2006 年的降雨变化进行分析,得出了马家沟流域降雨在时间系列上对应于不同尺度的结构特征和变化规律,见图 3-8。图中 d1～d4 及 a4 分别是 2 年、4 年、8 年、16 年、32 年尺度的近似小波系数变化曲线;s 为原始数据距平值变化曲线;横坐标为年份。这里分别对各个尺度的降雨变化情形进行分析,通过对各个尺度的分析可以看出它们各自的变化情况。小尺度的变化曲线则反映了大尺度背景下的详细变化过程。

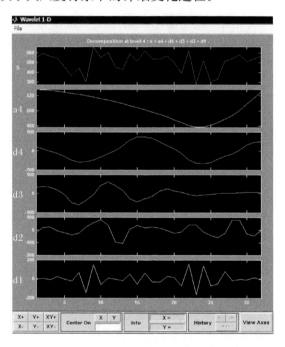

图 3-8　马家沟流域年降雨量小波分析图

由图 3-8 可见,从 2 年尺度可见规律性较差,但年降雨量在中值左右波动,呈现出一定的波动性;从 4 年尺度可见降雨量在多年变化程度不大,只是围绕着中值进行上下波动,波动的振幅在±100mm 之内;从 8 年尺度可见 1975～1982 年降雨量呈逐年下降的趋势,1983～1986 年又呈现出逐年增加的趋势,1987～1990 年呈现出逐年下降的趋势,1991～1993 年降雨量又逐年增加,1994～2006 年降雨量基本保持平稳状态;从 16 年尺度可见,降雨量呈正弦曲线分布规律,1975～1982 年呈下降趋势,1983～1990 年呈上升趋势,1991～1998 年呈下降趋势,1999～

2005 年呈上升趋势,2006 年后呈平稳状态;从 32 年尺度可见,降雨量呈两种变化状态,1975~1998 年呈下降趋势,且呈平稳下降趋势,1999~2006 年呈上升趋势,且上升的速度明显高于下降的趋势。

通过分析可以看出马家沟流域降雨在不同尺度遵循不同的周期规律,从 16 年尺度可以看出,降雨量呈正弦曲线分布规律。但无论从 16 年尺度、8 年尺度还是 4 年尺度来分析,1999~2006 年马家沟的降雨处于偏丰期。

2. 生长季降雨的小波分析

这里的生长季是指植物生长季,是在温度和光照湿度都适合植物生长的季节,马家沟流域生长季为 4~10 月。在 5 个尺度上对马家沟流域 1975~2006 年的生长季降雨变化进行分析,得出了马家沟流域生长季降雨在时间系列上对应于不同尺度的结构特征和变化规律,见图 3-9。

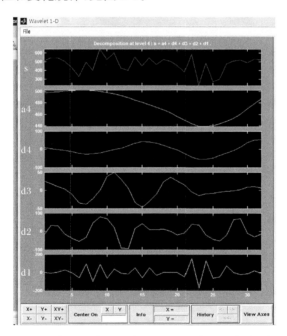

图 3-9　马家沟流域生长季(4~10 月)降雨量小波分析图

通过对图 3-9 进行分析,可以得出流域生长季降雨量的规律。从 2 年尺度可以看出,规律性较差,但生长季降雨量在中值上下波动,呈现出一定的波动性,1981~1986 年和 1995~2001 年出现两个一年降雨量多、一年降雨量少的交替变化过程,2002 年以后,生长季降雨量变化幅度不大;从 4 年尺度可以看出,生长季降雨量的变化是围绕着中值进行上下波动,波动的振幅在 100mm 之内,1984~

1990 年生长季降雨量的变化幅度最大,1991～1996 年生长季降雨保持平稳,其他年份基本变幅在 50mm 以内;从 8 年尺度可以看出,1975～1998 年降雨量呈正弦曲线变化趋势;从 16 年尺度可以看出,生长季降雨量变化幅度较小,振幅在±50mm 之间,呈规律性变化,1975～1982 年呈下降趋势,1983～1990 呈上升趋势,1991～1997 年呈下降趋势,1998～2006 年呈上升趋势,且上升的速度明显高于下降的趋势;从 32 年尺度可以看出,降雨量呈三次变化过程,1975～1981 年呈微度上升阶段,1982～1998 年呈稳定下降趋势,在 1998 年达到最小值 440mm,1999～2006 年呈上升趋势,且上升的速度明显高于下降的趋势。

通过分析可以看出马家沟流域的降雨在不同尺度遵循不同的周期规律,从 8 年尺度可以看出,降雨量呈正弦曲线分布规律。总体而言,生长季降雨量表现出和年际基本降雨量相同的趋势,自 1998 年后,生长季降雨量趋于增加。

3. 雨季降雨的小波分析

在 5 个尺度上对马家沟流域 1975～2006 年的雨季降雨变化进行分析,得出了马家沟流域雨季降雨在时间系列上对应于不同尺度的结构特征和变化规律,见图 3-10。

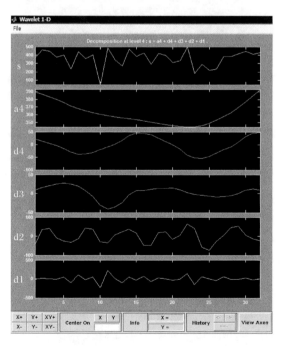

图 3-10　马家沟流域雨季(6～9 月)降雨量小波分析图

通过对图 3-10 进行分析,可以得出流域夏季降雨量的规律,从 2 年尺度可以看出,规律性较差,但雨季降雨量在中值上下波动,呈现出一定的波动性,除个别年份(1985 年、1986 年)外,变化幅度一般在 100mm 以内,自 1999 年以来,夏季降雨量基本稳定;从 4 年尺度可以看出,夏季降雨量的变化是围绕着中值进行上下波动,波动的振幅基本在 100mm 之内,总体夏季降雨保持平稳;从 8 年尺度可以看出,1975~1981 年降雨量呈微度上升趋势,1982~1986 年呈下降趋势,1987~1995 年呈上升趋势,1996~2006 年夏季降雨量基本保持稳定;从 16 年尺度可以看出,生长季降雨量变化幅度较小,振幅在±50mm 之间,呈规律性变化,1975~1982 年呈下降趋势,1983~1990 呈上升趋势,1991~1998 年呈下降趋势,1999~2006 年呈上升趋势;从 32 年尺度可以看出,降雨量呈两次变化过程,1975~1998 年呈下降阶段,在 1998 年达到最小值 300mm,1999~2006 年呈上升趋势,且上升的速度明显高于下降的趋势。

通过分析可以看出马家沟流域的降雨在不同尺度遵循不同的周期规律,从 8 年尺度可以看出,降雨量呈正弦曲线分布规律。总体而言,雨季降雨量表现出和年际基本降雨量相同的趋势,自 1996 年后,雨季降雨量趋于增加。

3.2.3 蔡家川流域降雨量小波分析

1. 年际降雨特征

在 4 个尺度上对蔡家川流域 1974~2005 年的降雨变化进行分析,得出了蔡家川流域降雨在时间系列上对应于不同尺度的结构特征和变化规律,见图 3-11。图中 d1~d4 及 a4 分别是 1 年、2 年、4 年、8 年、16 年尺度的近似小波系数变化曲线;s 为原始数据距平均值变化曲线;横坐标为年份。这里只对 16 年尺度、8 年尺度和 4 年尺度上降雨的变化情形进行分析,通过这 3 个尺度的分析可以看出它们各自的变化情况。而更小尺度的变化曲线则反映了大尺度背景下的详细变化过程。

分析 1974~2005 年降雨量,参照山西省气象科学研究所拟定的降雨量 5 级判别标准,以降雨量距平均值百分率±15% 为正常,±15%~±40% 为偏涝或偏旱,±40% 以上为特旱或特涝。从总体上来看,蔡家川流域大部分年份降雨都属于正常年,偏涝年比偏旱年略多。图 3-11 显示了蔡家川流域 30 多年来年降雨包含了多个不同尺度的周期变化。从 16 年尺度来看,主要经历两个周期的交替变化,即 1974~1990 年的降雨偏多期和 1990 年以来的降雨偏少期,可以从图中明显看出,1990 年是突变点,1990 年以后的年降雨量低于以前各年降雨量,平均减少 100mm 左右;从 8 年尺度可以得出,降雨经历了 4 个周期,即 1974~1982 年的降雨正常期、1983~1989 年的降雨偏旱期、1990~1998 年的降雨偏涝期和 1999 年以后的降雨偏少期;从 4 年尺度分析,1974~1987 年为降雨正常期,1988~1991 为降雨偏少期,1992~1995 年为降雨正常期,1996~1999 年为降雨偏少期,2000~2003

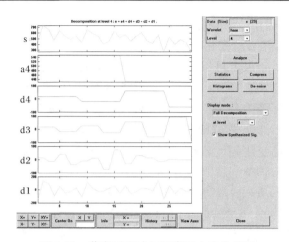

图 3-11　蔡家川流域年际降雨小波分析图

年降雨偏少期,2004 年以来为降雨偏少期。

　　通过分析可以看出蔡家川的降雨在不同尺度遵循不同的周期规律,但无论从 16 年尺度、8 年尺度还是 4 年尺度来分析,在最近几年蔡家川的降雨应该是处于偏少期。

　　2. 年内降雨特征

　　通过与年际降雨同样的分析过程得出,从 1985 年以来,有 6 年偏涝,占 35%；5 年偏旱,占 27%；2 年特旱,占 11%；5 年正常,占 27%。但是在近 10 年以来,偏旱占 3 年,特旱为 2 年,可见近年来生长季降雨呈减少的趋势。

　　通过对 1985～2002 年生长季降雨资料的小波分析(图 3-12),可以得出,在 8

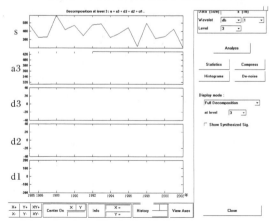

图 3-12　蔡家川流域生长季降雨小波分析图

年尺度(a3)上生长季降雨呈降低的趋势,可以分为三个周期,即 1985～1991 年为降雨正常期,1992～2000 年为降雨正常期,2000 年以来为降雨较少期;从 4 年尺度(d3)来看,1985～1991 年的生长季降雨差别不大,1992～1996 年为降雨较多期,1998～2002 年为降雨较少期,2003 年以后应该为波动性降雨年份。

第4章　土壤持水性能及水分入渗

为了更好地研究不同环境因子(尤其是立地、坡度、植被)对土壤持水、入渗性能的影响,以晋西黄土区蔡家川流域为研究对象,研究黄土区土壤的持水性能及水分入渗规律。本章选取油松、刺槐、侧柏及其混交林分、近自然林分等 6 个林分的土壤样品进行土壤持水性能测定,分析不同林地土壤水分特征曲线规律。在不同的土地利用条件下,对不同地貌部位进行野外入渗试验,分析影响土壤入渗的因素。

4.1　土壤性质观测方法

4.1.1　土壤物理性质测定

各标准地内挖掘土壤剖面,每 20cm 分层取 3 个重复环刀,室内测定土壤容重、孔隙度、毛管持水量等土壤物理性质以及土壤粒径组成,测量方法参照《土壤理化分析》(中国科学院南京土壤研究所,1978)一书。

4.1.2　土壤入渗测定

1. 土壤饱和导水率测定

采用定水头原状土垂直维测定法。用环刀实地取原状土柱,以固定水头向土柱供水,观测入渗过程,待水稳定后,由 Darcy 定律计算:

$$K_s = \frac{Q}{At} \frac{L}{\Delta H} \tag{4-1}$$

式中,K_s 为土壤饱和导水率;Q 为水出流量;t 为渗透过水量 Q 时所需时间;A 为原状土横截面积;ΔH 为水头高差;L 为土样高度。

2. 土壤非饱和导水率测定

使用边长分别为 60cm 和 70cm 的正方形铁框作入渗器,铁框高分别为 50cm和 40cm。选择试验地为较为平坦的地方,且垂直打入铁框。在铁框外 40~50cm范围内要加一土埂,起双环入渗外环的作用。用取土钻打孔,并每隔 10cm 或15cm 深层安装两组张力计。然后,向铁框内、外加水,同时计时。至稳渗后,尽可能多加水,使饱和层深些。等水面刚好下降到地表面以下后,作为再分布起始时刻并计时。试验前,在不扰动土壤的前提下,清除地表植物。试验中(除读数和取土样时),铁框及其周边一直用塑料布和油毛毡封盖,以避免蒸发失水。通过记录水分再分布不同时刻的土壤体积含水量和土壤张力系列,用最小二乘法拟合,可求得再分布全程的数据(体积含水量的时间系列和水势的时间系列)。

4.1.3　土壤水分特征曲线的标定

利用日产 H-1400 土壤专用离心机对不同地类的土壤水分特征曲线进行标定。方法为:利用离心机环刀采单个原状土样,在实验室中使之饱和,利用离心机在不同转速下离心 60～70min,使水分平衡,称量。离心结束后土样烘干称量,计算不同水势下的土壤含水量。

转速为 n_i(rad/min)时的土壤水势 ψ_i(10^5Pa)为

$$\psi_i = -1.12 \times 10^{-8} r n_i^2$$

式中,r 为离心半径,cm。

土壤水势为 ψ_i 时的土壤含水量为

$$\mathrm{SWC} = \frac{\psi_i\text{时的土壤湿重}-\text{烘干土样重}}{\text{烘干土样重}}$$

4.2　土壤持水性能

4.2.1　样地基本情况及研究方法

选择了蔡家川流域不同的土地利用类型,选取油松、刺槐、侧柏及其混交林分、近自然林分等 6 个林分的土壤样品进行土壤持水性能测定。样地基本情况见表 4-1,不同土层土壤基本状况见表 4-2。采用日产的 H-1400PF 特型土壤用离心机进行土壤水分特征曲线的标定。

表 4-1　样地基本情况

林分类型	坡度/(°)	坡位	坡向	林分密度/(mm×mm)	林龄/年	栽植方式
侧柏纯林	19	中	S	2250	12	I 水平阶
油松＋刺槐	22	下	NE21	1600×1600	10×7	水平阶同穴
刺槐	25	中	S	2200	10	水平阶
油松	19	中	NE40	2250	13	水平阶
刺槐＋侧柏	28	中	ES25	1300×60	12×14	水平阶行混
近自然林	26	下	NE39			

注:油松＋刺槐为油松、刺槐混交,刺槐＋侧柏为刺槐、侧柏混交。

表 4-2　不同土层土壤基本状况

土层深度 /mm	有机质 /%	全氮 /%	全磷 /%	速效钾 /ppm	pH 值	盐基代换量 /(mg/100g)	碳酸钙 /%	质地
0～20	0.91	0.048	0.045	106.6	8.4	7.22	8.8	轻壤
20～60	0.67	0.045	0.046	104	8.5	9.6	12	中壤
60～100	0.48	0.024	0.04	52	8.3	7.5	11.5	轻壤
100～200	0.41	0.02	0.033	73	8.4	7.1	13.4	轻壤

注：1ppm＝10^{-6}。

4.2.2　不同林地土壤水分特征曲线

　　土壤水分特征曲线不仅可以衡量土壤水分的能量水平,而且可以推算土壤中孔隙分布和比水容量。由于土壤水力传导函数以及土壤水分扩散率函数可以由土壤水分特征函数加以推导,一般情况下土壤水分特征曲线的标定就是采用土壤水分运动流方程模拟土壤水分运动的前提。土壤水分特征曲线的确定一般而言是通过试验测定有限的离散的土壤体积含水量及其对应的土壤水势,拟合出具有连续变化的土壤水势-含水量关系而得到的。通过日产的 H-1400PF 特型土壤用离心机进行土壤水分特征曲线的标定,得到的 0～100cm 的土壤水分特征曲线见图 4-1。

　　据研究,Gardner 提出的 $S=a\theta^{-b}$ 经验公式对我国大部分土壤适合。为了得到含水量为因变量的关系式,将上式变换为:$\theta=AS^{-B}$,将测定结果按上式进行拟合,结果见表 4-3。有了这种关系式,我们就可以通过测定土壤含水量 θ 求出各层在释

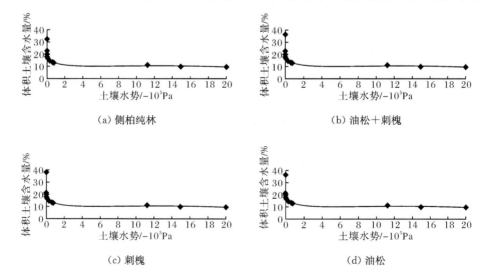

(a) 侧柏纯林　　　　　　　　　　　　　(b) 油松＋刺槐

(c) 刺槐　　　　　　　　　　　　　　(d) 油松

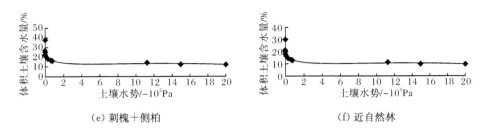

（e）刺槐＋侧柏　　　　　　　　　　　　　（f）近自然林

图 4-1　不同林地土壤水分特征曲线

水条件下的基质吸力 S，根据 S 的大小可划分土壤水分的有效性。

表 4-3　不同林分持水曲线经验方程的拟合结果

林分类型	采样深度/cm	A	B	AB	$B+1$	r	n
侧柏纯林	40～60	15.936	0.1695	2.701	1.1695	0.984	5
油松＋刺槐	40～60	15.687	0.1902	2.984	1.1902	0.9953	5
刺槐	40～60	13.801	0.2248	3.102	1.2248	0.9985	5
油松	40～60	16.709	0.1811	3.026	1.1811	0.9928	5
刺槐＋侧柏	40～60	12.849	0.2418	3.107	1.2418	0.9948	5
近自然林	40～60	14.886	0.1588	2.364	1.1588	0.9925	5

4.2.3　土壤比水容量与水分分类

土壤比水容量表明单位水势变化时土壤吸入或释放出的水量，是土壤释水的量化指标，它在评价土壤水分的有效性程度方面具有极重要意义。比水容量（C_θ）在数值上等于土壤水分特征曲线的斜率，对 $\theta = AS^{-B}$ 求导数便得到 $C_\theta = -\mathrm{dSWC}/\mathrm{d}\psi = AB\psi^{-(B+1)}$（$A$ 是当吸力 S 为 $-10^5\mathrm{Pa}$ 时的土壤含水量，B 为指数，物理意义是表明曲线随吸力增加而降落的快慢程度）。当 $\psi = 1$ 时，$C_\theta = AB$，即 $AB/100$ 是土壤水势为 $10^5\mathrm{Pa}$ 时的比水容量。而 $B+1$ 表明，比水容量随水势的变化远比含水量的变化快。

根据求导关系式计算出的各试验地的土壤比水容量见表 4-4。由表可以看出，各类样地的土壤比水容量变化范围均较大。不同林分土壤水势在 $-0.5 \times 10^5\mathrm{Pa}$、$-3 \times 10^5\mathrm{Pa}$ 及 $-10 \times 10^5\mathrm{Pa}$ 左右为水容量变化的关键点，土壤水势为 $-0.2 \times 10^5\mathrm{Pa}$ 时，侧柏、油松＋刺槐、刺槐、油松、刺槐＋侧柏和近自然林分的释水能力是 $-0.5 \times 10^5\mathrm{Pa}$ 时的 2.9 倍、3.2 倍、3.1 倍、3 倍、3.1 倍、3.4 倍，是 $-3 \times 10^5\mathrm{Pa}$ 时的 23.7 倍、25.1 倍、27.6 倍、24.7 倍、28.9 倍、31 倍，是 $-10 \times 10^5\mathrm{Pa}$ 时的 97 倍、105.1 倍、120 倍、102.6 倍、128.8 倍、131.2 倍。

表 4-4　不同林地土壤比水容量　　　［单位：ml/(bar·g)］

样地	采样深度 /cm	土壤水势/−10⁵Pa				
		0.2	0.3	0.5	0.7	1.0
侧柏林	40~60	1.774×10^{-1}	1.104×10^{-1}	6.08×10^{-2}	4.1×10^{-2}	2.7×10^{-2}
油松+刺槐	40~60	2.026×10^{-1}	1.251×10^{-1}	6.81×10^{-2}	4.56×10^{-2}	2.98×10^{-2}
刺槐	40~60	2.227×10^{-1}	1.355×10^{-1}	7.25×10^{-2}	4.8×10^{-2}	3.1×10^{-2}
油松	40~60	2.045×10^{-1}	1.254×10^{-1}	6.86×10^{-2}	4.61×10^{-2}	3.03×10^{-2}
刺槐+侧柏	40~60	2.293×10^{-1}	1.386×10^{-1}	7.35×10^{-2}	4.84×10^{-2}	3.1×10^{-2}
近自然林	40~60	2.526×10^{-1}	1.54×10^{-1}	8.28×10^{-2}	5.57×10^{-2}	3.36×10^{-2}

样地	采样深度 /cm	土壤水势/−10⁵Pa				
		3.0	5.0	10.0	15.0	20.0
侧柏林	40~60	7.474×10^{-3}	4.112×10^{-3}	1.828×10^{-3}	1.138×10^{-3}	8.128×10^{-4}
油松+刺槐	40~60	8.071×10^{-3}	4.394×10^{-3}	1.926×10^{-3}	1.189×10^{-3}	8.439×10^{-4}
刺槐	40~60	8.077×10^{-3}	4.321×10^{-3}	1.849×10^{-3}	1.054×10^{-3}	7.361×10^{-4}
油松	40~60	8.267×10^{-3}	4.522×10^{-3}	1.994×10^{-3}	1.235×10^{-3}	8.795×10^{-4}
刺槐+侧柏	40~60	7.941×10^{-3}	4.211×10^{-3}	1.78×10^{-3}	1.076×10^{-3}	7.529×10^{-4}
近自然林	40~60	8.618×10^{-3}	4.662×10^{-3}	2.14×10^{-3}	1.225×10^{-3}	9.345×10^{-4}

将表 4-3 中的 AB 值与表 4-4 C_θ 进行对比分析，可以发现：①水势一定时，土壤比水容量随 AB 值增大而增加；②AB 值越大，达到比水容量某数量级时的水势值就越小。所以 AB 值越大，说明土壤的释水性能越好。各林地相比，在同样的水势下，近自然林比水容量最大，以下依次为刺槐+侧柏林地、刺槐、油松、油松+刺槐与侧柏。

4.3　土壤水分入渗

4.3.1　土壤水分运动参数分析

了解土壤的物理性质是研究土壤水分运动的基础和前提。土壤质地上的变化以及土壤物理性质的分异直接影响到土壤中的水力传导特性。根据观测资料，得出研究区内不同立地类型及地貌部位的土壤机械组成及土壤物理性质，见表 4-5。

从表 4-5 中可以看出，道路路面的容重在所有地类中最大，孔隙度最小。林地的土壤容重最小，孔隙度最大，可见林地能够改良当地的土壤结构，同时增加土壤孔隙度，为水分在土壤中的运动提供了良好的空间环境。

表 4-5 不同立地类型、不同地貌土壤物理性质

样地		土壤容重/(g/cm³)			毛管孔隙度/%			非毛管孔隙度/%			总孔隙度/%		
地貌部位	地类	0~20cm	20~50cm	50~100cm	0~20cm	20~50cm	50~100cm	0~20cm	20~50cm	50~100cm	0~20cm	20~50cm	50~100cm
梁峁上部	阔叶林地	1.02	1.3	1.27	54.09	50.5	50.3	10	7	8	64.09	57.5	58.3
梁峁顶	针叶林地	1.05	1.2	1.26	48.82	54	56.3	8	2.7	2	56.82	56.7	58.3
梁峁顶	耕地	1.06	1.1	1.14	48.19	52.5	50.6	9	6.5	6.5	57.19	59	57.1
梁峁顶	阔叶林地	1.06	1.19	1.23	52.69	48.1	51.6	10	7.2	5.8	62.69	55.3	57.4
阴坡上部	针叶林地	1.07	1.24	1.27	51.34	49	49.6	9.7	6	5.7	61.04	55	55.3
梁峁顶	针阔混交林地	1.11	1.12	1.22	52.77	51.2	52	8	5	5	60.77	56.2	57
梁峁顶	灌木林地	1.15	1.23	1.24	54.1	48.9	49.3	6	5.8	6	60.1	54.7	55.3
阴坡中部	乔木林地	1.15	1.32	1.39	48.68	47.8	48.8	9	6.8	5.3	57.68	54.6	54.1
阴坡中部	乔木林地	1.19	1.29	1.38	50.96	48.5	46.8	8	6	6	58.96	54.5	52.8
沟坡坡面	草地	1.31	1.28	1.3	46.36	46.3	46.7	6	3.3	3.3	52.36	49.6	50
阳坡	沟坡面	1.28	1.32	1.41	42.06	45.6	46.5	5.95	2.87	2.44	48.01	48.47	48.94
阳坡	沟坡面	1.34	1.36	1.44	41.85	43.2	44.4	6.22	3.01	3.72	48.07	47.89	48.12
阴坡中部	坡耕地	1.1	1.22	1.28	48.19	44.3	47.1	9.01	3.59	4.01	57.2	47.89	51.11
阴坡中部	坡耕地	1.12	1.18	1.20	48.82	50.1	48.9	8.62	4.11	3.94	57.44	54.21	52.84
阳坡	道路路面	1.51	1.57	1.66	32.4	36.8	40.7	6.61	2.10	1.98	44.01	38.90	42.68
阳坡	道路路面	1.53	1.60	1.70	31.06	39.1	43.4	4.90	2.55	2.07	43.96	41.65	45.47
阳坡	道路路面	1.49	1.62	1.66	29.11	33.6	39.8	4.48	2.17	2.74	41.59	35.77	42.54

1. 饱和导水率

饱和导水率反映了土壤对水流施以影响并作为其特征的一个参数,它可以用来表示土壤介质中饱和水流运动的最大能力。

通过当地的实测资料分析,可以得到晋西黄土区不同地类的土壤饱和导水率值,见表4-6。

由表4-6中可以看出:①在植被良好的地类,饱和导水率的剖面分布一般由上至下逐渐减小。个别油松林是营造在过去的沙棘林中,由于人为活动的影响和针叶林对表层土壤的负影响,其饱和导水率的剖面分布有反向趋势;②油松、刺槐混交林的饱和导水率值最高,灌木林地也在一个较高的水平上,沙棘、虎榛子剖面的平均值为 5.469mm/min 和 5.058mm/min,草地的结果最低。

经分析得出晋西黄土区饱和导水率与土壤物理性质和主要环境因子的逐步回归分别如下。

1)K_s 与物理性质逐步回归

选择变量:X_1 为非毛管孔隙度(%);X_2 为毛管孔隙度(%);X_3 为总孔隙度(%);X_4 为土壤容重(g/cm³)。

$$K_s = 1.23665 + 0.02388X_1 - 0.72661X_4, \quad r = 0.7532 \qquad (4-2)$$

其中,$F_{0.10}(4,80) = 2.02$;复相关系数 $R = 0.8237$。

此为逐步回归中的 F 检验,$F_{0.10}$ 为显著水平 $\alpha = 0.1$ 时的 F 检验,(4,80) 为(自变量数,样本数)。

可见饱和导水率与土壤容重关系最为密切,饱和导水率与土壤物理性质的关系极为显著。

2)K_s 与主要环境因子逐步回归分析

选择变量:X_1 为郁闭度;X_2 为密度;X_3 为平均胸径;X_4 为草灌盖度;X_5 为枯枝落叶物;X_6 为坡度;X_7 为坡向;X_8 为坡位上;X_9 为坡位中

$$K_s = 1.6424 + 1.2708X_1 + 0.00004X_5 - 0.82651X_8 - 0.99095X_9 \qquad (4-3)$$

其中,$F_{0.10}(9,216) = 2.06$;复相关系数 $R = 0.826$。

结果表明,郁闭度与饱和导水率的关系最为密切,是主要的环境因子,其次是坡位,枯枝落叶物也有一定关系。复相关系数为 0.826,表明所选环境因子与饱和导水率的关系极为显著。

2. 非饱和导水率

不饱和流与饱和流的重要区别就在于导水率。不饱和流的导水率与土壤含水量多少紧密相关,也可以说是土壤含水量的函数,至含水量饱和时的导水率即为饱和导水率。因此,饱和导水率仅仅是其极端的数值,非饱和导水率是反映土壤

表 4-6　不同立地类型饱和导水率

序号	地类	覆盖率/%	林分密度/(株/hm²)	坡度/(°)	胸径/cm	坡位	饱和导水率/(mm/min)					
							0～20cm	20～40cm	40～60cm	60～80cm	80～100cm	
1	经济林	23		0		顶	10.253	8.47	16.939	7.988	1.91	
2	油松幼林	10	4495	24	2.0	下	7.489	7.239	6.74	7.988	7.988	
3	油松林	80	4500	27	3.0	中	0.32	0.089	0.345	2.771	7.239	
4	油松林	65	9000	10	5.7	中	4.342	3.817	0.135	0.096	0.583	
5	油松林	60	5000	13	6.7	上	0.426	0.516	0.311	1.997	0.421	
6	油松林	70	11000	0	3.1	顶	3.698	5.158	4.896	1.153	3.807	
7	沙棘林	43		22		中	0.703	0.453	0.74	0.54	1.02	
8	沙棘林	72	50000	27		下	14.71	8.915	15.156	9.79	3.566	
9	沙棘林	90	23000	24		中	4.188	2.933	2.102	1.375	1.28	
10	油松刺槐混交林	78	7816	0	8.0	顶	11.82	9.51	5.995	0.72	2.85	
11	刺槐林	52	2281	23	7.2	中	5.08	6.11	4.45	2.68	2.6	
12	刺槐林	45	2000	12	6.6	中	4.246	5.481	2.709	0.87	1.425	
13	虎榛子林	65		23		中	5.2	3.26	6.75	7.58	2.5	
14	荒草地	86		20		中	3.33	1.02	1.605	3.46	0.55	
15	荒草地	74		12		中	11.568	12.796	6.191	0.345	0.326	
16	农地			12		中	4.925	3.373	1.44	3.944	5.992	

在非饱和状态下导水能力的指标。土壤含水量与非饱和导水率和扩散率的函数关系式为

$$K(\theta) = -Zab^{1/b}\theta^{(b-1)b} \tag{4-4}$$

式中，$K(\theta)$ 为非饱和导水率；Z 为土层范围；θ 为土壤含水量；a、b 为与边界条件和土壤导水率相关的常数。

$$D(\theta) = -Zmn\left(\frac{\theta}{a}\right)^{(n-1)/b} \tag{4-5}$$

式中，$D(\theta)$ 为扩散率；m、n 同式(4-4)中的 a、b。

且存在

$$\theta = at^b \tag{4-6}$$

$$\psi = mt^n \tag{4-7}$$

用最小二乘法拟合，得出 a、b 和 m、n 的值，见表 4-7。可以看到，不同林地 b 值(或 n 值)的变化规律是：从上至下逐渐减小(绝对值)，说明各层土壤在非饱和状态下，土壤水分的运动能力上层比下层活跃；a 值(或 m 值)决定了再分布过程中土壤含水量的变化范围。由于土壤特性的差异使得不同土壤在前期入渗过程中土壤剖面上所能容纳的渗透水和湿润面所涉及的深度有所差异，而 a 值就反映了这种初始状态。显然其值与土壤孔隙状况和导水能力有关。由于黄土区土壤较为均一，剖面分布也比较均匀，a 值从上至下逐渐减小和 m 值的绝对值逐渐增大，说明上层水容量大，湿润面明显。

表 4-7　土壤再分布参数统计

| 序号 | 地类 | 土层 | $\theta = at^b/(\mathrm{cm^3/cm^3})$ | | | $\psi = mt^n/\mathrm{cm}$ 水头 | | |
			a	b	r	m	n	r
1	经济林台地	20～40cm	0.4714	−0.0419	−0.924	−41.3588	0.2212	0.9877
		40～60cm	0.5509	−0.061	−0.9985	−62.3263	0.1782	0.9833
		60～80cm	0.4619	−0.0454	−0.9656	−86.1409	0.1417	0.9925
2	油松林	20～40cm	0.4647	−0.0703	−0.8475	−38.6125	0.1998	0.9983
		40～60cm	0.4434	−0.0554	−0.9032	−55.2959	0.1562	0.9874
		60～80cm	0.4244	−0.0469	0.8164	−78.7791	0.1192	0.9835
3	油松林	20～40cm	0.4137	−0.0497	−0.8776	−30.134	0.2085	0.9859
		40～60cm	0.2857	−0.0114	−0.8439	−41.551	0.1763	0.9728
		60～80cm	0.3436	−0.029	−0.8094	−48.8142	0.162	0.966
4	油松林	20～40cm	0.487	−0.0628	−0.9445	−13.5276	0.3058	0.993
		40～60cm	0.5247	−0.0671	−0.9724	−19.7241	0.2658	0.9861
		60～80cm	0.4528	−0.0521	−0.8134	−92.4159	0.1068	0.928

序号	地类	土层	$\theta=at^b/(\mathrm{cm}^3/\mathrm{cm}^3)$			$\psi=mt^n/\mathrm{cm}$ 水头		
			a	b	r	m	n	r
5	沙棘林	20~40cm	0.503	−0.0448	−0.9395	−14.0196	0.2944	0.9983
		40~60cm	0.5118	−0.0599	−0.9707	−14.4242	0.2982	0.995
		60~80cm	0.5436	−0.0624	−0.996	−68.4685	0.1412	0.9969
6	油松、刺槐混交林	20~40cm	0.4796	−0.0769	−0.9483	−22.534	0.277	0.9865
		40~60cm	0.4963	−0.0804	−0.9584	−30.719	0.2394	0.9989
		60~80cm	0.48	−0.0644	−0.9953	−40.4839	0.2061	0.999
7	刺槐林	20~40cm	0.4383	−0.0427	−0.8667	−16.0548	0.3046	0.9957
		40~60cm	0.4176	−0.0396	−0.9057	−35.73	0.22	0.9101
		60~80cm	0.4119	−0.0431	−0.8546	−44.8501	0.1963	0.986
8	刺槐林	20~40cm	0.55	−0.087	−0.9258	−14.7882	0.3689	0.9958
		40~60cm	0.5298	−0.0861	−0.9823	−59.1625	0.1658	0.9948
		60~80cm	0.5352	−0.084	−0.9858	−59.6843	0.1501	0.9818
9	虎榛子林	20~40cm	0.4899	−0.0663	−0.9882	−15.4612	0.2965	0.9779
		40~60cm	0.4413	−0.056	−0.9445	−30.3781	0.2223	0.9986
		60~80cm	0.3667	−0.0395	−0.8444	−43.7683	0.1772	0.9964
10	草地	20~40cm	0.4573	−0.0621	−0.9611	−20.4839	0.2615	0.9991
		40~60cm	0.4628	−0.0531	−0.9567	−31.1802	0.227	0.9983
		60~80cm	0.4996	−0.0526	−0.9423	−40.0119	0.1976	0.9994
11	草地	20~40cm	0.5425	−0.1089	−0.9806	−20.7246	0.2947	0.998
		40~60cm	0.5119	−0.0915	−0.9556	−39.2614	0.232	0.9956
		60~80cm	0.5399	−0.0916	−0.9837	−53.5824	0.1812	0.9882
12	农地	20~40cm	0.5676	−0.1055	−0.9706	−2.1451	0.5809	0.9695
		40~60cm	0.5334	−0.0879	−0.9918	−41.5354	0.2256	0.9996
		60~80cm	0.5434	−0.0838	−0.9197	−74.6021	0.1475	0.9807

　　通过表 4-7 中的 a、b 和 m、n 值,便可以运用式(4-4)和式(4-5)分别计算出不同地类土壤在不同土壤含水量条件下的导水率和扩散率值,见表 4-8。

表 4-8　非饱和导水率与扩散率统计表

参数	含水量	地类						
		经济林台地	沙棘林	油松林	刺槐林	虎榛子林	草地	油松、刺槐混交
$D(\theta)$ /(mm /min)	0.10	3.68×10^{-4}	2.95×10^{-5}	5.91×10^{-7}	2.25×10^{-6}	3.27×10^{-5}	6.48×10^{-5}	2.38×10^{-4}
	0.15	1.39×10^{-2}	2.98×10^{-3}	6.29×10^{-5}	6.29	2.42×10^{-3}	3.21×10^{-3}	1.02×10^{-2}
	0.20	1.82×10^{-1}	7.87×10^{-2}	3.42×10^{-2}	3.41×10^{-2}	5.12×10^{-2}	5.14×10^{-2}	1.46×10^{-2}
	0.25	1.34	9.97×10^{-2}	7.57×10^{-1}	7.57×10^{-1}	5.46×10^{-1}	4.41×10^{-1}	1.15
	0.30	6.88	7.94×10^{-1}	9.53	9.53	3.78	2.55	6.25
	0.35	2.73×10	4.59	8.10×10	8.10×10	1.94×10	1.13×10	2.60×10
	0.40	9.04×10	2.10×10^{2}	5.18×10^{2}	5.18×10^{2}	8.00×10	4.08×10	8.97×10
$K(\theta)$ /(cm^{2} /min)	0.10	1.34×10^{-8}	3.41×10^{-9}	3.57×10^{-12}	5.15×10^{-11}	3.88×10^{-10}	4.10×10^{-10}	1.10×10^{-9}
	0.15	3.46×10^{-6}	1.64×10^{-6}	5.89×10^{-9}	1.08×10^{-7}	2.64×10^{-7}	2.37×10^{-7}	6.07×10^{-6}
	0.20	1.77×10^{-4}	1.31×10^{-4}	1.13×10^{-6}	2.45×10^{-5}	2.69×10^{-5}	2.16×10^{-5}	5.36×10^{-5}
	0.25	3.78×10^{-3}	3.90×10^{-3}	6.66×10^{-5}	1.65×10^{-4}	9.75×10^{-4}	7.15×10^{-4}	1.73×10^{-3}
	0.30	4.59×10^{-2}	6.26×10^{-2}	1.86×10^{-2}	5.12×10^{-2}	1.83×10^{-2}	1.25×10^{-2}	2.70×10^{-2}
	0.35	3.80×10^{-1}	6.55×10^{-1}	3.11×10^{-1}	9.37×10^{-1}	2.18×10^{-1}	1.40×10^{-1}	3.28×10^{-1}
	0.40	2.36	5.00	3.57×10^{-1}	1.16×10	1.87×10^{-1}	1.14	2.62

由表 4-8 可以看出,在相同的土壤含水量条件下,经济林台地、混交林的非饱和导水率最大,然后依次为沙棘林、虎榛子林、刺槐林和油松林。各地类土壤非饱和导水率随含水量的增加而增大。

4.3.2　不同地类土壤水分入渗研究

1. 土壤渗透速率与时间的关系

渗透速率随时间的变化规律是:在开始时渗透速率最大,继之随时间而降低。而其降低的速度,亦是开始大,而后逐渐变小,直至渗透速率近于恒定,见表 4-9。渗透过程的各种特征主要受两个因素的影响。一是渗透压力比降的降低,在渗透开始时,产生渗透的土层渗透压力比降接近于零,以后随着时间的增加,土层渗透压力比降也随之增加,当渗透土层增至很大时,渗透压力的比降接近于 1,渗透速率也就接近于一个常数,即稳渗率;二是土壤受外力作用时,尤其在经过水浸之后,各颗粒间产生位移,使土壤孔隙度减小,同时土壤中的胶体黏粒遇水后膨胀,亦能使孔隙度减小,因而降低了土壤的透水性与渗透率。

表 4-9　不同立地条件土壤入渗结果

地类	坡度/(°)	不同时间入渗速率/(mm/min)						
		0min	2min	5min	10min	40min	80min	稳渗率
草地	10	0.87	0.73	0.58	0.51	0.42	0.44	0.44
草地	15	0.77	0.50	0.41	0.37	0.22	0.22	0.24
灌木林地	40	3.12	0.80	0.45	0.36	0.28	0.16	0.19
灌木林地	10	3.93	1.18	0.69	0.60	0.58	0.58	0.54
灌木林地	12	4.46	1.60	0.80	0.54	0.38	0.30	0.24
灌木林地	10	5.51	3.73	2.76	2.31	1.64	1.64	1.68
乔木林地	35	1.90	0.68	0.89	0.68	0.64	0.64	0.72
乔木林地	30	6.54	4.88	3.76	3.54	2.60	2.80	2.86
乔木林地	35	2.71	1.40	1.15	1.20	1.32	1.20	1.07
沟坡	40	2.10	1.18	0.48	0.41	0.23	0.25	0.27
沟坡	35	1.92	0.65	0.27	0.14	0.35	0.29	0.30
沟坡	38	2.83	1.77	0.52	0.27	0.14	0.14	0.16
坡耕地	9	1.14	1.00	1.08	1.08	1.05	0.97	0.97
坡耕地	10	0.90	0.81	0.80	0.80	0.73	0.63	0.56
道路样地 1		5.60	1.31	0.16	0.24	0.10	0.15	0.20
道路样地 2		5.05	0.57	0.10	0.09	0.05	0.05	0.05

注:采用自动降雨机,采用的雨强为 0.9~2.83mm/min。

从土壤水分入渗速率随时间的变化曲线(图 4-2)上来看,土壤入渗速率随时间的变化曲线大体可以分为三个阶段,第一阶段入渗速率很大,变化率大,此阶段土壤水分主要受分子力作用,入渗量的变化与初始含水量关系比较密切(在 4.3.3 小节中进行分析);第二阶段随着含水量的增加,土壤入渗速率逐渐降低,变化率要小于第一阶段,入渗主要受毛管力的作用。随着入渗过程的进行,土壤逐渐为水饱和,入渗速率趋向于一个较为稳定的数值,入渗过程进入第三个阶段,这时分子力不再起作用,毛管力非常微弱,而主要受重力作用,此时的入渗速率即为土壤稳渗率。

从不同立地类型的土壤入渗曲线随时间变化来看,道路随时间变化的过程只可分为两个阶段,即入渗速率迅速变化期和稳渗期,开始入渗约 2min 后,即进入稳渗期,入渗量极低,小于 0.10mm/min。这是因为道路土壤毛管空隙度小、土壤颗粒黏结程度较高、土壤毛管被压实等,导致入渗速率在短时间内即达到稳定状态;乔木林地和灌木林地的渗透性能明显好于其他土地利用类型,这是因为乔灌木林地根系发育好,根量多,能够提供较为丰富的大孔隙,在土壤层中形成很多的大小孔道,孔隙度的增加不仅有利用于土壤中纵向的水分渗透,而且也加速了横向的水分渗透,缩短了渗透时间,能够对土壤水分渗透创造良好的条件。乔木林地土壤水分入渗相差较大,这与乔木的林冠结构紧密相关。

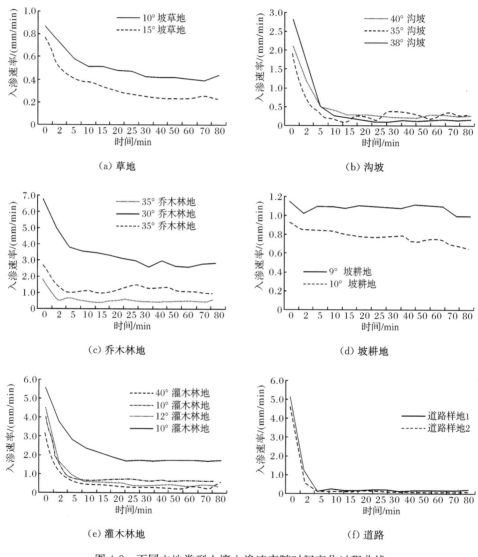

图 4-2 不同立地类型土壤入渗速率随时间变化过程曲线

2. 累计入渗量与时间的关系

通过对实测数据 80min 的累计入渗量的观测(图 4-3),可以看出,林地累计入渗量明显高于其他用地,这是因为林地通过减小雨滴动能、拦截雨量、改变地表结皮等到实现对入渗的影响。由于表层土被疏松,增加了土壤孔隙度,而草地由于地表层有少量的结皮,入渗量稍小于耕地。

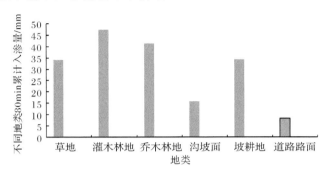

图 4-3　不同立地类型 80min 累计入渗量对照

4.3.3 影响土壤入渗因素分析

土壤水分入渗是一个复杂的动态过程,主要受土壤性质、土壤初始含水量、下垫面、地面坡度以及降雨强度等自然因素和人为活动因素的影响。描述土壤入渗能力的定量指标多样,在本节中采用土壤稳定入渗速率、坡面开始产流时间、土壤湿润锋面下渗深度三个指标来对晋西黄土区土壤入渗影响因素进行分析。

1. 土壤物理性质对入渗的影响

土壤作为一种透水介质,为水体渗入提供大量的通道。作为输水介质,土壤的效用在很大程度上取决于这些过水通道的断面尺寸及其永久性。而过水通道的尺寸及其永久性取决于土壤机械组成、土粒排列松紧程度及各土粒之间的团聚程度,特别是水稳性土粒团聚状况。

1) 土壤机械组成对入渗速率的影响

一般来讲,土壤质地越粗,其入渗速率越大,尤其对缺乏土壤结构和成土作用较差的土壤来说,更是如此。从试验结果(表 4-10)可以看出,在土壤初始含水量和容重近似的情况下,土壤砂粒百分含量越高,开始产流时间越晚,土壤入渗速率越大。当土壤砂粒的百分含量分别为 21.23%、32.74%、39.85%时,稳定入渗速率为 0.25mm/min、0.48mm/min、0.62mm/min,开始产流时间为 5min、10min、14min。将不同砂粒含量下土壤稳定入渗速率点绘成图 4-4,对其进行拟合分析可以得出,不同砂粒含量与土壤稳定入渗速率之间呈指数关系,其关系式为

$$i_c = 0.082e^{0.052s} \quad (R^2 = 0.9626)$$

式中,i_c 为土壤稳定入渗速率,mm/min;s 为砂粒百分含量,%。

表 4-10　土壤机械组成对稳定入渗速率影响分析表

坡度/(°)	地类	容重 /(g/cm³)	含水量 /%	砂粒含量 /%	稳渗率 /(mm/min)	产始产流时间 /min
9	草地	1.233	18.91	21.23	0.25	5
13	草地	1.244	17.59	27.4	0.31	7
11	草地	1.179	17.08	26.86	0.34	8
10	草地	1.256	16.44	32.74	0.48	10
12	草地	1.183	16.83	33.64	0.51	12
10	草地	1.258	16.57	39.85	0.62	14

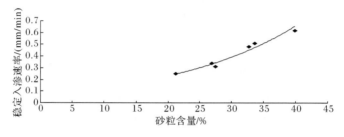

图 4-4　土壤颗粒组成与稳定入渗速率的关系

2）土壤容重对稳定入渗速率的影响

土壤容重是指单位容积土壤体（包括孔隙）的重量，它反映了土壤坚实度和孔隙度的大小。从表 4-11 中可知，在晋西黄土区上，土壤容重越小，土壤入渗速率越大，开始产流时间越晚。当土壤容重从 1.119g/cm³ 增加到 1.584g/cm³ 时，稳定入渗速率将从 0.46mm/min 减小到 0.26mm/min，坡面开始产流时间将从 11min 减小到 3min。

表 4-11　土壤容重对土壤入渗影响分析表

坡度/(°)	地类	深度 /cm	容重 /(g/cm³)	开始产流时间 /min	土壤稳渗率 /(mm/min)
9	林地	0~20	1.119	11	0.46
11	草地	0~20	1.229	9	0.41
12	沟坡	0~20	1.423	8	0.34
9	沟坡	0~20	1.454	7	0.31
10	道路样地1	0~20	1.533	4	0.29
10	道路样地2	0~20	1.584	3	0.26

　　将不同土壤容重下坡面开始产流时间和土壤稳定入渗速率分别点绘成图 4-5
和图 4-6。对其进行拟合分析可以看出,土壤容重与开始产流时间和稳定入渗速
率分别呈指数关系,其关系式为

$$t_p = 199.15 e^{-2.4765r} \quad (0\sim20cm\ 容重)\quad (R^2 = 0.7902)$$

$$i_c = 1.7576 e^{-1.1852r} \quad (0\sim20cm\ 容重)\quad (R^2 = 0.9844)$$

式中,t_p 为开始产流时间,min;i_c 为稳定入渗速率,mm/min;r 为土壤容重,g/cm³。

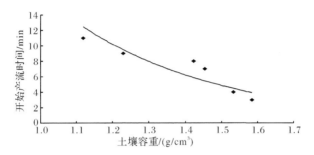

图 4-5　土壤容重与开始产流时间关系

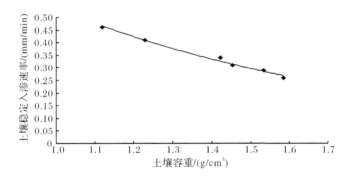

图 4-6　土壤容重与稳定入渗速率关系

3) 土壤水稳性团粒含量对土壤入渗的影响

　　试验表明,在晋西黄土区,土壤水稳性团粒含量较高时,入渗能力较强,入渗
速率较大,开始产流时间较晚,当 >0.25mm 水稳性团粒含量从 5.87% 增加到
29.38% 时,稳定入渗速率将从 0.26mm/min 增加到 0.54mm/min,坡面开始产流
时间将从 3min 增加到 18min。

　　从图 4-7、图 4-8 和表 4-12 中反映了土壤水稳性团粒含量与坡面开始产流时
间和土壤稳定入渗速率分别呈指数关系,其关系式分别为

$$t_p = 2.207 e^{0.0714d} \quad (R^2 = 0.9811)$$

$$i_c = 0.2225 e^{0.0282d} \quad (R^2 = 0.9696)$$

式中,t_p 为坡面开始产流时间,min;i_c 为土壤稳定入渗速率,mm/min;d 为土壤水

稳性团粒百含量,%。

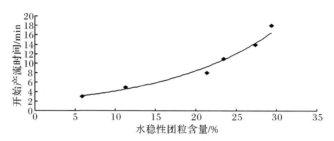

图 4-7 土壤水稳性团粒含量与开始产流时间关系曲线

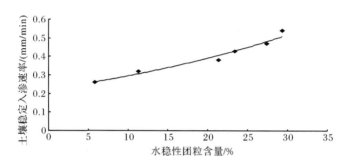

图 4-8 土壤水稳性团粒含量与稳定入渗速率的关系曲线

表 4-12 土壤水稳性团粒对土壤入渗影响分析

坡度/(°)	地类	深度/cm	>0.25mm 水稳性团粒含量/%	开始产流时间/min	土壤稳渗率/(mm/min)
9	林地	0~20	5.87	3	0.26
11	草地	0~20	11.25	5	0.32
12	沟坡	0~20	21.38	8	0.38
9	沟坡	0~20	23.44	11	0.43
10	道路样地 1	0~20	27.38	14	0.47
10	道路样地 2	0~20	29.38	18	0.54

2. 前期含水量对土壤入渗的影响

1) 前期含水量对开始产流时间的影响

土壤初始含水量状况,直接影响着降雨后土壤的入渗情况。目前关于初始含水量对土壤入渗的影响研究,大多是在含水量分布均匀的前提下研究不同含水量对土壤入渗速率的影响。为了寻求土壤初始含水量与土壤入渗之间的关系,以降雨强度为一定、其他条件相似的直线坡为例进行分析。

　　试验结果表明,在晋西黄土区,随着土壤初始含水量的增加,坡面开始产流时间明显提前,当土壤初始含水量为 9.98% 时,降雨 14min 坡面开始产流,当土壤初始含水量增加到 20.19% 时,降雨 7min 开始产流(表 4-13)。坡面开始产流时间与土壤初始含水量的关系(图 4-9)如下:

$$t_p = 14.397\theta^{-0.3869} \quad (R^2 = 0.9287)$$

式中,t_p 为产流时间,min;θ 为土壤含水量,%。

表 4-13　土壤初始含水量对产流时间、稳定入渗速率及平均入渗速率的影响分析

坡度/(°)	地类	初始含水量 /%	开始产流时间 /min	稳定入渗速率 /(mm/min)	平均入渗速率 /(mm/min)
9	林地	9.98	14	0.31	1.24
11	草地	12.57	11	0.27	0.83
12	沟坡	16.47	10	0.21	0.74
9	沟坡	18.96	9	0.24	0.69
10	道路	20.19	7	0.18	0.59

注:初始含水量为 0~40cm 的平均值。

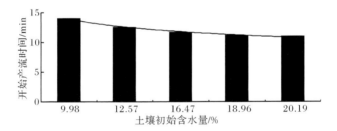

图 4-9　土壤初始含水量与开始产流时间关系曲线

　　2)土壤初始含水量对平均入渗速率与稳定入渗速率的影响

　　将不同土壤初始含水量情况下土壤稳定入渗速率和平均入渗速率点绘成图 4-10 和图 4-11,从中可以看出,在晋西黄土区坡面上,随着初始含水量的增加,土壤稳定入渗速率和平均入渗速率减小,当土壤初始含水量为 9.98% 时,土壤稳定入渗速率和平均入渗速率分别为 0.31mm/min 和 1.24mm/min,当土壤初始含水量增加到 20.19% 时,土壤稳定入渗速率和平均入渗速率分别为 0.18mm/min 和 0.59mm/min,对其进行拟合分析可知,土壤初始含水量与土壤稳定入渗速率、土壤平均入渗速率之间为幂函数关系,其关系式分别为

$$i_c = 1.3461\theta^{-0.6383} \quad (R^2 = 0.7918)$$
$$p = 9.3405\theta^{-9.088} \quad (R^2 = 0.9192)$$

式中，i_c 为土壤稳定入渗速率，mm/min；p 为土壤平均入渗速率，mm/min；θ 为土壤初始含水量，%。

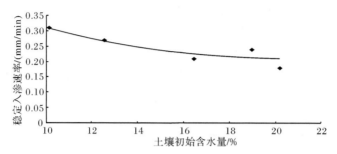

图 4-10　土壤初始含水量与稳定入渗速率的关系曲线

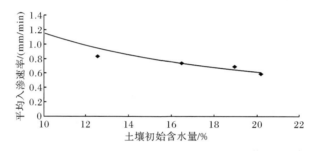

图 4-11　土壤初始含水量与平均入渗速率关系曲线

3）土壤初始含水量对土壤湿润深度的影响

降雨入渗产生土壤水分再分布，由于受野外试验条件的限制，未能对土壤水分再分布规律进行动态的观测。仅利用土壤水分入渗深度的变化来描述土壤水分的动态变化过程。图 4-12 是晋西黄土区土壤不同初始含水量情况下的水分入渗深度的变化曲线。可以看出，随着土壤初始含水量的增加，水分入渗深度呈减少趋势，趋于稳定的时间明显变短。分析其原因主要是，开始入渗阶段，入渗主要

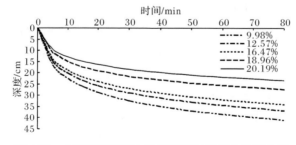

图 4-12　土壤湿润锋面入渗深度随时间变化关系曲线

受土壤内薄膜水的分子力和毛管水的毛管力作用,湿土层很薄,干湿土含水量相差很大,形成土壤水势差,初始土壤含水量越小,形成的土水势差越大,土壤水分入渗深度越大。

对不同初始含水量情况下,土壤水分入渗深度与入渗时间进行拟合分析可知,土壤入渗深度(H)与入渗时间呈现出对数关系(表 4-14)。

3. 地形因子对入渗的影响

1) 坡度对入渗的影响

关于坡度与入渗累积量和入渗速率的关系,已有许多研究,由于各自分析方法和试验条件不同,其结果也不尽相同。以降雨强度为 1.5mm/min、土壤性质基本相同的直线坡为例,对晋西黄土区不同坡度情况下的土壤入渗性能进行分析。

(1) 坡度对产流时间的影响。

将不同坡度情况下的坡面开始产流时间点绘成图 4-13。从图中可知,随着地面坡度的增大,开始产流时间提前。在晋西黄土区,当坡度分别为 5°、10°、15°、20°、25°、30°、35°、40°时,开始产流时间分别为 16min、11min、9min、6min、4min、3min、2min、1.5min。两者之间呈指数关系,其关系式为

$$t_p = 22.999e^{-0.0686s} \quad (R^2 = 0.9968)$$

式中,t_p 为坡面开始产流时间,min;s 为地面坡度,(°)。

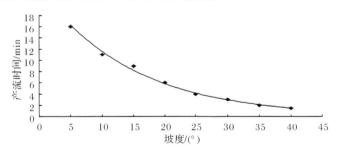

图 4-13 坡度与产流时间的关系曲线

(2) 坡度对稳定入渗速率的影响。

将不同坡度情况下的土壤稳定入渗速率点绘成图 4-14。从图中可知,随着坡度的增大,土壤稳定入渗速率减小。在晋西黄土地区,当坡度分别为 5°、10°、15°、20°、25°、30°、35°、40°时,稳定入渗速率分别为 0.29mm/min、0.24mm/min、0.23mm/min、0.22mm/min、0.20mm/min、0.19mm/min、0.18mm/min、0.17mm/min。两者呈对数关系,其关系式为

$$y = -0.055\ln x + 0.3759 \quad (R^2 = 0.9821)$$

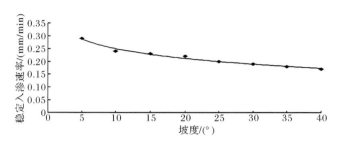

图 4-14　坡度与稳定入渗速率关系曲线

　　造成这一现象的原因主要与坡面上水层的受压情况有关。坡面上的水分入渗主要受大气压力和水层压力的共同作用,随着坡度的增大,水层沿着坡面方向的力将增大,而垂直坡面的压力将减小。同时由于水体沿坡面移动,使水分进入土壤的机会减少,导致入渗速率减小。

　　(3) 坡度对土壤水分入渗深度的影响。

　　降雨结束后,观测不同坡度情况下土壤水分入渗深度,测定结果表明(图 4-15),在降雨强度和土壤性质相近情况下,随着坡度的增大,土壤水分入渗深度逐渐减小。

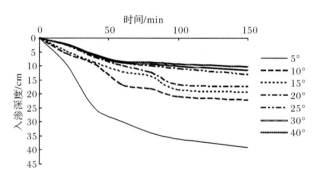

图 4-15　不同坡度湿润锋面随时间变化曲线

　　对不同地面坡度情况下,土壤水分入渗深度与入渗时间进行拟合分析可知,土壤湿润锋面入渗深度(H)与入渗时间(t)成对数关系(表 4-15)。

　　2) 坡位对土壤入渗的影响

　　选择坡上部、坡下部及沟坡三个坡面部位,采用相近的坡度、土壤前期含水量及降雨强度进行分析(表 4-16),以取得晋西黄土区不同坡位土壤入渗的量化分析。

表 4-14 初始含水量影响水分入渗深度关系分析表

坡度/(°)	初始含水量/%	降雨强度/(mm/min)	湿润锋面深度/cm								关系式	相关系数
			0min	5min	10min	15min	20min	30min	50min	80min		
9	9.98	1.547	0	16.65	22.74	26.31	28.83	32.40	36.89	41.02	$H=8.7863\ln t+2.5132$	0.9713
11	12.57	1.477	0	14.88	20.36	23.57	25.84	29.05	33.09	36.80	$H=7.9059\ln t+2.1577$	0.9539
12	16.47	1.504	0	13.82	18.89	21.85	23.96	26.92	30.66	34.09	$H=7.3104\ln t+2.0569$	0.9639
9	18.96	1.524	0	11.08	15.18	17.57	19.27	21.66	24.68	27.46	$H=5.9059\ln t+1.577$	0.9839
10	20.19	1.498	0	9.38	12.86	14.89	16.33	18.36	20.93	23.28	$H=5.0142\ln t+1.3107$	0.9901

表 4-15 不同坡度影响水分入渗关系表

坡度/(°)	土壤前期含水量/%	降雨强度/(mm/min)	不同时间水分入渗深度/cm							关系式	相关系数
			0min	20min	40min	60min	80min	100min	150min		
5	13.12	1.547	0	9.50	24.80	29.96	33.70	36.00	39.00	$H=6.048\ln t+1.4527$	0.97
10	12.57	1.477	0	5.67	9.33	16.92	18.14	21.07	22.15	$H=9.0168\ln t+0.5351$	0.95
15	12.64	1.504	0	4.93	8.85	12.31	13.66	18.49	19.43	$H=10.202\ln t+1.0893$	0.96
20	13.21	1.524	0	2.66	7.02	9.97	12.22	16.67	17.32	$H=11.886\ln t+1.5948$	0.98
25	11.98	1.498	0	2.43	6.54	9.03	10.02	11.02	13.07	$H=21.358\ln t+2.7504$	0.97
30	12.46	1.512	0	2.20	6.05	8.84	9.17	10.01	11.43	$H=23.461\ln t+2.5407$	0.91
40	12.14	1.507	0	1.96	5.71	8.25	8.46	9.11	10.27	$H=28.167\ln t+0.5461$	0.90

表 4-16　不同坡位对土壤入渗影响分析

坡面位置	0～20cm 土层容重 /(g/cm³)	不同深度的土壤含水量/%					开始产流时间 /min	稳渗率 /(mm/min)
		表层	20cm	40cm	60cm	80cm		
坡下部	1.245	1.715	11.66	13.19	14.29	16.87	7.2	0.41
坡上部	1.167	2.015	13.16	14.67	15.29	15.56	6.8	0.42
沟坡	1.202	1.617	10.98	13.1	14.47	14.16	6.4	0.38

　　从多次的试验数据中得出以下规律,在相同降雨强度、相近坡度的情况下,沟坡首先产生径流,坡上部其次,坡下部最晚产生径流;坡下部及沟坡面的初始入渗速率较大,而入渗速率随时间衰减较快,坡上部的初始入渗速率小于坡上部和沟坡面,但坡上部的入渗速率随时间下降较慢,且稳渗率要大于坡下部,沟坡稳渗率最低。造成这一现象的原因是水土流失,土壤颗粒堆存于坡下部,造成坡下部土壤孔隙减小,土壤结构较为紧密,容重大于坡上部,致使入渗速率降低,而初渗率则相反。

　　3) 坡向对土壤入渗的影响

　　对于不同坡向,其入渗也有较大差异,试验表明,阳坡的初渗率略大于阴坡,但随入渗时间延长,阳坡的入渗速率下降较快,在入渗开始 10min 以后,阴坡的入渗速率一直大于阳坡,但从表 4-17 中可知,两者近地表 20cm 土层的容重无明显差异,且阴坡的土壤含水量还明显高于阳坡。分析地表土壤结构状况可知,阴坡的植被比阳坡盖度要大,地面枯落物层也比阳坡的厚,有利于入渗。所以,阴坡的入渗性能好于阳坡。

表 4-17　不同坡向对土壤入渗影响分析

坡面位置	0～20cm 土层容重 /(g/cm³)	不同深度的土壤含水量/%					开始产流时间 /min	稳渗率 /(mm/min)
		表层	20cm	40cm	60cm	80cm		
阳坡	1.246	2.69	12.72	13.73	15.43	20.17	6.0	0.27
阴坡	1.284	5.25	15.74	15.12	18.41	19.11	6.9	0.38

4. 降雨强度对入渗的影响

　　降雨强度是影响土壤入渗性能的主要因子之一,不少学者对此已做过研究,但结果不太一致。为了研究不同降雨强度对土壤入渗的影响,选取晋西黄土区坡度相近的直线坡型进行分析,以取得晋西黄土区降雨强度对土壤入渗的量化分析结果。

　　1) 降雨强度对开始产流时间的影响

　　将不同降雨强度下坡面开始产流时间点绘成图 4-16。从图 4-16 和表 4-18 可

知,随着降雨强度的增加,开始产流时间提前;坡面开始产流时间与降雨强度呈指数关系,其关系式为

$$t_p = 14.229 e^{-0.4265 i} \quad (R^2 = 0.9824)$$

式中,t_p 为开始产流时间,min;i 为降雨强度,mm/min。

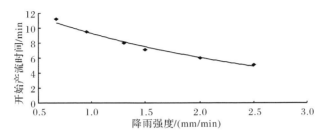

图 4-16　不同降雨强度与产流时间的关系曲线

表 4-18　降雨强度对开始产流时间的影响分析表

坡度/(°)	地类	土壤前期含水量/%	降雨强度/(mm/min)	开始产流时间/min
9	林地	18.91	0.67	11.2
11	草地	17.59	0.95	9.5
12	沟坡	17.08	1.30	8.0
9	沟坡	16.44	1.50	7.1
10	道路样地 1	16.83	2.00	6.0
10	道路样地 2	16.57	2.50	5.1

2) 降雨强度对稳定入渗速率的影响

将不同降雨强度下土壤稳定入渗速率测定结果点绘成图 4-17,可以看出,随着降雨强度的增大,土壤稳定入渗速率增加,但增加的幅度逐渐减小。当降雨强度分别为 0.95mm/min、1.5mm/min、2.0mm/min 时,在晋西黄土区稳定入渗速率分别为 0.39mm/min、0.42mm/min、0.43mm/min(表 4-19)。两者呈幂函数关系,其关系式为

$$y = ax^b$$

式中,y 为稳定入渗速率;x 为降雨强度;a、b 为常数。在晋西黄土区,$a = 0.3956$、$b = 0.1395$。

其原因与入渗水体的受力情况有关,土壤孔隙中的水流在其运动过程中主要受四种力的作用:水体自重力、土壤水分毛管势产生的吸力、地表水层的压力,以及雨滴打击地表时,对入渗水体产生的冲力。上述四种力的作用范围和方式不同,在入渗速率达到稳定时,它们的重要性也不同。稳定入渗水流的主要通道是

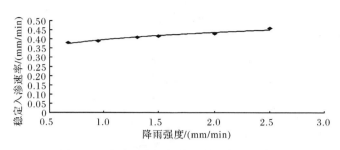

图 4-17　降雨强度与稳定入渗速率关系曲线

土壤中较大的非毛管孔隙和部分毛管孔隙,一般认为此时的毛管吸力作用已不明显,主要是其他三种力的作用。其中,雨滴打击所产生的冲力对入渗速率的变化起着重要作用,它不仅可以加速入渗水流的速率,还可以使部分静止的毛管水加入入渗水流中。故随着降雨强度的增大,土壤的稳定入渗速率呈增大的趋势。但是随着降雨强度的增大,雨滴对地面的破坏作用也增强,堵塞土壤的入渗孔隙,导致入渗速率在一定程度上减小。

表 4-19　降雨强度与稳定入渗速率影响分析表

坡度/(°)	土壤前期含水量/%	降雨强度/(mm/min)	稳定入渗速率/(mm/min)
9	18.91	0.67	0.38
11	17.59	0.95	0.39
12	17.08	1.30	0.41
9	16.44	1.50	0.42
10	16.83	2.00	0.43
10	16.57	2.50	0.46

3) 降雨强度对水分入渗深度影响分析

对不同降雨强度下土壤水分入渗深度进行测定表明(图 4-18),对相同土壤,随着降雨强度的增大,土壤入渗深度有一定程度的增加,但增加幅度不大。

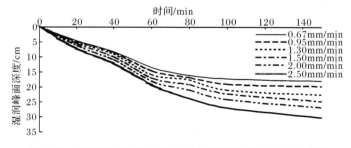

图 4-18　不同降雨强度下水分入渗深度随时间变化关系图

5. 植被因子对土壤入渗的影响

植被因子影响土壤入渗,应该从两个方面进行分析,一个是立地类型,另一个是植被覆盖率。因为受观测数据所限制,本节将植被因素合并为一个因子进行分析。

1) 植被类型对入渗速率的影响

在不同的土地利用类型下,土壤水分入渗速率有比较大的差异。通过对 5 种土地利用类型因素以时间为协方差进行方差分析(表 4-20 和表 4-21),可以看出,5 种利用类型对土壤入渗速率及开始产流时间有显著影响。但是,不同土地利用类型对入渗速率的影响具有差异性,见图 4-19 和图 4-20。灌木林地的入渗速率最大,灌木林地与乔木林地的差异不显著,它们同草地、耕地、道路有显著差异,根据聚类分析结果,林地为一类、草地和耕地为一类,道路为一类,可以将晋西黄土区土壤入渗划分为三类。

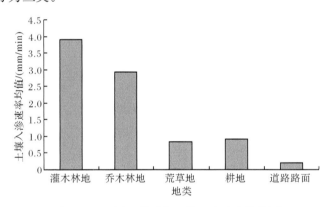

图 4-19　不同地类平均土壤入渗速率均值图

表 4-20　流域径流系数方差分析

立地类型	均值	标准离差	标准误差	均值的下限	95%置信区间上限	最小值	最大值
灌木林地	3.8525	1.12954	0.39935	2.9082	4.7968	2.97	6.50
乔木林地	1.9950	1.08553	0.38379	1.0875	2.9025	1.25	4.40
草地	1.6150	0.13774	0.04870	1.4098	2.7302	0.46	2.88
耕地	1.7275	0.09254	0.03272	1.6501	1.8049	0.57	2.90
道路	0.6988	1.77851	0.62880	0.7881	2.1856	0.04	5.10

表 4-21   方差齐性检验成果表

	平方和	自由度	平均平方和	F	显著性水平 P 值
组间	62.168	4	15.542	13.767	0.007
组内	39.514	35	1.129		
合计	101.682	39			

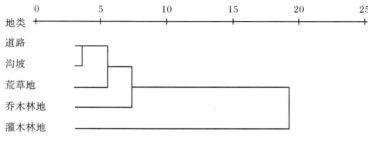

图 4-20   不同地类平均入渗速率系统聚类图

2）植被类型对产流时间的影响分析

如表 4-22 所示,道路开始产流时间最早,以后其次为耕地、草地、乔木林地,灌木林地开始产流时间最晚。不同立地类型对产流时间影响十分明显,一般来说,在其他条件一致的前提下,乔木和灌木的叶片能减轻降雨雨滴对地面的力能作用,可以有效防止土壤表层形成结皮,使之呈疏松状态,一直保持较高的入渗速率;同时植物的根系发达,也给水流入渗创造了良好的条件。另外,坡面粗糙率的增加以及植物阻止水流的作用,会使坡面水流速度降低,同时也加大了水流入渗的可能性。正因为如此,不同地类产流的时间也不一样。

表 4-22   不同地类对土壤入渗影响分析表

坡度/(°)	降雨强度 /(mm/min)	土壤前期含水量 /%	地类	产流时间 /min	稳定入渗速率 /(mm/min)
9	1.547	18.91	灌木林地	7.8	2.04
11	1.477	17.59	乔木林地	6.4	0.68
12	1.504	17.08	草地	4.7	0.27
9	1.524	16.44	耕地	4	0.18
10	1.498	16.83	道路	3.1	0.05

第5章 土壤水分承载力

土壤水分生产力反映了土壤水分因子与生物量之间的定量关系。本章以晋西黄土区蔡家川流域为研究对象,选取不同坡位、坡向等的乔木林、灌木林研究林地水分生产力,分析林地水分条件与生产力关系;选取主要造林树种——油松和刺槐,研究其供耗水特性,分析不同季节及不同林地供耗水规律;研究坡面尺度林地土壤水分承载力,分析林地生物量模型的选取与参数确定。

5.1 林地水分生产力

5.1.1 生物量分析

1. 乔木林分生物量分析

1) 刺槐林分生物量分析

对于研究区刺槐生物量的研究,通过选择不同混交类型、不同立地条件和不同林分结构的 9 块样地选择标准木进行树干解析来测定,侧柏和油松生物量的研究分别选择其纯林和混交林进行研究,见表 5-1。表 5-1 中 11 块样地乔、草和枯枝落叶层的生物量分析见图 5-1。

表 5-1 研究区刺槐生物量对照

| 林种 | 样地号 | 林分类型 | 单株生物量/kg | | | | | | 比例/% | | 林地生物量/(t/hm²) |
			叶	枝	干	根	地上部分	合计	地上部分	地下部分	
混交林	3	刺槐、油松混交林	1.85	1.2	2.44	0.36	5.48	5.85	93.7	6.3	6.50
	4	刺槐、侧柏混交林	2.09	2.8	17.64	4.73	22.52	27.26	82.6	17.40	35.43
	5	林草型林草带状间作	0.95	1.2	3.47	1.74	5.96	7.36	81	19	10.16
	6	草林型林草带状间作	0.75	2.9	6.33	3.16	10.92	13.14	83.1	16.9	22.84

续表

林种	样地号	林分类型	单株生物量/kg						比例/%		林地生物量 /(t/hm²)
			叶	枝	干	根	地上部分	合计	地上部分	地下部分	
纯林	7	刺槐纯林	1.26	2	4.64	3.72	7.85	11.57	67.8	32.2	25.5
	8	刺槐纯林	1.51	4.9	14.1	6.42	21.2	27.62	76.8	23.2	38.66
	9	刺槐纯林	0.59	2.8	12.05	7.02	16.2	23.22	69.8	30.2	46.44
	10	刺槐纯林	1.74	5.3	14.93	8.03	24.06	32.09	75	25	38.51
对比	11	天然更新									144.28

注:合计为地上部分与根之和。

（1）不同林地生物总量分析。

对不同刺槐林分生物量进行系统聚类分析,掌握刺槐在不同立地与密度条件下的生长状况。根据分析得出,刺槐的生物量在研究区内可以分为四类(图 5-1),样地 8、10、4 为一类,样地 9 为一类,样地 5、6 为一类,样地 7 为一类。样地 9 与样地 7 的生物量较大,是生物量最少的样地 5 的 4～5 倍,可见生物量随着密度的增加而增加,而密度为 2000 株/hm² 林分生物量为密度-生物量曲线的拐点,超过这一密度,生物量增加变得缓慢(图 5-2)。但是与天然林地相比较,人工林分的生物产量远远小于天然林分(图 5-3)。

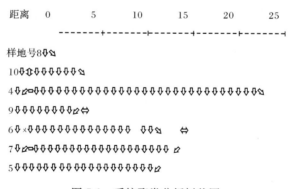

图 5-1　系统聚类分析树状图

距离:欧氏距离平方值;方法:组间平均联结法,标准化

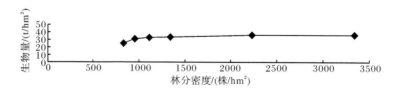

图 5-2　不同密度刺槐生物量比较

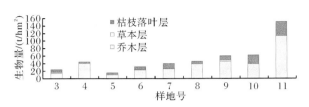

图 5-3　不同林地刺槐生物量对比

（2）不同刺槐林分生物量分层比较。

除刺槐和侧柏混交林（样地 4）外，纯林中整个刺槐乔木层的生物量大于混交林中整个刺槐乔木层的生物量；对于样地乔、草本和枯落物总的生物量，也除样地4（刺槐和侧柏混交林）外，纯林均大于混交林。而对于各林地的草本和枯落物层，刺槐纯林也大于混交林。可见在刺槐生长的初期，混交林分的生长优势还没有表现出来。

通过分析比较得出，研究区内混交林分的配置一定要科学合理，样地 3 与样地 5 的林分配置可能存在一定的问题。混交林中刺槐和油松混交林（样地 4）的单株刺槐生物量远大于样地 3、5 和 6 的单株生物量，特别是远大于样地 3 中刺槐和油松的混交林，主要原因在于整地方式的不同。虽然样地的整地方式都为水平阶，带间坡长为 3m，带宽 1m；但刺槐和油松混交林中刺槐和侧柏为隔行混交，株间距为 1.5m，而刺槐和油松混交林为同穴混交，刺槐和油松株间距为 0.8m，其连线方向垂直于等高线，株穴间距为 1.5m，所以样地中各株林木的营养面积刺槐和油松混交林远小于刺槐和侧柏混交林，林木生长受到抑制。

2）油松、侧柏纯林与混交林地生物量分析

通过分析表 5-2 与图 5-4，可以看出油松纯林的生物产量远高于混交林分，这是由于混交林分中刺槐处于幼龄阶段（5 龄），因而，其生物量明显低于油松纯林。

表 5-2　研究区油松以及侧柏生物量对照

样地号	林分类型	单株生物量/kg						比例/%		林地生物量 /(t/hm²)
		叶	枝	干	根	地上部分	合计	地上部分	地下部分	
1	油松纯林	2.72	2.3	3.87	2.46	9.1	11.56	78.8	21.2	19.27
2	油松、刺槐混交林	2.45	1.84	0.69	2.25	4.97	7.22	68.9	31.1	8.02
3	侧柏纯林	1.11	1.52	1.53	1.16	4.16	5.32	78.1	21.9	9.67
4	侧柏、刺槐混交林	1.8	1.8	3.16	1.06	6.76	7.82	86.4	13.6	4.69

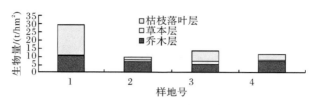

图 5-4　不同油松与侧柏林地生物量比较

　　侧柏纯林的乔木层生物量与混交林相比较小,而草本与枯枝落叶层却较大,这可能是在侧柏和刺槐混交林中的放牧过于频繁所致,破坏地面的草本与枯枝落叶层。从水分利用效率来看,刺槐和侧柏混交林分比侧柏纯林生长要好,可见在研究区内适合的混交林分生长与更替比纯林更快。

　　2. 天然灌木林分生物量分析

　　1) 不同坡向生物量分析

　　从表 5-3、表 5-4 及图 5-5 中可以看出,不同坡向的生长量差别显著。其中,北坡的生物量最高,西坡次之,然后是东坡、南坡和坡顶。通过多重比较得出,坡顶、西向坡、南向坡与东向坡、北向坡差异显著。这与土壤水分的分布规律大体一致。

表 5-3　不同坡向生物量

坡向	生物量/(g/m²)					
正北	2637.85	2593.95	4923.84	5158.16	9138.45	9363.35
正东	1862.04	2157.03	3578.58	3935.26	4993.24	5254.58
正南	396.95	373.79	576.74	603.21	975.22	979.27
正西	435.42	479.01	699.71	721.19	1108.94	1034.52
峁顶	421.42	473.58				

表 5-4　不同坡向生物量的方差分析表

	平方和	自由度	均方	F	显著性水平
组间	112536922.511	4	28134230.628	10.589	0.000
组内	55795762.352	21	2656941.064		
合计	168332684.864	25			

　　2) 不同坡位生物量分析

　　通过分析可以得出,不同坡位生物量差异显著(表 5-5 和表 5-6),表现为坡下生物量＞坡中生物量＞坡上生物量(图 5-6)。由于径流的叠加效应,坡面的土壤水分差异明显,一般呈现出下部＞中部＞上部,生物量的分布规律与土壤水分分

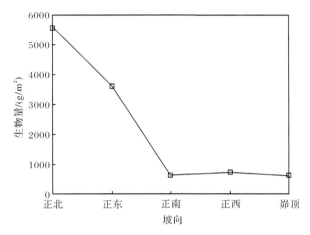

图 5-5　不同坡向生物量均值对照图

布规律相一致,可见在当地土壤水分为植物生物产量的主导因子。

表 5-5　不同坡位生物量表

坡位	生物量/(g/m^2)							
坡上	2637.85	1862.04	396.95	435.42	2593.95	2157.03	373.79	479.01
坡中	4923.84	3578.58	576.74	699.71	5158.16	3935.26	603.21	721.19
坡下	9138.45	4993.24	975.22	1108.94	9363.35	5254.58	979.27	1034.52

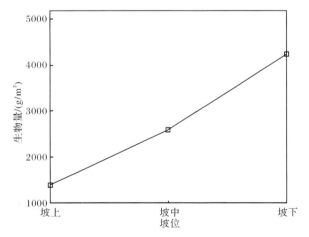

图 5-6　不同坡位生物量均值对照图

表 5-6　不同坡位生物量方差分析表

	平方和	自由度	均方	F	显著性水平
组间	30246647.92	2	15123323.961	2.434	0.112
组内	130501039.019	21	6214335.191		
合计	160747686.942	23			

3）不同坡度生物量分析

从表 5-7 及图 5-7 中可以得到,坡度越小,生物产量越高。从表 5-8 中可见,不同坡度生物量差异显著,＞30°、20°～30°的灌木生物量与 15°～20°、＜15°差异显著,与土壤水分的分布规律一致。

表 5-7　不同坡度生物量

坡度	生物量/(g/m²)					
＞30°	576.74	603.21	396.95	373.79	699.71	721.19
20°～30°	975.22	979.27	435.42	479.01	1108.94	1034.52
15°～20°	2637.85	2593.95	1862.04	2157.03	3578.58	3935.26
＜15°	9138.45	9363.35	4923.84	5158.16	4993.24	5254.58

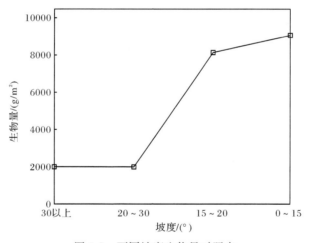

图 5-7　不同坡度生物量对照表

表 5-8　不同坡度生物量方差分析表

	平方和	自由度	均方	F	显著性水平
组间	117552773.284	3	39184257.761	7.623	0.008
组内	46264153.248	9	5140461.472		
合计	163816926.532	12			

4) 水热资源与植被生产力分析

植被生长与发育不可缺少的四大因素为光、热、水、CO_2。黄土高原的光能在全国来说属高值区之一，年辐射量达 $540 \sim 630 kJ/(cm^2 \cdot a)$，为该区的气候资源优势之一，不成为植被的限制因素；水热资源中，与植物生长发育和产量形成密切相关的有年土壤水、年降水量、生长季降水量、蒸发量、年均气温、最热月温度，以及 $\geqslant 0℃$ 和 $\geqslant 10℃$ 的积温等。经过相关分析与主成分分析（表 5-9 和表 5-10），对各因子的影响作用大小进行排序，若以 99%（$\alpha = 0.01$）可信度作为显著性判断的最低标准，上述 8 个水热因子中仅 4 个达到，分别是年土壤水＞年降水量＞年均气温＞生长季降水量，可见，气候因子中水分确定为影响的生产力高低的最主要因子，主成分分析结果也反映了同样的趋势。

表 5-9　植被生产力与水热因子相关分析表

因子	相关系数 R_1	相关系数 R_2	因子	相关系数 R_1	相关系数 R_2
年土壤水	0.639**	0.482**	蒸发量	−0.321	−0.211
年均气温	0.569**	0.449**	7 月均温	0.335	0.223
年降水量	0.600**	0.470**	Σ0℃	0.395*	0.291*
生长季降水量	0.521**	0.376**	Σ10℃	0.330	0.233

注：①R_1 为 Spearman 相关系数，R_2 为 Kendall 相关系数；②样本数 $n = 35$；③上角标** 代表双尾检验达 0.01 显著水平，* 代表达 0.05 显著水平。

表 5-10　植被生产力与环境因子的主成分分析

主成分	贡献率/%	累计贡献率/%
水（年土壤水/年降水量）	64.81	64.81
热（7 月温度）	23.45	88.26

上述数值是 35 个样点，8 个相关因子的分析结果，进入主成分范围的仍然是水分、热量两种成分。其中水分（年土壤水、年降水量）对植被生产力的贡献达 64.81%，热量因子（7 月温度）的贡献率仅占 23.45%，二者累计贡献率达 88.26%。因此，两主成分代表了生产力主要信息，以年土壤水与生产力建立回归模型能够反映植被生长的实际。

5.1.2　土壤水分与林木生长分析

1. 刺槐生长分析

从图 5-8 可以看出，刺槐胸径生长一般会在 4 年与 7 年左右出现两个生长高峰（纯林），连年生长量与平均生长量的第一个交点一般会出现在第 5 年，其胸径连年生长量最大值一般也在这一年左右出现。在刺槐的树高生长过程中有一个高峰期,一般出现在第 7 年。从本研究区刺槐生长来看,刺槐生长遵循一般的林木生长规律,树高、胸径生长速度初期较快,随年龄的增大,渐呈下降趋势,而材积速生期则滞后于树高、胸径生长期。由于研究区内刺槐树龄不够大,其成林后的生长趋势有待研究。在研究区内混交林分与纯林在初期生长无大的区别。

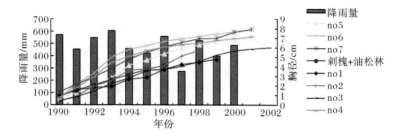

（a）不同林分刺槐胸径连年生长曲线与降雨量

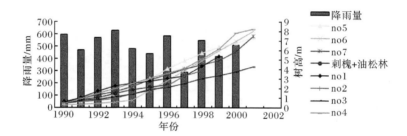

（b）不同林分刺槐树高连年生长曲线与降雨量

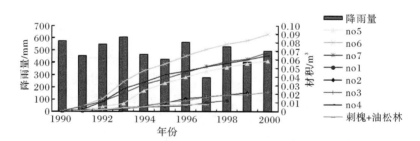

（c）不同林分刺槐材积连年生长曲线与降雨量

图 5-8　不同林分刺槐生长曲线与降雨量关系图

1) 林龄对生长的影响

林龄对树高、胸径的影响较为显著,在一定的林龄范围内,树高、胸径的生长量都随林龄的增加而增加,在不同的林龄阶段,生长发育特征不同,生长差异显著。

2）密度对生长的影响

通过分析得出，密度对胸径生长的影响极其显著，而对树高生长影响较小。在一定范围内，胸径生长随密度减少而增大。林分在 7 龄以前，密度对生长不产生影响。林分郁闭后，要保证自身生长的需要，林木之间竞争开始加剧，这时就需要通过调整林分密度，保证发育的各个时期具有合理的群落结构，即能使各个体有充分发育的条件，又能最大限度地利用空间，使整个林分获得最高产量，达到速生、高产、优质及最大的防护作用。

由贮积量与林分密度做出的 *V-D* 曲线（图 5-9）可得，刺槐在 13 年生时，经营密度应该在 1400～2000 株/hm²。

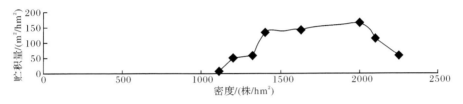

图 5-9　13 龄刺槐贮积量与密度关系

3）纯林与混交林生长过程比较

由图 5-8 得到，纯林的高生长在幼林阶段由于存在着种间竞争，没有纯林高生长迅速，胸径的变化恰恰相反，混交林分的胸径生长明显高于纯林。材积的变化是速生期滞后，且持续时间长。

4）应用 Logistic 方程（即 S 型曲线）研究刺槐的连年生长过程

根据 Logistic 曲线方程：

$$y = \frac{c}{1 + e^{a-bt}} \tag{5-1}$$

对式（5-1）求一次导数，得

$$\frac{\mathrm{d}y}{\mathrm{d}t} = \frac{bce^{a-bt}}{(1 + e^{a-bt})^2} \tag{5-2}$$

得刺槐生长量 y 随时间 t 变化的曲线方程，从而连年生长量变化速度曲线方程为

$$\frac{\mathrm{d}^2 y}{\mathrm{d}t^2} = -\frac{b^2 ce^{a-bt}}{(1 + e^{a-bt})^3}(1 + e^{a-bt})$$

令 $\dfrac{\mathrm{d}^2 y}{\mathrm{d}t^2} = 0$，得连年生长量变化速度最大的时间 t 值，即

$$t = -\frac{1}{B}\ln\frac{1}{e^a} \tag{5-3}$$

又

$$\frac{\mathrm{d}^3 y}{\mathrm{d}t^3} = \frac{b^3 ce^{a-bt}}{(1 + e^{a-bt})^3}(e^{2a-2bt} - 4e^{a-bt} + 1)$$

令 $\dfrac{\mathrm{d}^3 y}{\mathrm{d}t^3}=0$，可求得刺槐生长速度变化曲线的拐点，即由

$$e^{2a-2bt}-4e^{a-bt}+1=0$$

解得

$$\begin{cases} t_1=-\dfrac{1}{B}\ln\dfrac{3.732}{e^a} \\[3mm] t_2=-\dfrac{1}{B}\ln\dfrac{0.268}{e^a} \end{cases} \qquad (5\text{-}4)$$

式中，t_1、t_2、t 为树龄，分别为林木生长曲线中的慢、快、慢的拐点。

根据实测资料，计算研究区内刺槐的平均连年生长曲线方程式中的参数 a、b、c 及 t_1、t_2、t 的数值（表 5-11）。

表 5-11　刺槐 Logistic 方程参数与曲线拐点计算结果

参数	a	b	c	t_1	t_2	t	相关系数
胸径	4.161	0.347	19.328	8.2	15.8	12	0.966
树高	1.879	0.405	7.946	1.4	7.9	4.6	0.9588
材积	3.352	0.543	0.072277	3.7	8.6	6.2	0.936

从表中看出，树高速生期（即对数生长期 t_2-t_1）为 6.5 年，胸径为 7.6 年，材积为 4.9 年。

2. 油松、侧柏生长分析

油松纯林的胸径生长明显好于油松、刺槐混交林分，这是由于林分密度不同，油松纯林中由于密度合理，且处于阴坡；混交林分中相对密度过大，处于半阳坡，因而，胸径生长受到制约。纯林的高生长中有两次高峰，而混交林中只有一个高峰，水分对纯林的影响明显大于混交林，1997 年的干旱使纯林油松的高生长几乎停止，而对混交林分影响相对较小，油松的材积生长量明显高于混交林分。由于水分对胸径与树高的影响不同，对材积的影响也不相同，水分对纯林的影响明显大于混交林。纯林的林木生长正常，混交林分生长量过低。

侧柏纯林与混交林的胸径生长过程大致相同，总生长量呈 S 曲线，降雨对胸径的增长影响较大，一般生长量增长滞后于降雨量；侧柏在第 8 年有一个生长高峰，纯林与混交林生长过程大致相同。水分是影响侧柏高生长的主要因素，第 9 年是由于前一年的降雨过少，土壤前期含水量过低，在侧柏高生长量水分供应不足，引起生长量较小。在与降雨量的比较图（图 5-10）中明显看出，林木的生长与降雨量正相关，生长滞后于降雨量；侧柏刺槐混交林的材积生长量略大于纯林的生长量，可见研究区内混交林分林木生长好于纯林。

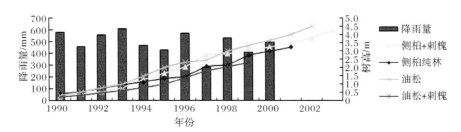

（a）不同林分油松、侧柏树高连年生长曲线与降雨量

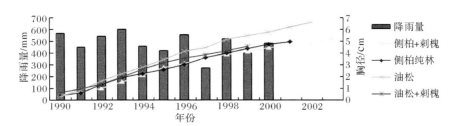

（b）不同林分油松、侧柏胸径连年生长曲线与降雨量

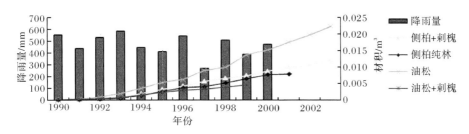

（c）不同林分油松、侧柏材积连年生长曲线与降雨量

图 5-10　不同林分油松、侧柏林连年生长曲线与降雨关系

同理,应用 Logistic 方程对油松及侧柏的树高、胸径与材积进行计算,得出的 Logistic 方程参数与曲线拐点见表 5-12 和表 5-13。

表 5-12　侧柏 Logistic 方程参数与曲线拐点计算结果

参数	a	b	c	t_1	t_2	t	相关系数
胸径	2.994	0.52	5.307	3.2	8.3	5.8	0.9875
树高	3.662	0.27	10.227	8.7	18.4	13.6	0.9776
材积	5.302	0.602	0.011255	6.6	11	8.8	0.9624

从表 5-12 中可以看出,侧柏的树高速生期为 9.7 年,胸径为 5.1,材积为 4.4 年。

表 5-13　　油松 Logistic 方程参数与曲线拐点计算结果

参数	a	b	c	t_1	t_2	t	相关系数
胸径	2.644	0.269	10.314	4.9	14.7	9.8	0.9968
树高	4.008	0.256	15.458	10.5	20.8	15.6	0.9787
材积	5.507	0.652	0.0169	6.4	10.5	8.4	0.996

从表 5-13 中可以看出,油松的树高速生期为 10.3 年,胸径为 9.8 年,材积为 4.1 年。

5.1.3　林地水分条件与生产力关系

1. 降雨量与生长量关系

根据刺槐生长过程分析,在幼龄期,树高、胸径生长较快,而材积生长缓慢;进入中壮龄期后,材积生长量迅速提高,但是这一时期树木个体增大,耗水强烈,水分供需矛盾突出,表现出材积生长量随降雨量的变化而出现上下波动的现象。

从研究区内不同阶段的水分条件与刺槐生长分析表明,材积生长与降雨量的关系并不同步,且有材积滞后于降雨量的规律性,即材积生长缓慢的年份为土壤水条件得到补偿的年份。1993～1994 年,刺槐生长正处于幼林阶段,植株个体较小,耗水量也少,但由于处于降雨量丰水年份,年降雨量在 600mm 以上,土壤水分条件较好,因此为刺槐进入中壮龄的生长提供了较好的水分条件。在 1994～1995年降雨量不足 460mm 的情况下,刺槐材积生长量迅速提高,而同时伴随着对土壤水分的强烈消耗。在 1996 年,尽管降雨量达到 560mm 以上,但对当年材积生长影响不大,土壤水分得到部分补偿,所以在 1997 年降雨量很少的情况下,材积仍然有增的势头,但这种增长比较缓慢,土壤水分消耗较少,在 1998 年降雨量较多的情况下,刺槐材积生长大幅度提高。2000 年降雨量减少时,刺槐生长量又趋于缓慢。油松与侧柏林分的生长也遵循这一规律。

综上所述,刺槐、油松与侧柏生长一方面受到水分条件的影响上下波动,出现材积滞后于降雨量变化的现象,即材积生长高峰出现在丰水年后的枯水年,而低峰出现在枯水年;另一方面材积在中壮龄又逐步增加,说明本研究区能满足刺槐的生长要求。

2. 水分收支状况与生产力关系

通过对不同立地条件的水分收支状况分析,阳坡刺槐林地无论丰水年还是枯水年,土壤水分均处于亏缺状态,水分供求矛盾尖锐;阴坡林地丰水年水分充足,水分供需关系协调,而枯水年土壤水分严重不足,供求矛盾突出。刺槐生长在亏缺明显交替变化的水分生态环境中。阴阳坡差异明显的水分条件决定了阴坡刺槐生产力必然高于阳坡:12龄阴坡树高总生长量为7.2m,平均生长量为0.55m,而阳坡树高总生长量为4.1m,平均生长量为0.32m;阴坡胸径总生长量为7.93cm,平均生长量为0.61cm,而阳坡胸径总生长量为5.85cm,平均生长量为0.45cm;阴坡材积总生长量为0.075m³,平均生长量为$5.77 \times 10^3 \text{m}^3$,而阳坡材积总生长量为0.024m³,平均生长量为$1.85 \times 10^3 \text{m}^3$。阴坡胸径、树高、材积的总生长量是阳坡的1.76、1.36、3.13倍,阴坡胸径、树高、材积平均生长量为阳坡的1.72、1.36、3.12倍(图5-8)。

3. 林分水分利用效率

树木的水分利用效率直接与树木的总耗水量相联系。植物的总耗水量包括植物蒸腾和土壤物理蒸发两部分,统称为蒸发散。一般来说,二者是难以精确分割开来的。乔木树种水分利用效率可用耗水总量与林木和林下植物所产生的干物质量的比例关系,以及耗水总量与材积的比例关系,即以生物量耗水系数和材积耗水系数表达。灌木树种的水分利用效率则用植物净地上初级生产量与水分消耗之间的关系,也就是通过对灌木林地的净地上初级生物量达到高峰时,采用一次划割法获取的单位干重与水分消耗之间的关系,即以耗水系数加以量度。考虑到在耗水各要素中,蒸腾耗水是较大的一项水分支出项,在树木生命活动中因蒸腾消耗的水分要比它自身重量高出千百倍,因而从某种程度上来说,蒸腾耗水量可作为植物生产力高低的一种标志,它与植物干物质生产有着明显的相应关系,一般而言,生产干物质越多,蒸腾耗水量越大。这样,对土壤水分而言,蒸腾耗水量可视为对土壤水分储量的有效利用,因而蒸腾耗水量与总耗水量之比,可称为水分利用系数。

1) 乔木林地土壤水分与生产力(以刺槐为例)

蒸腾是植物的重要生理特征之一。在通常情况下,土水势>根水势>叶水势,主要由于土-根水势与叶水势之间的势梯度的作用,水由土→根→茎→叶→逸入大气。因此,植物蒸腾乃是土壤-植物-大气连续体中(SPAC)的重要环节。在一年之中,植物蒸腾因时间、季节而异,蒸腾既受蒸腾面上水汽饱和差的影响,又受土壤水储量丰歉的制约,同时也因植物的种类、年龄、生长速度等而有所不同。

从植物蒸腾强度的日变化分析,如图5-11所示,6月和7月为刺槐蒸腾强度相对较高的时期,日变化曲线呈双峰型,第一峰值出现在12h,第二峰值出现在16h,而进入7月中旬雨季来临后,日蒸腾值变小,其进程表现为单峰型、高峰区出现在12h附近。显然,蒸腾强度日变化曲线的形式取决于水分条件,水分条件较好时为单峰型,在较干旱时为双峰型。从不同月份典型日的测定结果分析(表5-14),刺槐自5月中旬发叶后,随着气温的升高,蒸腾强度逐渐增强,7月达到最大值,其日蒸腾值达 0.5g/(g·h),8 月日蒸腾值开始下降,之后继续平稳降低。6~7 月是刺槐蒸腾的高峰期,其典型日蒸腾强度变动在 0.42~0.5g/(g·h),这时正是刺槐旺盛生长阶段,正值高温和干旱时期,因此,在这一时期能否有足够的水分收入对刺槐生长至关重要。

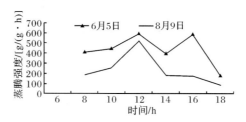

图 5-11　刺槐蒸腾强度日变化曲线

表 5-14　不同季节典型日刺槐蒸腾强度日变化

测时	2001 年 6 月 5 日		2001 年 7 月 8 日		2001 年 8 月 10 日		2001 年 9 月 12 日		2001 年 10 月 8 日	
	蒸腾强度/[g/(g·h)]	温度/℃	蒸腾强度/[g/(g·h)]	温度/℃	蒸腾强度/[g/(g·h)]	温度/℃	蒸腾强度/[g/(g·h)]	温度/℃	蒸腾强度/[g/(g·h)]	温度/℃
8	0.4	18.2	0.25	22			0.06	12.2		
10	0.44	25	0.54	24.8	0.26	18.2	0.11	16.8	0.05	10
12	0.56	27	0.57	30.1	0.49	21.8	0.27	22.6	0.15	16
14	0.36	27.8	0.57	29	0.18	24.6	0.19	24.8	0.06	19.4
16	0.56	30.8	0.57	29.3	0.16	24.4	0.1	24.8	0.11	21.2
18	0.17	28.2	0.49	27.2	0.07	22.4	0.04	25	0.05	17.2
平均	0.42	26.2	0.5	27.1	0.23	22.3	0.13	21.2	0.08	16.8

　　根据不同月份典型日所测定蒸腾强度值可按式(5-5)估算各月蒸腾耗水量,即

$$E_w = \sum_{i=1}^{n} 10^7 E_i W_i T_i \qquad (5\text{-}5)$$

式中,E_w 为某时段的蒸腾耗水量,mm;E_i 为昼夜平均蒸腾强度,g/(g·h);W_i 为每公顷树木的叶量,g;T_i 为日蒸腾时数(降雨时数除外);n 为该时段蒸腾天数。

　　根据式(5-5)计算结果列入表 5-15。从表 5-15 所列资料分析,6、7、8 三个月蒸腾耗水量的相对值较高,变动在 45.9~99.5mm,占同期降水量的 72.7%,水分的相对有效利用率高,而 9、10 月蒸腾耗水量的相对值迅速降低,两月合计蒸腾耗水量为 41.2mm,只占同期降水量的 35.9%,水分的相对利用率较低。从 0~100cm 土层土壤平均含水量的变化量来看,水分的正、负补偿与同期降水量关系密切。6

月降水量与同期蒸腾耗水量的相对值大体相抵,因此土层平均含水量无大变化;进入 8 月蒸腾耗水量迅速降低,加之同时降水量减少,在高温与强烈蒸散影响下,土层平均含水量下降到 5.7% 左右,已接近凋萎湿度,这对刺槐生长极为不利。

在 2001 年刺槐整个生长期内,降水量为 399.3mm,刺槐蒸腾耗水量的相对值为 248.0mm,总耗水量为 397.7mm,蒸腾量相对值占同期降水量的 62.3%,占全年总降水量的 46%。与总耗水量相比较,蒸腾耗水量的相对值占总耗水量的 62.4%。可见刺槐对水分的利用效率不高。

表 5-15 研究区各月蒸腾耗水量

月份	昼夜平均蒸腾强度/[g/(g·h)]	叶量/(g/株)	蒸腾耗水量/mm	同期降水量/mm	0~100cm 土壤平均含水量/%	0~100cm 土壤平均含水量的变化量/%
5					6.38	
6	0.25	2.07	61.4	69.9	6.37	−0.01
7	0.29	3.31	99.5	168.9	9.85	3.48
8	0.14	3.05	45.9	46.8	5.71	−4.14
9	0.08	2.79	24.1	104.2	6.58	0.87
10	0.05	2.53	17.1	10.6	6.41	−0.17
合计			248	399.3		

2) 不同密度林分生长与水分消耗分析

表 5-16 为 10 龄左右刺槐林分的生长与水分消耗比较。通过对表 5-16 的分析,得到不同密度刺槐林分的蒸散量与林分生产力,从表中可以算出株行距为 1.5×3 的林分的生物总产量值最大,而蒸散总量却不高,可见在研究区域内,此密度林分为最适宜造林密度。

表 5-16 不同密度刺槐林分的水分消耗与林木生长的关系

株行距	单株耗水/(kg/株)	材积/(m³/株)	生物量/(kg/株)	蓄积量/(m³/hm²)	生物量/hm²	蒸腾量/mm	土壤蒸发/mm	蒸散总量/mm
1.5×2	441.05	0.00961	8.99	32.02	40.65	147.02	255.12	402.14
1.5×3.3	776.83	0.0157	16.60	34.18	42.82	172.63	233.04	405.67
1.5×5	1486.35	0.0282	28.91	36.94	40.33	198.18	210.44	408.62
1.5×6	1884.71	0.0341	36.30	37.93	38.54	209.41	198.31	407.72
1.5×7	2273.95	0.0408	44.98	38.82	36.90	216.57	188.28	404.85
1.5×8	2602.39	0.0472	48.79	39.30	29.98	216.87	185.56	402.43

5.2　主要造林树种的耗水规律

5.2.1　林地供耗水量平衡

刺槐和油松是黄土区防护林主要的造林树种，发挥着重要作用。林木耗水规律的研究以刺槐与油松为例进行。

林分生长季耗水量指同期林木正常生理活动耗水和林木体表面及林地土面蒸发耗水，即林木耗水量由蒸腾（T）、地面蒸发（E）、截留降水蒸发量（I）三部分组成。

由表 5-17 可以看出，降水是林地最重要的水分输入项，根际区水分循环和水量平衡中其他水分分量的变化取决于降水量的多少。蒸散和林冠截留量是主要的输出项，在比较干旱的季节或月份，蒸散量可超过同期降水量，尤其在 4～6 月，持续干旱消耗土壤水分，土壤水分含量处于较低状态，供水不能满足林木生长对水分的需求，限制林木生长。

表 5-17　1988～1995 年不同地类水分平衡各项收支表

年份	林分	P	I	ET	R
1988	刺槐	338.4	73.1	365.6	8.16
	油松	338.4	81.6	384.6	6.17
1989	刺槐	377.8	55.2	313.5	8.83
	油松	377.8	84.8	323.8	6.07
1990	刺槐	441.7	87.6	354	8.88
	油松	441.7	108.4	402.8	7.43
1991	刺槐	385.6	73.1	354.1	8.65
	油松	385.6	96.6	367.8	5.95
1992	刺槐	396	76.1	351.5	9.86
	油松	396	91.4	349.2	6.88
1993	刺槐	596	118.4	386.3	14.36
	油松	596	153.1	389.5	12.08
1994	刺槐	438	85.9	394.6	8.12
	油松	438	116.4	403.5	7.3
1995	刺槐	412.4	72.8	356.2	10.38
	油松	412.4	95.7	337.5	9.6

根据研究，根际区 0～200cm 土层土壤水分变化较为活跃，丰水年储水量增加

主要集中在这个层次,少水年水分供给也是由此层次提供。

5.2.2 不同季节林地供耗水

林地土壤水分能够被植物利用的是无效水以上的部分,同时,无效水至难效水之间的水分很难被植物吸收。通过林地土壤水分有效性分析,得到刺槐无效水临界值为 8.225%,油松为 11.012%。

通过各月水量平衡因子的变化(图 5-12)可以看出,林地水分的补给量取决于降雨量。蒸散量和林冠截留量是主要的输出项,在比较干旱的季节或月份,蒸散量可超过同期的降雨量,如春季 4、5、6 三个月和秋季 9 月蒸散量大于降雨量,尤其在干旱的春季,持续干旱消耗土壤水分,土壤水分处于较低状态,供水不能满足林木生长对水分的需求,限制林木生长。地表径流较小,只在雨季大雨强情况下发生,总地表径流占同期降水量的 1% ~ 3%。

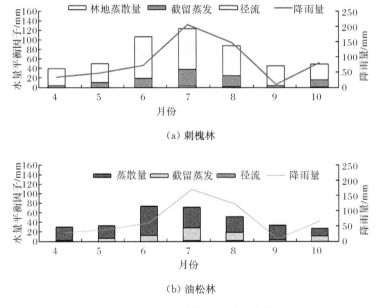

(a) 刺槐林

(b) 油松林

图 5-12　水量平衡各因子月变化

根据林地土壤有效水变化情况,分析林地有效供水与耗水关系,结果表明,在丰水年(2003 年),生长季供水量分配不均,4、5、6 月与 9 月供水不能满足林木生长需要,其他月份能够满足需要,在生长季末能够向土壤补充水分。在枯水年(2002 年),除个别月份水分供求能够满足外,大部分月份不能满足林木正常生长所需水分,生长期末,土壤水分不能得到补充,影响翌年春季的林木生长。

5.2.3　不同林地供水与耗水

由表 5-18 可知,丰水年(2003 年)林地水分收入大于支出,出现盈余,阴坡盈余最多,最少的是阳坡刺槐林地。枯水年(2002 年)至生长季末,各林地储水量几乎均降低(除阴坡小密度刺槐外),水分亏缺最严重的是阳坡侧柏。说明坡向与树种及密度对林地水分消耗有影响,耗水量最大的是阳坡、半阳坡密度大的林分。比较生长季末林分土壤储水量:阴坡大于阳坡;密度小的林分大于密度大的林分。

表 5-18　不同林地土壤水分对比

年份	林分	立地	密度 /(株/hm²)	生长季初 储水量 /mm	生长季末 储水量 /mm	生长季 降雨量 /mm	最低 储水量 /mm	水分 亏缺 /mm
	刺槐	阴坡	1200	113.56	128.66	213.6	81.66	15.1
	刺槐	阳坡	1320	121.21	106.95	213.6	70.15	−14.26
	刺槐	坡上	1400	126.44	83.71	213.6	77.5	−42.73
2002 枯水年	刺槐	坡中	1320	125.567	105.73	213.6	87.53	−19.837
	油松	阴坡坡上	1667	158.63	118.76	213.6	96.39	−39.87
	侧柏	阳坡坡上	1818	203.81	125.71	213.6	87.7	−78.1
	油+刺	半阳坡中	2222	147.45	100.71	213.6	90.55	−46.74
	侧+刺	阳坡坡中	2900	145.79	125.44	213.6	73.22	−20.35
	刺槐	阴坡	1200	215.41	296.15		150.8	80.74
	刺槐	阳坡	1320	129.15	296.59		73.37	167.44
	刺槐	坡上	1400	146.82	284.93		65.51	138.11
2003 丰水年	刺槐	坡中	1320	150.75	280.78		67.25	130.03
	油松	阴坡坡上	1667	238.83	302.5		124.12	63.67
	侧柏	阳坡坡上	1818	135.58	302.5		137.79	166.92
	油+刺	半阳坡中	2222	148.21	325.37		118.58	177.16
	侧+刺	阳坡坡中	2900	249.09	359.68		78.34	110.59

5.3　坡面尺度林地土壤水分承载力

5.3.1　不同立地条件土壤储水量聚类与生物产量状况

立地条件模型以样地的春旱时期(4～6 月)土壤储水量(1m 深土层)为因变量,以不同立地因子为自变量,进行典范分析聚类(表 5-19 与图 5-13)。

表 5-19　聚类分析凝聚顺序表

类别	类型合并		相关系数	类别聚类第一次出现		下一个类别
	1 类	2 类		1 类	2 类	
1	8	9	0.992	0	0	3
2	7	10	0.988	0	0	4
3	5	8	0.976	0	1	5
4	7	12	0.976	2	0	6
5	3	5	0.960	0	3	6
6	3	7	0.955	5	4	10
7	1	11	0.949	0	0	11
8	2	6	0.920	0	0	11
9	4	13	0.919	0	0	10
10	3	4	0.909	6	9	12
11	1	2	0.872	7	8	12
12	1	3	0.852	11	10	0

图 5-13　不同立地条件土壤储水量聚类树状图

通过图 5-13,可以按土壤储水量将不同立地分为三类:东上、西下、南下、北上、西中、北中、南中、崮顶为一类;北下、东下、东中为一类;西上、南上为一类。

根据聚类分析结果与生物产量两个因素,将不同立地条件分为三大类,见表 5-20。

表 5-20　土壤储水状况与生物产量状况表

土壤储水量状况等级	命名	立地条件	春旱时期 1m 深土层平均水层厚/mm	生物产量/[t/(hm²·a)]
Ⅰ	湿润型	北下、东下、北中	>185	>40
Ⅱ	半湿润型	东上、东中、西下北上、西中、南下西上、峁顶	130~185	7.5~40
Ⅲ	干旱型	南中、南上	113~122	5~7.5

通过表 5-19 可见其相关系数均大于 0.85,计算得出复相关系数为 0.9729。可以看出,林灌地与草坡的生物产量与土壤水分储量基本一致,两者可以合并,分析结果表明,地形因素(坡位、坡向)是影响土壤水分的主导因素,土壤水分状况可以用地形因素直观加以表达。

5.3.2　林地生物产量模型的选取与参数确定

1. 吉县理论植被生产力的推求

黄土区的光能资源在 130~150kcal/(cm²·a)范围,研究区植被生长季 4~10 月的太阳辐射总量,以 2% 和 5% 作为可实现的光合有效辐射利用率,利用式(5-6)推求适于研究区应用的植被二级生产力模式:

$$Y=QKE_r \qquad (5-6)$$

式中,Y 为植被生产力,g/m²;Q 为太阳总辐射,kcal/cm²;E_r 为光合有效辐射利用率;K 为物能转换系数,其数值如下:

$$K=2\times4.1868\times10^4 \div 17.79=1177 \qquad (5-7)$$

其中,2 为总辐射与有效辐射的折算系数,即光合有效辐为总辐射量的 50%;4.1868 为 cal 换为 J 的折算系数,即 1cal=4.1868J;10^4 为 cm² 换为 m² 的折算系数;17.79 为合成 1g 植物质(干重)需要的焦耳能量数,kJ/cm²。

吉县 4~10 月上旬的总辐射量为 42.3kcal/cm²,将 Q、K、E_r 各数代入式(5-6),求出不同光能利用率水平下的植被光合生产力如下。

当 $E_r=2\%$ 时

$$Y=42.3\times1177\times2\%=996 \qquad (5-8)$$

当 $E_r=5\%$ 时

$$Y=42.3\times1177\times5\%=2489 \qquad (5-9)$$

2. 黄土区不同植被土壤水资源的生产力模型选取

对于植被生产力估算的模型很多,包括里思模型: $y_T = 3000(1+\mathrm{e}^{1.1315-0.199T})^{-1}$、$y_R = 3000(1-\mathrm{e}^{-0.000664R})$、$y_E = 3000(1-\mathrm{e}^{-0.0009695(E-20)})$;筑后模型: $\mathrm{NPP} = 0.29\exp(-0.216(\mathrm{RDI})^2)\times R_n$;北京模型: $\mathrm{NPP} = \begin{cases} 6.93\exp[-0.224(\mathrm{RDI})^{1.82}]R \\ 8.26\exp[-0.498(\mathrm{RDI})]R_n \end{cases}$,综合模型: $\mathrm{NPP} = \mathrm{RDI}\times E\times\exp(-\sqrt{9.87+6.25\mathrm{RDI}})$、水资源模型: $Y = A(1-\mathrm{e}^{bW_r})$。

本节采用的就是植被生产力的水资源模型(徐学选等,2003):

$$Y = A(1-\mathrm{e}^{bW_r}) \tag{5-10}$$

式中,Y 为植被生产力,$\mathrm{g/m^2}$;A 为不同光能利用下的植被光合生产潜力,采用两级(2%和5%)进行计算;e 为自然对数底数;b 为经验参数,它反映了区域土壤水资源对植被生长的满足程度,b 值越大,土壤水资源满足程度越高,当计算乔木时,取 -1.3×10^{-3} ($A=996$ 时)、-5×10^{-4} ($A=2489$ 时);W_r 为植被生长地的年土壤水量,mm。

5.3.3　最适植被生物产量计算

将不同立地条件的年土壤水代入统计模型中 $y = 996(1-\mathrm{e}^{-1.3\times10^{-3}\times W_r})$ 和 $y = 2489(1-\mathrm{e}^{-5\times10^{-4}\times W_r})$,得出不同立地条件下的植被生物产量,见表5-21。

表 5-21　不同立地类型生物产量　　　　　[单位:g/(m²·a)]

光能利用率 ＼ 立地类型	Ⅰ(湿润型)	Ⅱ(半湿润型)	Ⅲ(干旱型)
2%	429.4	384.5	305.1
5%	485.4	425.9	326.68

通过计算可以得出,不同立地类型的生物产量大体在 $300\sim500\mathrm{g/(m^2\cdot a)}$。

5.3.4　主要造林树种密度的确定

在研究区内主要的造林树种有刺槐、油松、侧柏等,本节选择刺槐与油松作为主要造林树种进行分析。通过对研究区内主要造林树种生物产量与材积关系研究,得到研究区生物总产量与材积的比例为1:0.47。

刺槐为当地最为常用的造林树种,为了掌握刺槐树种的生物产量与材积的相关性,我们选择6个样地(林龄为6~13)的18个标准木进行解析,经过曲线拟合得出刺槐生物量与材积的相关公式

$$W = 312.83V+4.6225 \quad (R^2 = 0.9748)$$

式中,W 为刺槐生物量;V 为材积。

油松的生物量与材积的相关公式为

$$W = 125.68V + 225.84 \quad (R^2 = 0.932)$$

根据不同立地条件下生物量的计算结果与主要树种的生物量与材积的关系,并且查阅当地刺槐与油松的材积连年生长过程线,得出不同立地条件下的刺槐与油松的适宜林分密度,见表 5-22 和表 5-23。

表 5-22　刺槐不同林龄最大密度　　　（单位:株/hm²）

立地类型	林龄	5	10	15	20
Ⅰ（湿润型）	2%	2660	2222	1878	1518
	5%	3095	2589	2189	1769
Ⅱ（半湿润型）	2%	2456	2052	1734	1402
	5%	2720	2272	1920	1552
Ⅲ（干旱型）	2%	1944	1624	1372	1109
	5%	2081	1739	1469	1188

表 5-23　油松不同林龄最大密度　　　（单位:株/hm²）

立地类型	林龄	5	10	15	20	25	30
Ⅰ（湿润型）	2%	3074	2928	2274	1648	1176	845
	5%	4537	4322	3356	2432	1735	1247
Ⅱ（半湿润型）	2%	1901	1810	1406	1019	727	523
	5%	2982	2840	2206	1600	1141	820
Ⅲ（干旱型）	2%	1257	1197	930	676	482	347
	5%	1558	1484	1153	836	596	428

第6章 土壤水分空间异质性

土壤是一个时空变异连续体,土壤特性在不同空间位置上存在明显的差异,即土壤特性的空间变异性。本章以晋西黄土区蔡家川流域为对象,研究土壤水分时空分布规律,分析土壤水分垂直规律及土壤水分季节动态;分析土壤水分入渗模型模拟及其空间变异性,拟合各地类土壤水分入渗性能模型。

6.1 土壤水分时空分布规律

采用坡面取样方式,在蔡家川流域内选择一个梁峁,在其东、西、南、北4个较规则的坡面,在坡上部、坡中部、坡下部各设一样点,同时先取峁顶作为一个样点,共布设样点13个,并用木桩标记。坡面为人工林天然更新。同时选择刺槐、油松、侧柏的人工纯林与混交林分共12处,进行同期取样。

土壤含水量用烘干法进行测定,从2004年4月到10月进行测定,每两周观测一次。每个样点分0～20cm、20～40cm、40～60cm、60～80cm、80～100cm五层分别进行测定。降雨量用雨量自动记录仪测定。在刺槐、油松、侧柏与三者的混交林共五个林分中增加100～120cm、120～140cm、140～160cm、160～180cm、180～200cm五层的观测。

6.1.1 土壤水分的垂直分布

1. 不同坡面土壤水分分布规律

通过图6-1、图6-2和表6-1可以得出,4个坡向中东、北坡偏于湿润,而西、南坡偏于干燥,其中最湿润的为北坡,最干燥的为南坡,两者0～100cm土层平均含水量相差27.8%。在同一坡面的不同坡位,土壤水分也有明显差异。无论南坡还是北坡,坡面的土壤水分随坡面的延伸,由于径流的叠加效应,坡面的土壤水分差异明显,一般呈现出下部＞中部＞上部。而到雨季,由于植被生长的差异,这种现象减弱。由于蒸发的减弱和良好植被的遮阴作用,南坡不同坡位的这种分布规律大于植被生长较好的北坡,尤其到了雨季,北坡不同坡位的土壤水分差异不显著。

综上所述,坡面土壤水分的分布特点,总体呈现北坡＞西坡＞东坡＞南坡的分布规律,土壤水分在坡位上呈现出下部＞中部＞上部的规律,其相应的植被生长状况与坡面的土壤水分分布吻合。

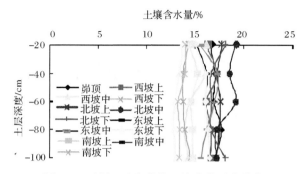

图 6-1　不同立地条件的土壤水分垂直分布

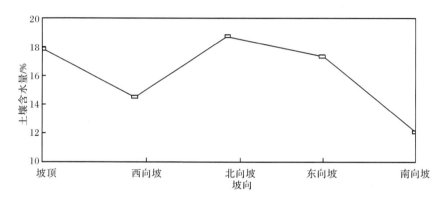

图 6-2　不同坡向土壤水分均值图

表 6-1　不同坡向土壤水分方差分析

	平方和	自由度	均方	F 值	显著性水平
组间	84.106	4	21.027	5.697	0.018
组内	29.527	8	3.691		
合计	113.633	12			

2. 不同林地土壤水分垂直分布规律

1) 不同林地土壤水分剖面分析

从图 6-3 可以看出,在干旱年份,林地的土壤水分剖面的含水量平均值自上而下呈减少趋势,而在丰水年份,土壤水分含量变化不大。从不同林地的土壤剖面水分含量与无效水界限的比较可以看出,在不同密度刺槐中,密度小于 2000 株/hm² 的林地土壤水分供应充足。而林草型与草林型配置林分在干旱年份土壤水分供应不足。由于 2003 年为丰水年,生长季降水量达到 800mm 以上,林地的土壤水分供应充足。由此可见,极端丰水条件对改善林地水分生态条件具有不可忽视的重要作用。对现有植物群落或更新后的植物群落均十分有利。

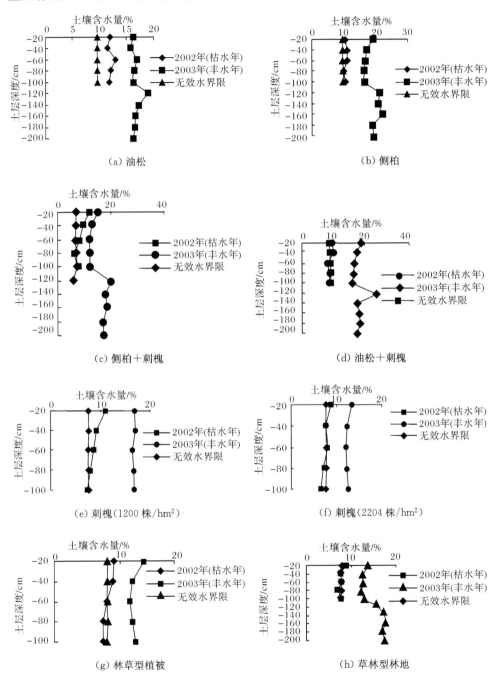

（a）油松

（b）侧柏

（c）侧柏＋刺槐

（d）油松＋刺槐

（e）刺槐（1200 株/hm²）

（f）刺槐（2204 株/hm²）

（g）林草型植被

（h）草林型林地

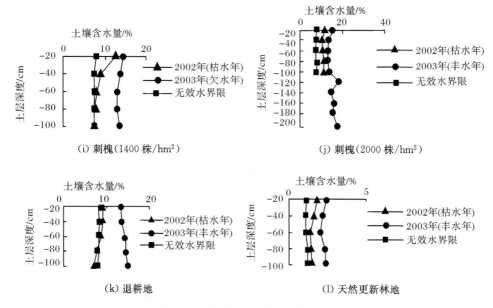

图 6-3　不同林地土壤水分垂直变化

2) 不同剖面水分数据特征分析

据 2 年 25 次的土壤含水量观测结果,可求得各林地不同深度土层的土壤水分平均值、标准差、变异系数、最小值、最大值等,见表 6-2~表 6-6。

表 6-2　侧柏林的土壤水分剖面特征值

深度/cm	平均值	标准差	变异系数	95%置信区间		最小值	最大值	n
				下界	上界			
20	16.30	4.71	0.289	13.83	18.77	8.33	25.42	25
40	15.81	3.94	0.249	13.75	17.88	10.08	23.36	25
60	17.04	4.13	0.242	14.87	19.2	11.63	24.27	25
80	16.53	4.46	0.270	14.19	18.87	12.26	26.19	25
100	16.35	4.66	0.285	13.91	18.79	11.39	25.39	25
120	21.07	2.67	0.127	18.73	23.40	17.06	24.25	11
140	22.00	2.23	0.102	20.04	23.96	18.66	24.21	11
160	23.72	2.97	0.125	21.12	26.32	18.79	26.25	11
180	21.78	4.06	0.186	18.23	25.34	17.05	26.19	11
200	23.58	3.41	0.145	20.59	26.57	17.73	26.57	11

表 6-3 刺槐十油松林的土壤水分剖面特征值

深度/cm	平均值	标准差	变异系数	95%置信区间		最小值	最大值	n
				下界	上界			
20	15.49	9.11	0.588	10.34	20.64	6.63	40.12	25
40	17.71	9.16	0.517	12.53	22.89	9.05	39.99	25
60	16.17	6.65	0.411	12.40	19.93	9.68	27.76	25
80	16.75	9.80	0.585	11.20	22.29	9.70	45.23	25
100	16.04	7.46	0.465	11.82	20.26	9.43	33.54	25
120	18.89	4.41	0.233	15.36	22.42	14.99	25.09	11
140	17.06	4.83	0.282	13.21	20.93	10.66	25.23	11
160	14.20	3.95	0.278	11.04	17.36	8.87	18.72	11
180	16.21	5.15	0.317	12.09	20.33	8.19	20.99	11
200	15.45	4.54	0.294	11.82	19.09	8.06	20.26	11

表 6-4 油松林土壤水分剖面特征值

深度/cm	平均值	标准差	变异系数	95%置信区间		最小值	最大值	n
				下界	上界			
20	18.93	13.55	0.716	11.26	26.59	7.99	57.45	25
40	17.39	9.72	0.559	11.89	22.89	8.68	44.43	25
60	16.73	7.90	0.472	12.26	21.20	9.90	35.80	25
80	16.51	7.26	0.44	12.40	20.62	9.61	31.48	25
100	16.38	6.98	0.426	12.44	20.33	9.75	32.56	25
120	18.05	4.46	0.247	14.74	21.35	10.35	24.35	11
140	17.89	6.06	0.341	13.37	22.10	10.86	24.17	11
160	18.31	7.61	0.416	12.67	23.94	9.55	25.67	11
180	17.3	7.33	0.424	11.86	22.73	8.90	26.4	11
200	16.84	7.78	0.462	11.07	22.61	8.26	26.27	11

表 6-5 刺槐十侧柏林土壤水分剖面特征值

深度/cm	平均值	标准差	变异系数	95%置信区间		最小值	最大值	n
				下界	上界			
20	14.82	7.31	0.493	10.99	18.64	5.12	27.05	25
40	13.09	5.76	0.440	10.07	16.11	5.99	19.82	25
60	12.40	6.93	0.559	8.77	16.03	6.24	23.04	25
80	12.27	7.07	0.577	8.56	15.97	6.55	21.98	25

续表

深度 /cm	平均值	标准差	变异系数	95%置信区间		最小值	最大值	n
				下界	上界			
100	12.12	6.91	0.570	8.50	15.74	6.68	22.75	25
120	19.98	5.50	0.275	15.58	24.37	13.99	25.53	11
140	19.33	5.62	0.291	14.83	23.83	10.22	25.26	11
160	18.66	8.67	0.465	11.73	25.60	7.24	25.31	11
180	20.22	5.68	0.281	15.68	24.77	13.50	26.46	11
200	20.54	5.89	0.287	15.83	25.25	13.08	26.39	11

表 6-6　刺槐林土壤水分剖面特征值

深度 /cm	平均值	标准差	变异系数	95%置信区间		最小值	最大值	n
				下界	上界			
20	14.77	6.53	0.442	11.35	18.19	5.39	21.29	25
40	13.53	6.15	0.455	10.30	16.75	5.66	19.38	25
60	13.35	6.77	0.507	9.80	16.89	6.15	21.52	25
80	12.83	6.90	0.538	9.21	16.44	6.69	21.73	25
100	12.98	7.14	0.550	9.24	16.72	6.83	23.03	25
120	19.05	4.65	0.244	16.61	21.48	14.35	25.34	11
140	19.25	3.56	0.185	17.38	21.11	13.45	22.98	11
160	21.65	3.53	0.163	19.80	23.49	17.48	26.49	11
180	20.35	5.90	0.290	17.27	23.45	12.55	26.78	11
200	21.75	4.82	0.222	19.22	24.27	15.36	26.57	11

　　从表 6-2～表 6-6 可以看出,不同林地的土壤水分剖面的含水量平均值在丰水年相差不大;标准差与变异系数随深度的加大而减小。由于林地乔木的蒸腾耗水量远大于荒地草本,水分利用层较深,而在一般年份降水很难入渗到中、下层,所以在图 6-3 中土壤剖面的含水量平均值自上而下呈递减趋势。

　　根据图 6-4 可以得出,在阈值取 7 时,0～200cm 土壤剖面可以分为三个层次,即 20cm、40cm 为一类,60cm、80cm、100cm 为一类,100～200cm 为一类。其分析结果与其他研究结论大体相同。由于土壤湿度剖面自上而下依次为活跃层(0～40cm)、次活跃层(60～100cm)和相对稳定层(100～200cm),上层水分循环强度较大,所以标准差上层较大,极小值和极大值一般出现在上层。

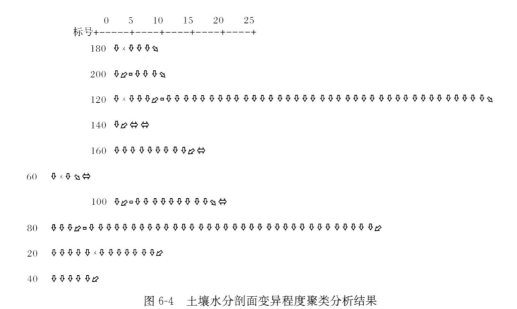

图 6-4　土壤水分剖面变异程度聚类分析结果

6.1.2　土壤水分的季节动态

1. 土壤水分的季节变化分析

2002 年生长季降雨量为 446.5mm,和多年平均降雨量相比属少水年;2003 年生长季降雨量为 870.5mm,属丰水年。2002~2003 年生长季 12 块林地土壤含水量变化趋势见图 6-5。

在生长季内,大致可以分为三个阶段:5 月初~7 月初为土壤水分递减期、7 月初~9 月初为土壤水分补充期、9 月初~10 月为土壤水分消退期。林地土壤含水量在 5 月中旬前都较高,一般大于 10%;进入后期,植被开始生长而消耗水分,土壤含水量逐渐降低,特别在 6 月中旬到 8 月中旬,林地土壤含水量处于最低期,这个阶段虽然有较为充足的雨水补充;从 8 月中旬以后,大部分林地土壤含水量开

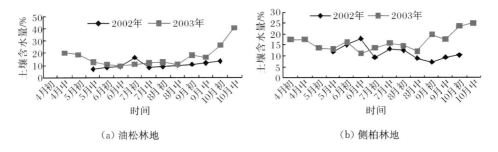

（a）油松林地　　　　　　　　　　　　（b）侧柏林地

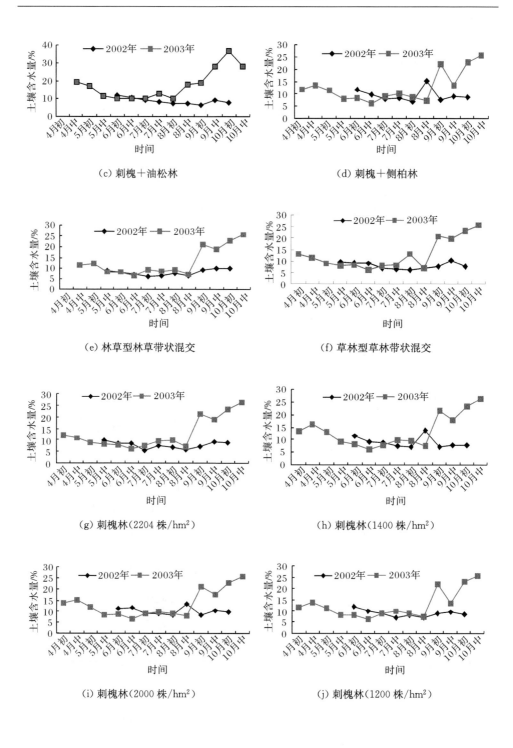

(c) 刺槐＋油松林　　　　　　　　　　　(d) 刺槐＋侧柏林

(e) 林草型林草带状混交　　　　　　　(f) 草林型草林带状混交

(g) 刺槐林(2204 株/hm²)　　　　　　　(h) 刺槐林(1400 株/hm²)

(i) 刺槐林(2000 株/hm²)　　　　　　　(j) 刺槐林(1200 株/hm²)

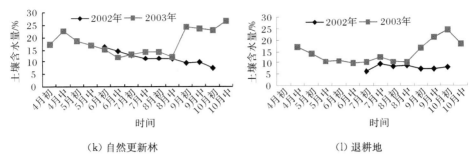

（k）自然更新林　　　　　　　　　　　　　（l）退耕地

图 6-5　不同林地土壤水分季节动态

始提高，因为这个阶段降雨继续增加，而植被耗水相对降低。2002 年，由于降雨较少，除侧柏林（样 2）和天然次生林（样 11）外，林地生长季土壤含水量大体都低于10%，植被生长缺水；2003 年雨水充足，所有林地整个生长季土壤含水量大体都大于 10%，特别从 8 月后，迅速回升。林草型林草带状间作（样 5）和草林型草林带状间作（样 6）土壤含水量各月相近，且整个生长季变化一致。退耕地（样 12）生长季内土壤含水量变化比其他类型起伏大，主要由于退耕地没有植被覆盖，降雨雨水直接入渗，且土壤水分蒸发迅速。刺槐林（样 7）土壤含水量较其他类型小。

　　由图 6-6 和图 6-7 可以得到，2002~2003 年，无论降雨多还是少，侧柏林地（样2）和天然次生林地（样 11）土壤含水量都比其他林地高。特别在 2002 年，天然次生林生长季含水量基本保持在 10% 以上，远比刺槐林（样 7~10）大。由此可见，天然次生林有较稳定的涵养水分能力，少水年也有较为稳定的土壤含水量供其生长，是一种结构稳定的林分。而刺槐和侧柏混交林（样 4）相对于别的混交林（样 2、5 和 6），其各月土壤含水量相对较高。

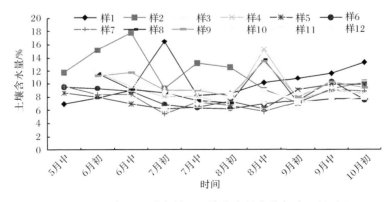

图 6-6　2002 年生长季各样地土壤含水量变化与降雨量对比

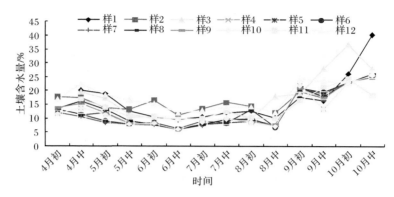

图 6-7　2003 年生长季各样地土壤含水量变化与降雨量对比

2. 土壤水分储量与前期降水

以表 6-7 中的前期降雨量为自变量 $X(\text{mm})$，以 $0\sim100\text{cm}$ 土层土壤储水量为因变量 $y(\text{mm})$进行相关分析表明，二者呈显著的关系，$y=0.8241X+106.87$，$r=0.694$。

表 6-7　土壤水分与前期降雨关系

日期	5月27日	6月2日	6月12日	6月27日	7月8日	7月25日	8月6日	8月14日	9月2日	9月16日	9月26日	10月5日
0~100 储水量 /mm	122.6	139.7	150.1	144.4	113.7	112.1	114.2	127.3	183.0	107.1	124.7	116.1
前期降雨量 /mm	41	20	48	47.5	9	43.5	9.5	17	57	17	15.5	6.5

6.2　土壤水分入渗模型模拟及其空间变异性

6.2.1　土壤入渗模型概述

对于非饱和带地下水运动基本微分方程的求解，就能以数学表达式的方式表达水向土壤中的下渗规律。

非饱和带地下水运动基本微分方程可表示为

$$\frac{\mathrm{d}\theta}{\mathrm{d}l}=\frac{\mathrm{d}}{\mathrm{d}x}\left(D(\theta)\frac{\mathrm{d}\theta}{\mathrm{d}x}\right)-\frac{\mathrm{d}}{\mathrm{d}x}(k(\theta)) \tag{6-1}$$

对式(6-1)求解的方法很多，最常用的是级数解法和分离变量法。

用级数解法可得

$$f = \frac{1}{2}\left(\int_{\theta_n}^{\theta_m} f_1(\theta)\,\mathrm{d}\theta\right)l^{-1/2} + \left(\int_{\theta_n}^{\theta_m} f_2(\theta)\,\mathrm{d}\theta\right) + \frac{3}{2}\left(\int_{\theta_n}^{\theta_m} f_1(\theta)\,\mathrm{d}\theta\right)l^{1/2} + \cdots \quad (6\text{-}2)$$

如只取前两项,则式(6-2)变为

$$f = \frac{1}{2}sl^{-1/2} + \Lambda \quad\quad\quad (6\text{-}3)$$

式中,s 为土壤吸收系数,$s = \int_{\theta_n}^{\theta_m} f_1(\theta)\,\mathrm{d}\theta$;$\Lambda$ 相当于稳定入渗速率 f_c,$\Lambda = \int_{\theta_n}^{\theta_m} f_2(\theta)\,\mathrm{d}\theta$。

式(6-3)就为 Philip 下渗方程。

用分离变量法求解,可得

$$f = f_c + (f_0 - f_c)\mathrm{e}^{-\beta t} \quad\quad\quad (6\text{-}4)$$

式中,f_0 为初始入渗速率;f_c 为稳定入渗速率;β 为土壤物理特征指数。

式(6-4)就是 Horton 下渗方程,也称 Horton 下渗曲线。

此外,一些经验公式也能很好地反映土壤累计入渗量,如考斯恰柯夫公式:

$$f = a_1 t^{-b} \quad\quad\quad (6\text{-}5)$$

考斯恰柯夫公式是最简单的入渗模型,Philip 公式是在水分运动基本方程的基础上,经简化推导出来的,因此有一定的物理基础,由于它比考斯恰柯夫公式多了一个常数项,可以认为是对考斯恰柯夫公式的改进式。

本节针对晋西黄土区土壤入渗特点,选择 Philip 方程、Horton 方程和考斯恰柯夫方程进行土壤入渗曲线的拟合,以求得最佳模型模拟效果。

6.2.2　各地类土壤水分入渗性能模型拟合

1. 模型拟合

经过对以上 3 种入渗公式进行回归分析,得到表 6-8 中的结果。另据对试验资料的分析,除道路外,其余地类前 30min 的入渗变化强烈,而在 30min 以后变化减小。因此,把试验前土壤的初始含水率、容重以及 10min 末的入渗速率、达稳定入渗的时间前 30min 累计入渗量一并列入表 6-8 中。

表 6-8　3 种入渗公式中参数的回归结果

序号	土地利用类型与地貌特征	考斯恰柯夫公式			Horton 公式				Philip 公式		
		a	b	R^2	f_c	$f_0 - f_c$	β	R^2	s	Λ	R^2
1	10°半阳坡草地	0.44	0.22	0.98	0.17	0.39	0.01	0.78	0.88	0.1	0.99
2	15°半阳坡草地	0.38	0.26	0.89	0.12	0.26	0.01	0.69	0.4	0.0	0.91
3	40°阴坡灌木林地	3.23	0.34	0.93	0.45	3.03	0.19	0.87	3.49	0.3	0.94

序号	土地利用类型与地貌特征	考斯恰柯夫公式			Horton 公式				Philip 公式		
		a	b	R^2	f_c	f_0-f_c	β	R^2	s	Λ	R^2
4	10°半阳坡灌木林地	0.58	0.22	0.92	0.37	0.54	0.12	0.88	0.58	0.1	0.95
5	12°半阳坡灌木林地	1.75	0.14	0.96	0.21	1.27	0.03	0.74	1.39	0.8	0.97
6	10°半阳坡灌木林地	1.52	0.28	0.89	0.27	1.43	0.16	0.87	1.61	0.2	0.90
7	35°半阳坡乔木林地	1.16	0.13	0.87	0.24	0.87	0.03	0.72	0.91	0.5	0.93
8	30°半阳坡乔木林地	3.08	0.33	0.96	0.42	2.89	0.19	0.87	3.32	0.3	0.98
9	40°半阳坡沟坡面	0.65	0.44	0.89	0.09	0.59	0.24	0.88	0.69	0.1	0.95
10	35°半阳坡沟坡面	0.56	0.32	0.94	0.07	0.53	0.18	0.87	0.61	0.1	0.99
11	38°半阳坡沟坡面	0.76	0.47	0.93	0.38	2.44	0.26	0.89	2.83	0.1	0.97
12	9°半阳坡坡耕地	0.56	0.43	0.95	0.11	0.52	0.18	0.87	0.96	0.1	0.95
13	10°半阳坡坡耕地	0.96	0.19	0.99	0.06	0.84	0.02	0.66	0.9	0.1	0.99
14	道路路面1	0.41	0.64	0.93	0.01	0.74	0.26	0.89	0.86	0.0	0.95
15	道路路面2	0.33	0.61	0.98	0.09	0.57	0.24	0.88	0.67	0.0	0.99
16	道路路面3	0.44	0.66	0.91	0.02	0.78	0.26	0.89	0.91	0.0	0.92

从表 6-8 中可以看出,考斯恰柯夫公式中的参数 a 在研究区内变化于 $0.33\sim$ 3.23,它与初始含水量、土壤容重等有关,b 变化于 $0.13\sim0.66$,b 值反映了入渗速率的递减状况,b 值越大,入渗速率随时间减小得越快。因此,在研究区内,道路路面和沟坡入渗速率递减迅速,而林地递减速度较缓。Horton 公式拟合结果表明,f_0-f_c 变化于 $0.26\sim3.03$,林地初始入渗速率普遍大于其他地类,但是降雨强度对初始入渗速率影响较为剧烈;f_c 变化于 $0.01\sim0.42$,其最小值出现在道路路面上,因路面被碾压,土壤结构发生变化,入渗速率降低,最大值为林地内,因林地内根系众多,土壤孔隙发达,入渗速率相应也就提高;k 值变化于 $0.01\sim0.26$,其物理意义与考斯恰柯夫公式中的 b 值相近。Philip 入渗公式中的 s 为土壤吸收系数,Λ 为稳定入渗速率,从数据中所反映的情况来看,与以上两个公式相同。

从表 6-9 中可以看出,所有地类中 Philip 入渗公式所模拟的效果最好,误差最小,在 80min 的入渗中,灌木林的累计入渗量要远大于其他地类,道路路面入渗量最小。

表 6-9　不同立地条件土壤入渗模型

序号	土地利用类型与地貌特征	入渗模型	累计入渗量公式
1	10°半阳坡草地	$f=\dfrac{1}{2}0.88t^{-1/2}+0.126$	$F=0.88t^{1/2}+0.126t$

序号	土地利用类型与地貌特征	入渗模型	累计入渗量公式
2	15°半阳坡草地	$f = \frac{1}{2}0.40t^{-1/2} + 0.079$	$F = 0.40t^{1/2} + 0.079t$
3	40°阴坡灌木林地	$f = \frac{1}{2}3.49t^{-1/2} + 0.34$	$F = 3.49t^{1/2} + 0.34t$
4	10°半阳坡灌木林地	$f = \frac{1}{2}0.58t^{-1/2} + 0.158$	$F = 0.58t^{1/2} + 0.158t$
5	12°半阳坡灌木林地	$f = \frac{1}{2}1.39t^{-1/2} + 0.81$	$F = 1.39t^{1/2} + 0.81t$
6	10°半阳坡灌木林地	$f = \frac{1}{2}1.61t^{-1/2} + 0.268$	$F = 1.61t^{1/2} + 0.268t$
7	35°半阳坡乔木林地	$f = \frac{1}{2}0.91t^{-1/2} + 0.55$	$F = 0.91t^{1/2} + 0.55t$
8	30°半阳坡乔木林地	$f = \frac{1}{2}3.32t^{-1/2} + 0.35$	$F = 3.32t^{1/2} + 0.35t$
9	40°半阳坡沟坡面	$f = \frac{1}{2}0.69t^{-1/2} + 0.02$	$F = 0.69t^{1/2} + 0.02t$
10	35°半阳坡沟坡面	$f = \frac{1}{2}0.61t^{-1/2} + 0.073$	$F = 0.61t^{1/2} + 0.073t$
11	38°半阳坡沟坡面	$f = \frac{1}{2}2.83t^{-1/2} + 0.033$	$F = 2.83t^{1/2} + 0.033t$
12	9°半阳坡坡耕地	$f = \frac{1}{2}0.96t^{-1/2} + 0.128$	$F = 0.96t^{1/2} + 0.128t$
13	10°半阳坡坡耕地	$f = \frac{1}{2}0.90t^{-1/2} + 0.567$	$F = 0.90t^{1/2} + 0.567t$
14	道路路面 1	$f = \frac{1}{2}0.86t^{-1/2} + 0.014$	$F = 0.90t^{1/2} + 0.014t$
15	道路路面 2	$f = \frac{1}{2}0.67t^{-1/2} + 0.002$	$F = 0.67t^{1/2} + 0.02t$
16	道路路面 3	$f = \frac{1}{2}0.91t^{-1/2} + 0.01$	$F = 0.91t^{1/2} + 0.01t$

2. 数据检验

将不同的实测值与模型计算的 80min 累计入渗量进行比较(表 6-10 和图 6-8),可以检验模型的精度。

表 6-10　Philip 入渗曲线模型计算的 80min 累计入渗量与实测值比较表

序号	土地利用类型	实测值/mm	Philip 模型计算值/mm	差值/mm	相对误差/%
1	10°半阳坡草地	18.01	17.95	0.06	0.33

续表

序号	土地利用类型	实测值/mm	Philip 模型计算值/mm	差值/mm	相对误差/%
2	15°半阳坡草地	10.62	9.90	0.72	6.80
3	40°阴坡灌木林地	57.36	58.42	−1.06	1.84
4	10°半阳坡灌木林地	18.94	17.83	1.11	5.87
5	12°半阳坡灌木林地	80.14	77.23	2.91	3.63
6	10°半阳坡灌木林地	33.35	35.84	−2.49	7.47
7	35°半阳坡乔木林地	52.17	52.14	0.03	0.06
8	30°半阳坡乔木林地	60.40	57.69	2.71	4.48
9	40°半阳坡沟坡面	6.94	7.77	−0.83	11.98
10	35°半阳坡沟坡面	10.88	11.30	−0.42	3.82
11	38°半阳坡沟坡面	29.46	27.95	1.51	5.12
12	9°半阳坡坡耕地	17.71	18.83	−1.12	6.30
13	10°半阳坡坡耕地	50.67	53.41	−2.74	5.41
14	道路路面 1	7.66	8.81	−1.15	15.04
15	道路路面 2	8.05	7.59	0.46	5.68
16	道路路面 3	9.00	8.94	0.06	0.67

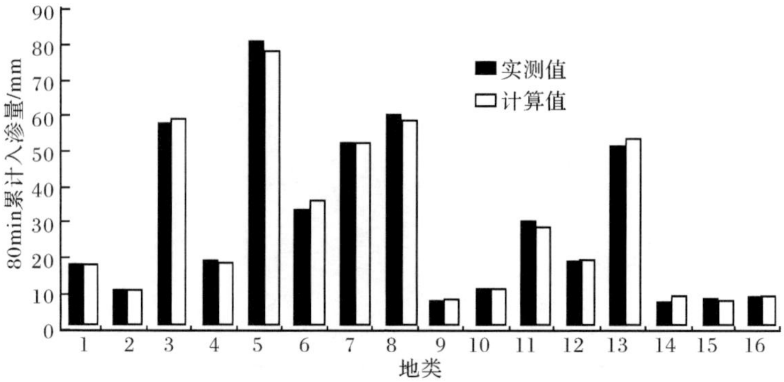

图 6-8　80min 累计入渗量计算值与实测值比较图

6.3　土壤入渗空间异质性

　　土壤入渗是降雨、地面水、土壤水和地下水相互转化的一个重要环节,与水文转换、土壤侵蚀、农田灌溉和养分迁移等都具有密切联系。20 世纪以来对此问题的研究一直比较活跃,考斯恰柯夫、Horton、Philip、Smith 等众多学者分别建立了土壤入渗模型,随后数值模拟又得到进一步的发展,同时也开展了土壤质地、土壤结构、土壤分层以及有机质含量等对入渗速率影响的研究。近十几年来,随着对尺度水文转换的关注,许多学者对土壤入渗的区域性分布规律展开了探讨,但由于入渗点面转化方法没有解决,一部分研究集中在对入渗空间特性的定性描述上,即侧重研究不同地形地貌和土地利用方式条件下的土壤入渗速率的空间变化规律,而另一部分研究仅对稳定入渗速率的空间变异特征进行了分析,都不能全面反映入渗特性的空间特征。

尺度土壤入渗空间变异的研究主要面临两个困难,一是土壤入渗的点面转化问题,地质统计学方法是进行空间变异特性分析比较成熟的方法,但只适合对单个对数的分析,这就要求在空间变异特征分析时,用一个参数表示一条入渗曲线。以往入渗模型的研究主要集中在提高模型拟合的精度,模型参数至少有两个,在小尺度的研究中,目前采用以相似介质(几何相似)为理论基础标定方法,将一条入渗曲线转化为一个标定系数,但对于较大尺度,土壤已不属于相似介质,该方法应用范围受到限制。二是土壤入渗参数难以取得,野外原位入渗参数测试费时费力,尤其在较大尺度的范围进行大规模的测试几乎是不可能,因此可以使用入渗模型及土壤转换函数(PTF)进行推择。本节进行土壤入渗空间异质性的研究,为晋西黄土区入渗径流的异质性提供参考。

6.3.1　简化 Philip 入渗模型

考斯恰柯夫入渗模型和 Philip 入渗模型是常用的两个比较简单的土壤入渗模型:

$$i = a_1 t^{-b} \tag{6-6}$$

$$i = 0.5At^{-0.5} + i_c \tag{6-7}$$

式中,i 为入渗速率;t 为入渗时间;a_1、b 为经验参数;A 为吸渗率;i_c 为稳定入渗速率。

从 6.2 节中对比两个模型,式(6-6)中参数 b 一般在 $0.13 \sim 0.66$,均值为 0.35 左右,变化幅度不大。相应地,式(6-7)中的指数为 -0.5(均质土壤),这说明 b 主要反映了入渗土壤的均匀程度,在晋西黄土区土壤类型以褐土为主,类型单一,因此参数 b 取常数 0.35,对模型的拟合精度不会有太大影响,而稳定入渗速率项,在入渗时间较短的情况下可以忽略。因此有以下简化 Philip 入渗模型:

$$i = at^{-0.5} \tag{6-8}$$

式中,a 为入渗系数,其余符号意义同前。

对实测的 10 个入渗资料按简化的 Philip 入渗模型进行拟合(表6-11),a 值范围在 $0.40 \sim 3.32 \text{mm/min}^{-1/2}$,相关系数都在 0.9 以上,拟合精度较高,说明该模型在野外定位观测土壤入渗是适用的。稳定入渗速率在 $0.01 \sim 0.158 \text{mm/min}$。

表 6-11　简化 Philip 入渗模型拟合参数

序号	土地利用类型与地貌特征	a	R^2	i_c
1	草地	0.40	0.9120	0.079
2	灌木林地	0.58	0.9543	0.158
3	乔木林地	3.32	0.9801	0.350
4	40°沟坡面	0.69	0.9578	0.020
5	35°沟坡面	0.61	0.9931	0.073
6	38°沟坡面	2.83	0.9714	0.033
7	坡耕地	0.96	0.9591	0.128
8	道路路面 1	0.86	0.9546	0.014
9	道路路面 2	0.67	0.9900	0.020
10	道路路面 3	0.91	0.9274	0.010

　　简化 Philip 入渗模型的特点只有一个参数（入渗系数 a），a 不但表示了每一点的入渗特性，还可作为表示入渗特性空间变化的变异系数，避免了在研究空间变异时对入渗曲线的标定，因此，在有足够数据点的情况下，可以直接实现土壤入渗的点面转化，使空间变异的研究更直接、更方便。

6.3.2　简化 Philip 入渗模型的土壤转换函数

　　20 世纪 70 年代以来，许多学者对非饱和土壤水分运动参数与土壤物理化学性质的关系进行了广泛的研究，建立了一些估算非饱和土壤水分运动特征参数的公式，这些公式统称为土壤转换函数（pedo-transfer functions，PTFs）。土壤入渗作为土壤水分运动的一个特例，其入渗特性参数也应该由土壤的基本理化性质决定，因此建立简化 Philip 入渗模型中入渗系数与土壤物理化学性质及其他因子的关系，即土壤入渗特性参数的土壤转换函数，基本可以解决较大尺度土壤入渗参数测定较难的问题。

　　实测土壤水分入渗不仅受到土壤理化指标（如容重、孔隙度、黏粒含量、砂粒含量、粗粉粒含量和有机质含量）的影响，而且还受土壤初始含水量、地形因子、植被因子的影响，根据实测资料分析，土壤初始含水率、坡度、植被覆盖率对入渗系数和稳定入渗速率的影响比较大，其中土壤初始含水量以对数形式作用于入渗系数和稳定入渗速率，见图 6-9 和图 6-10。

　　以土壤理化指标、初始含水量及植被覆盖率为变量，对 a 和 i_c 建立多元二项式方程，并转化为线性，用 SPSS 软件进行处理，并将部分对 a 及 i_c 影响很小的变量予以剔除，建立土壤转换函数为

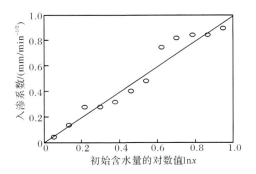

图 6-9　初始含水量与入渗系数的关系

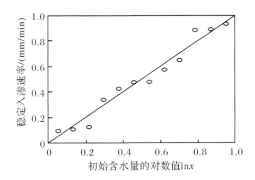

图 6-10　初始含水量与稳定入渗速率的关系

$$a = 1.076x_1 - 5.4\ln\theta_0 + 0.07x_3 + 0.145x_4 + 1.041x_5$$
$$- 3.065x_6 - 0.793x_7 + 17.444$$
$$R^2 = 0.74, r = 0.547 \tag{6-9}$$
$$i_c = 0.135x_1 - 2.1\ln\theta_0 + 0.044x_3 + 0.047x_4 + 0.233x_5$$
$$- 0.625x_6 - 0.322x_7 + 6.16$$
$$R^2 = 0.946, r = 0.973 \tag{6-10}$$

式中，x_1 为植被覆盖率；θ_0 为土壤初始含水率；x_3 为毛管孔隙度；x_4 为水稳性团聚体含量；x_5 为部位（根据前面影响不同部位的入渗结果，坡上部、坡下部、沟坡、道路，分别用 0.1、0.2、0.3、0.4 表示）；x_6 为坡度的正弦；x_7 为土壤容重。

入渗系数和稳定入渗速率与植被覆盖率、土壤初始含水量、毛管孔隙度、水稳性团聚体含量、部位、坡度及土壤容重关系较为密切，而与总孔隙度、坡向关系不大。

入渗系数 a 与稳定入渗速率 i_c 的土壤转换函数的相关系数分别为 0.547 和 0.973，显著性达到 0.01。将由土壤转换函数式（6-9）和式（6-10）根据实际的各种因子的计算式与表 6-11 中的入渗参数的拟合值进行比较，可以得出（图 6-11 和

图 6-12),计算值与拟合值比较接近,进一步说明土壤转换函数在晋西黄土区较为合理。因此,土壤转换函数也可以应用于晋西黄土区较大尺度的野外原位入渗特性参数的估算。

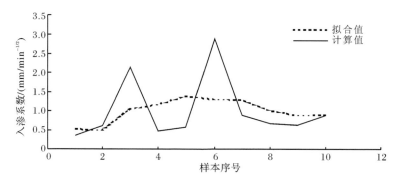

图 6-11　入渗系数计算值与拟合值的比较

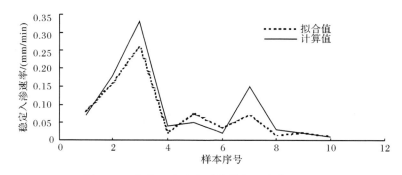

图 6-12　稳定入渗速率计算值与拟合值的比较

6.3.3　小流域土壤水分入渗特性的空间分异

1. 晋西黄土区小流域土壤入渗参数的空间分布

为了便于分析和比较,入渗系数和稳定入渗速率均利用土壤转换函数转化为初始含水量一致时的数值(此处选择含水量为 15%)。然而土壤初始含水量在整个流域上是随着时空变化而变化的,因此,在已知任意时刻的初始含水量空间分布的情况下,也可以通过土壤转换函数将初始含水量为定值时的入渗参数分布图转化为该时刻的入渗参数分布图。

将柳沟小流域的土地利用现状、坡度、坡位、毛管孔隙度、水稳性团粒结构、植被覆盖率、土壤初始含水量七个指标分别列为 45 种立地类型,代入式(6-9)和式(6-10),得出柳沟小流域不同立地条件的 a 值和 i_c,又通过聚类分析,将 45 种立地类型进行分类,得出柳沟小流域土壤入渗的分区,共分为 4 类,见图 6-13 并绘制柳沟小流域土壤入渗的分布图。

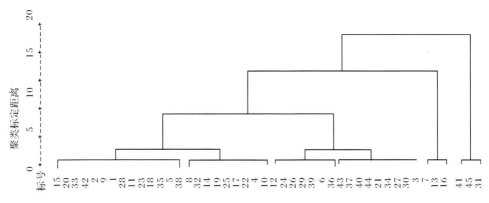

图 6-13　不同地类土壤入渗聚类分析结果

利用 ARCVIEW 软件的 ANALYSIS 和 SURFARE 功能,按反距离加权法(IDW)绘制了柳沟流域简化 Philip 入渗模型入渗系数 a 和土壤稳定入渗速率 i_c 的空间分布图,见图 6-14~图 6-16,两个参数均采用 70 个点的数据,包括 18 个点的实测数据,其余为根据原有的地形参数、植被参数、土壤参数等利用土壤转换函数(6-9)和(6-10)生成的数据。图 6-17 为柳沟小流域土地利用现状图和坡度图。

土壤入渗特性曲线表现为一簇一簇的曲线,不能直接生成空间分布图,而简化 Philip 入渗模型中的唯一的参数入渗系数不但可以代表这些曲线,还可以直接表示入渗曲线空间变异的变异系数,因此单一参数模型在绘制空间分布图和进行空间变异分析时具有不可替代的优势。

2. 土壤入渗特性的空间变异特征及分类

晋西黄土区土壤水分入渗曲线由简化 Philip 入渗模型中的入渗系数 a 来表示,也可以由 a 表示该区域入渗特征的空间变异系数。当初始含水量为 15% 时,a 取值为 0.508~2.77mm/min$^{-1/2}$,在缓坡灌木林地最大,以后依次为乔木林地、草地、耕地、沟坡及道路等。一般的林地都超过了 1.0mm/min$^{-1/2}$。沟坡的取值范围为 0.51~1.68mm/min$^{-1/2}$。

当初始含水量为 15% 时,晋西黄土区小流域稳定入渗系数都在 0.017~0.58mm/min$^{-1/2}$。稳定入渗速率 i_c 与入渗系数 a 有着类似的分布规律,表现为在坡上部缓坡灌木林地为最大,以下依次为乔木林地、草地、耕地、沟面。

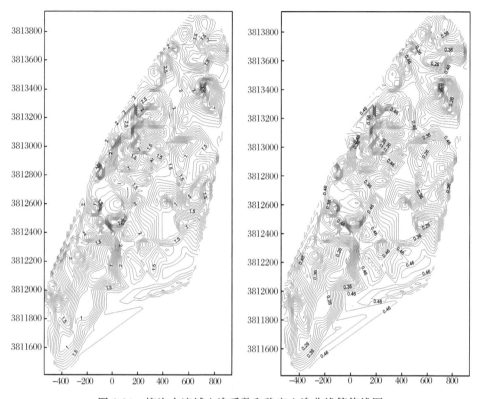

图 6-14　柳沟小流域入渗系数和稳定入渗曲线等值线图

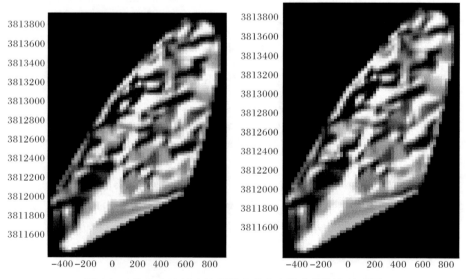

图 6-15　柳沟小流域入渗系数和稳定入渗曲线渐变地形图

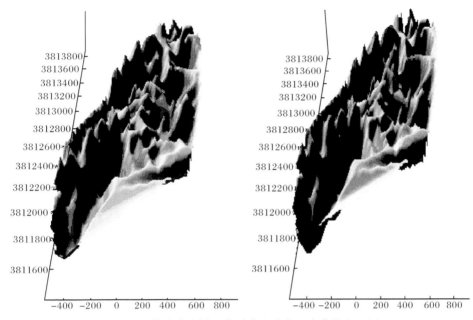

图 6-16   柳沟小流域入渗系数和稳定入渗曲线表面图

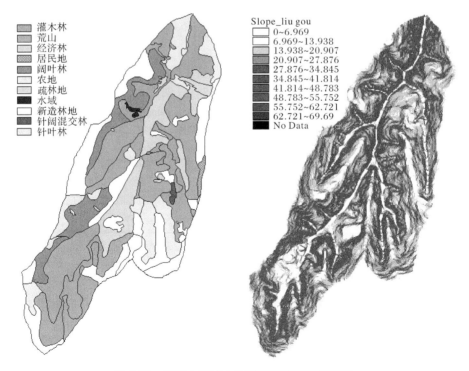

图 6-17   柳沟小流域土地利用现状图和坡度图

第 7 章 土地利用/覆被变化特征

土地覆被是指覆盖在地面的各类自然和人工物体,而土地利用是人类对土地自然属性的利用方式和利用状况,是一种人类活动。土地利用变化是一个相当复杂的过程,同时受自然和人文两个方面要素的影响。马家沟流域长期进行的水土流失治理及所实施的水土保持生态建设工程必然造成流域土地利用及格局的变化。土地利用/覆被变化(LUCC)是影响水土流失的主要因子之一,本章通过对马家沟流域土地利用时空变化的分析,评估水土保持生态建设对环境的影响及其效应。

7.1 土地利用动态及其预测

7.1.1 DEN 图

DEM 是地表单元上的高程集合,是模型进行流域划分、水系生成和水文过程模拟的基础。利用 DEM 数据可以计算子流域的地形参数,如坡度、坡长,还可以通过汇流分析生成河网,确定河网特征。在 Arc/Info 系统下使用 TIN 模块将得到的矢量格式的地形等高线转换为 TIN 数据格式,再借助于 LATTICE/GRID 模块转换为栅格类型,经过投影变换和流域界限划分等几个步骤得到研究区的DEM 影像图。

研究采用美国 Able Software 公司的产品 R2V(Raster to Vector)软件进行图形矢量化,矢量化后的图形很易转换为 Arc/Info、ArcView 可直接读取的矢量图形文件。以 1∶10000 比例尺的地形图为数据源,对研究流域进行数字化制图,建立等高线的矢量图。通过空间分析模块(spatial analyst)建立了马家沟流域数字高程模型。DEM 是零阶单纯的单项数字地貌模型,在 DEM 的基础上可派生其他地貌特性,如坡度、坡向及坡度变化率等。图 7-1 为马家沟流域坡度、坡向图。

为了掌握土地利用/覆被变化的数量、质量、变化的时空模式及变化趋势,通常会采用遥感图像来进行土地利用/覆被动态监测。遥感动态监测的主要方法有单变量图像差值法、图像回归法、图像比值法、主成分分析法、分类后比较法和变化向量分析等。其中分类后比较法(post-classification comparison change detection)近年来在应用高空间分辨率卫星数据进行土地利用/森林植被变化动态监测中有上升的趋势。该方法是对不同时相的图像分别进行分类,然后比较分类结

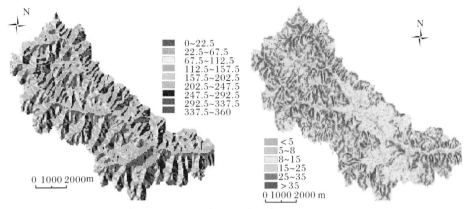

0~22.5
22.5~67.5
67.5~112.5
112.5~157.5
157.5~202.5
202.5~247.5
247.5~292.5
292.5~337.5
337.5~360

0 1000 2000m

<5
5~8
8~15
15~25
25~35
>35

0 1000 2000 m

图 7-1　马家沟流域坡度、坡向图

果,找出从某土地利用类型到另一种土地利用类型的信息。本章即采用这种方法来获得土地利用/覆被变化的信息。

7.1.2　土地利用分类图

研究根据 1990 年和 2000 年的 Landsat ETM+影像数据,以 1∶10000 地形图为依据,按标准分幅应用二次多项式分别进行几何校正,控制点中误差在 1 个像元以内。再根据所获得的统计资料、地形图及各种专题图件,结合野外调查资料,建立该区域解译标志;应用图像处理软件,采用人机交互的监督分类方法进行解译,并通过野外验证对其精度进行评价。马家沟流域 3 期土地利用见图 7-2。

草地
疏林地
居民点
坡耕地
梯田

(a) 1990 年土地利用现状

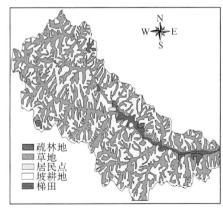

疏林地
草地
居民点
坡耕地
梯田

(b) 2000 年土地利用现状

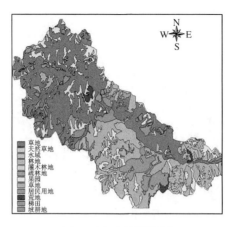

（c）2007 年土地利用现状

图 7-2　马家沟流域 3 期土地利用图

7.2　土地利用/覆被的演变过程

在 Arc-GIS 软件的支持下,统计生成 1990 年和 2000 年的土地利用/覆被数据,同时结合 2007 年人工调绘处理所得土地利用现状,经过空间叠加分析,得到马家沟流域 3 期土地利用与覆被变化的动态变化信息,生成相关专题图。

7.2.1　土地利用变化过程分析

由表 7-1 和图 7-3 可以看出,马家沟 3 期土地利用均以草地、坡耕地、林地和梯田为主,四种土地利用类型在各期占流域面积均为 95％以上,1990 年坡耕地面积3468.05hm²最大,其次为草地 2916.70hm²;2000 年坡耕地面积和草地面积都有所增加,但坡耕地面积仍最大;2007 年坡耕地面积明显减少,草地面积显著增加,达到 4346.66hm²。1990~2007 年马家沟流域各类土地利用面积发生了明显变化,其中 1990~2000 年林地和梯田的面积均有显著减少,坡耕地面积则显著增加,其余土地类型面积变化不大。2000~2007 年(后期)土地利用变化程度比1990~2000 年(前期)变化更为剧烈,如后期林地和梯田面积分别增加了792.5％、459.7％,坡耕地减少了 92.9％,而前期林地和梯田面积减少了 72.7％、2.7％,坡耕地增加了 4.2％。

表 7-1　马家沟 3 期土地利用类型及变化百分比　　　　　（单位:hm²）

年份	裸地	林地	草地	居民点	灌木	坡耕地	梯田	水域
1990	75.69	698.78	2916.70	40.12	10.22	3468.05	164.87	0

续表

年份		裸地	林地	草地	居民点	灌木	坡耕地	梯田	水域
2000		66.32	190.78	3268.89	60.22	13.21	3614.58	160.43	0
2007		63.24	1702.83	4346.66	60.22	20.88	256.75	897.93	25.93
变化百分比/%	1990～2000	−12.4	−72.7	12.1	50.1	29.3	4.2	−2.7	0
	2000～2007	−4.6	792.5	33.0	0.0	58.1	−92.9	459.7	100.0
	1990～2007	−16.4	143.7	49.0	50.1	104.3	−92.6	444.6	100.0

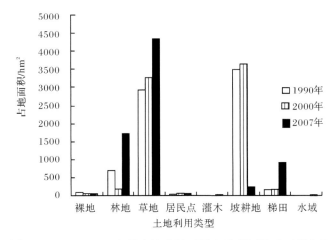

图 7-3　1990～2007 年马家沟流域不同土地利用类型面积变化

7.2.2 土地资源数量变化模型

土地利用动态度可以反映土地资源数量的变化,可定量描述区域土地利用变化的速度,它对比较土地利用变化的区域差异和预测未来土地利用变化趋势都具有积极的作用(任志远等,2003)。利用土地利用动态度模型分析土地利用类型的动态变化,可以真实反映区域土地利用/土地覆盖中土地利用类型的变化剧烈程度(王思远等,2001)。它包括单一土地利用动态度和综合土地利用动态度。单一土地利用动态度表达的是某研究区一定时间内某种土地利用类型的数量变化情况。本节采用单一土地利用动态度来分析土地资源数量变化情况。

单一土地利用类型动态度表达式为

$$K=\frac{U_b-U_a}{U_a}\frac{1}{T}\times100\%$$ (7-1)

式中,K 为研究时段内某一土地利用类型动态度;U_a 为研究初期某一种土地利用类型的数量;U_b 为研究期末某一种土地利用类型的数量;T 为研究时段长,当 T 的时段设定为年时,K 的值就是该研究区某种土地利用类型年变化率。

现有研究表明,单一土地利用动态度值越低,转移变化为其他类型的数量越少,表明该类土地在研究期内相对稳定。依据表 7-2,马家沟流域 1990～2000 年水域的单一动态度值最低,平均每年转移率为 0;林地的单一动态度值最大,平均每年转移率为 6.6089%,表明林地是该时段内最活跃的土地利用类型。在 2000～2007 年水域的单一动态度值最低,平均每年转移率为 0,说明水域土地利用类型在研究时段内基本没有向其他类型的转移或转移量很小,是最稳定的土地利用类型;林地的单一动态度值最大,平均每年转移率为 99.0686%,表明林地仍然是该时段内最活跃的土地利用类型。梯田在 1990～2007 年的单一动态度值较高,说明该种土地利用类型在研究时段内也是转移较活跃的土地利用类型。

表 7-2　马家沟三个时段土地利用动态度　　　　　　（单位:%）

年份		裸地	林地	草地	居民点	灌木	坡耕地	梯田	水域
1990～2000	单一动态度	−1.1254	−6.6089	1.0977	4.5545	2.6597	0.3841	−0.2448	0
2000～2007	单一动态度	−0.5805	99.0686	4.1213	−0.0001	7.2578	−11.6121	57.4612	0
1990～2007	单一动态度	−0.9138	7.9825	2.7237	−2.9010	5.7947	−5.1443	24.7010	−11.1111

7.2.3　土地利用空间转移变化过程

转移矩阵可全面而又具体地刻画区域土地利用变化的结构、特征与各用地类型变化的方向。通过土地利用转移矩阵描述各土地利用类型之间的转换情况,见表 7-3～表 7-5。表中行表示 t_1 时期(如 1990 年)的 i 种土地利用类型,列表示 t_2 时期(如 2000 年)的 j 种土地利用类型。表中数值表示 t_1 时期土地利用类型转变为 t_2 时期各种类型的面积。

表 7-3　1990～2000 年马家沟土地利用变化转移矩阵　　　（单位:hm²）

1990＼2000	裸地	林地	草地	居民点	灌木	坡耕地	梯田	全流域
裸地	66.32	0	0	0	2.97	6.40	0	75.69
林地	0	91.70	456.68	8.20	0	138.40	3.80	698.78
草地	0	52.50	2607.70	0	0	245.70	10.80	2916.70

续表

2000 / 1990	裸地	林地	草地	居民点	灌木	坡耕地	梯田	全流域
居民点	0	0	0	40.12	0	0	0	40.12
灌木	0	0	0	0	10.22	0	0	10.22
坡耕地	0	32.70	201.31	0	0	3222.28	11.76	3468.05
梯田	0	13.88	3.20	11.90	0.02	1.80	134.07	164.87
全流域	66.32	190.78	3268.89	60.22	13.21	3614.58	160.43	7374.43

表 7-4　2000～2007 年马家沟土地利用变化转移矩阵　　（单位：hm²）

2007 / 2000	裸地	林地	草地	居民点	灌木	坡耕地	梯田	水域	全流域
裸地	63.20	3.08	0	0	0	0	0	0	66.28
林地	0	73.80	80.90	4.30	0	0.30	31.20	0.28	190.78
草地	0	523.90	2376.2	0	0	97.80	250.90	20.00	3268.80
居民点	0	0	1.7	50.10	0	8.42	0	0	60.22
灌木	0	0	0	0	13.20	0	0	0	13.20
坡耕地	0	1092.70	1825.30	5.10	7	150.20	529.54	4.60	3614.4
梯田	0	9.30	62.50	0.72	0.67	0	86.20	1.04	160.43
水域	0	0	0	0	0	0	0	0	0
全流域	63.20	1702.78	4346.60	60.22	20.87	256.72	897.80	25.92	7374.11

表 7-5　1990～2007 年马家沟土地利用变化转移矩阵　　（单位：hm²）

2007 / 1990	裸地	林地	草地	居民点	灌木	坡耕地	梯田	水域	全流域
裸地	63.20	3.08	0	0	2.97	6.40	0	0	75.65
林地	0	73.80	438.50	12.50	0	138.70	35.00	0.28	698.78
草地	0	556.15	1968.70	0	0	91.50	285.50	14.80	2916.65
居民点	0	0	0	40.12	0	0	0	0	40.12
灌木	0	0	0	0	10.22	0	0	0	10.22
坡耕地	0	1061.10	1872.50	7.60	6.29	20.15	495.40	4.90	3467.94
梯田	0	8.70	66.90	0	1.40	0	81.93	5.95	164.88
水域	0	0	0	0	0	0	0	0	0
全流域	63.24	1702.83	4346.66	60.22	20.88	256.75	897.83	25.93	7374.24

　　由表 7-3 可知,1990～2000 年马家沟各种用地类型的转化方向:①居民用地和灌木林地土地类型未发生转化,裸地用地类型也基本未变,只有少部分变化为

灌木和坡耕地;②林地主要转化为草地,转化面积为 456.68hm²,其次为坡耕地,转化面积为 138.40hm²;③草地主要转化为坡耕地,转化面积为 245.70hm²,其次为林地,转化面积为 52.50hm²;④坡耕地部分转化为草地,转化面积为 201.31hm²,其次为林地,转化面积为 32.70hm²;⑤梯田用地部分转化为林地,转化面积为 13.88hm²,其次为居民点,转化面积为 11.90hm²。

由表 7-4 可知,2000～2007 年马家沟各种用地类型的转化方向:①水域和灌木林地土地类型未发生转化;②裸地有 3.08hm² 面积转化为林地;③林地主要转化为草地和梯田,转化面积分别为 80.90hm² 和 31.20hm²;④草地主要转化为林地和梯田,转化面积分别为 523.9hm² 和 250.9hm²;⑤居民用地少许转化为草地,转化面积为 1.70hm²;⑥坡耕地主要转化为林地和草地,转化面积分别为 1092.75hm² 和 1825.36hm²;⑦梯田用地部分转化为草地,转化面积分别为 62.50hm²。

同样,从表 7-5 可以看出,1990～2007 年,马家沟各用地类型中坡耕地主要转化方向为草地、林地和梯田,而部分林地和草地又转化为梯田,因此 2007 年的土地利用类型主要以林地、草地和梯田为主。

为更加清晰地显示土地利用类型空间转移,以 GIS 为基础,通过空间叠加分析,生成土地利用类型空间转移变化图,见图 7-4。其中,图例中 1、2、3、4、5、6、7、8 分别对应裸地、林地、草地、居民点、灌木、坡耕地、梯田和水域 8 种土地利用类型,11、22、33、44、55、66、77 代表 1990～2004 年未变化的土地。26 代表林地转为坡耕地,其他代表含义理解方法与 26 一致。

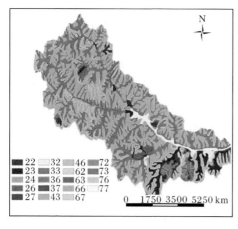

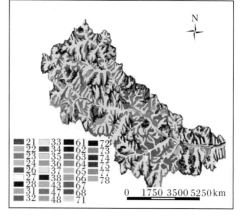

(a) 1990～2000 年　　　　　　　　　(b) 2000～2007 年

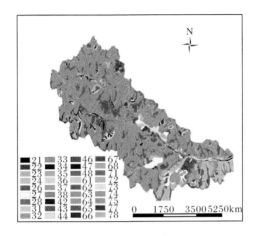

(c) 1990～2007 年

图 7-4　1990～2007 年马家沟流域土地利用空间转移图

　　为了清楚显示流域主要土地利用类型林地、草地、坡耕地和梯田在 1990～2007 年的转移变化量,分别生成如图 7-5～图 7-7 所示的 3 个时段内林地、草地、坡耕地和梯田转入、转出空间变化图。

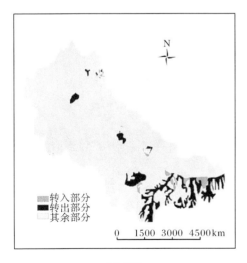

(a) 林地

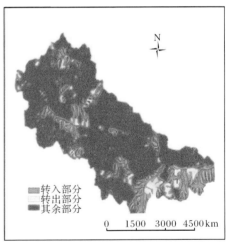

(b) 草地

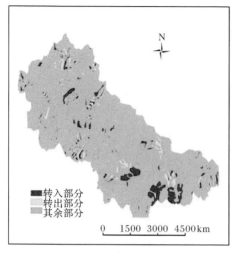

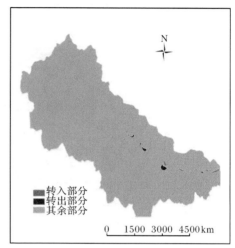

（c）坡耕地 （d）梯田

图 7-5 1990～2000 年主要土地利用类型空间转移变化

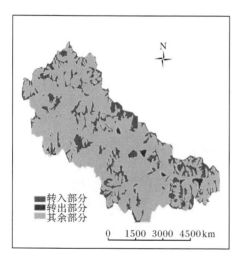

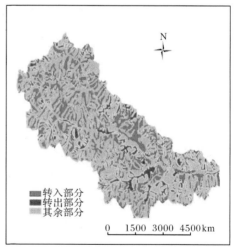

（a）林地 （b）草地

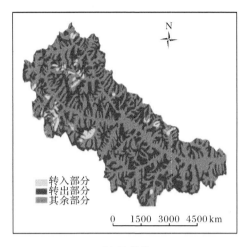

（c）坡耕地

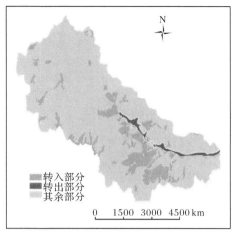

（d）梯田

图 7-6　2000～2007 年主要土地利用类型空间转移变化

7.2.4　土地利用程度变化

土地利用程度反映的是土地利用的广度和深度,它不仅反映土地利用中土地本身的自然属性,同时也反映人类活动与自然环境因素的综合效应。一个特定范围内土地利用程度的变化是多种土地利用类型变化的结果,土地利用程度及其变化量和变化率可定量地揭示该范围土地利用的综合水平和变化趋势。

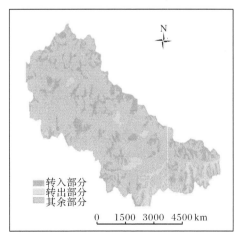

（a）林地

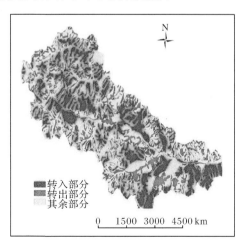

（b）草地

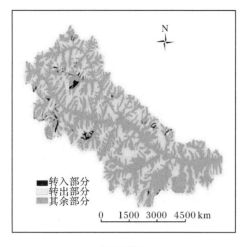 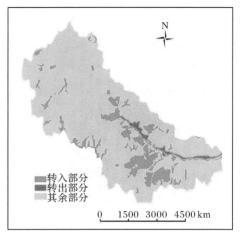

　　　　　（c）坡耕地　　　　　　　　　　　　　　　　（d）梯田

图 7-7　1990～2007 年主要土地利用类型空间转移变化

　　土地利用程度数量化的基础建立在土地利用程度的极限上,土地利用的上限,即土地资源的利用达到顶点,人类一般无法对其进行进一步的利用与开发;而土地利用的下限,即为人类对土地资源开发利用的起点。在中国环境资源数据库中,刘纪远等从生态学的角度出发,提出了一套新的数量化土地利用程度分析方法,即土地利用程度分级标准:将土地利用程度按照土地自然综合体在社会因素影响下的自然平衡状态分为 4 级,并分级赋予指数(表 7-6)。从而给出土地利用程度的定量化表达式。

表 7-6　土地利用程度类型及分级赋值

类型	林、草、水用地级	未利用土地级	农业用地级	建设聚落用地级
土地利用类型	林地、草地、水域	未利用土地或难利用地	耕地、园地、人工草地	建设、居民点及工矿用地、交通用地
分级指数	2	1	3	4

1. 土地利用程度综合指数

　　土地利用程度综合指数是用来度量土地利用程度及其变化的模型。该指数一方面可以反映特定时期的土地利用程度,另一方面可以通过研究时段内指数的变化反映研究区域土地利用程度的变化(王秀兰等,1999),也反映了土地系统中人类因素的影响程度及区域土地利用的集约程度。土地利用程度综合指数可表达为(高永年,2004)

$$L_j = 100 \sum_{i=1}^{n} A_i C_i \tag{7-2}$$

式中, L_j 为某研究区域土地利用程度综合指数; A_i 为研究区域内第 i 级土地利用程度分级指数; C_i 为研究区域内第 i 级土地利用程度分级面积百分比; n 为土地利用程度分级数。

2）土地利用程度变化

在一个特定区域内土地利用程度的变化是指多种土地利用类型变化的结果，土地利用程度及其变化率可定量地揭示该区域土地利用的综合水平和变化趋势。土地利用程度变化量和土地利用程度变化率可表达为

$$\Delta L_{b-a} = L_b - L_a = 100 \left(\sum_{i=1}^{n} A_i C_{ib} - \sum_{i=1}^{n} A_i C_{ia} \right) \tag{7-3}$$

$$R = \frac{\sum_{i=1}^{n} A_i C_{ib} - \sum_{i=1}^{n} A_i C_{ia}}{\sum_{i=1}^{n} A_i C_{ia}} \tag{7-4}$$

式中, L_b 为 b 时间的区域土地利用程度综合指数; L_a 为 a 时间的区域土地利用程度综合指数; A_i 为第 i 级的土地利用程度分级指数; C_{ib} 为某区域 b 时间第 i 级土地利用程度面积百分比; C_{ia} 为某区域 a 时间第 i 级土地利用程度面积百分比; ΔL_{b-a} 为不同时间的土地利用程度变化量; R 为土地利用程度变化率。

如果 ΔL_{b-a} 为正值，则该区域土地利用处于发展期；否则处于调整期或衰退期，但 ΔL_{b-a} 的大小并不反映生态环境的好坏。

对比不同时期流域土地利用类型的土地利用程度指数（表 7-7）可以看出，坡耕地、草地和林地的值较大，表明人类对坡耕地、草地和林地的影响最大。从全流域综合指数值可知，随着时间的推移，2000 年以后，全流域综合指数值逐渐变小，说明人类对流域土地利用的调整越来越趋于合理。

表 7-7　马家沟土地利用程度指数

年份	裸地	林地	草地	居民点	灌木	坡耕地	梯田	水域	全流域综合指数
1990	1.0	19.0	79.1	2.2	0.3	141.1	6.7	0.0	249.3
2000	0.9	5.2	88.7	3.3	0.4	147.0	6.5	0.0	251.9
2007	0.9	46.2	117.9	3.3	0.6	10.4	36.5	0.7	216.4

从表 7-8 可看出，1990～2000 年，马家沟各期的土地利用程度变化量和土地利用程度变化率均为正值，说明该流域土地利用处于发展期；2000～2007 年，马家沟各期的土地利用程度变化量和土地利用程度变化率均为负值，说明马家沟流域的土地利用均处于调整期。综合分析表明，1990～2007 年，马家沟各期的土地利

用程度变化量和土地利用程度变化率均为负值,说明马家沟流域的土地利用均处于调整期,土地利用结构逐步趋向合理化。

表 7-8　马家沟土地利用程度变化

土地利用时期	土地利用程度变化量	土地利用程度变化率/%
1990～2000	2.6	1.0
2000～2007	−35.5	−14.1
1990～2007	−32.9	−13.2

7.2.5　土地利用/覆被变化趋势

为了比较土地利用类型 i 的转出和转入速度,反映土地利用与土地覆被类型变化的趋势和状态,引入状态指数 D_i。

$$V_{out}=\frac{\Delta_{out}}{S_{(i,t_1)}}\frac{1}{t_2-t_1}\times100\% \tag{7-5}$$

$$V_{in}=\frac{\Delta_{in}}{S_{(i,t_1)}}\frac{1}{t_2-t_1}\times100\% \tag{7-6}$$

式中,Δ_{in}、Δ_{out}、V_{in}、V_{out} 分别代表第 i 类土地利用类型在 $t_1\sim t_2$ 过程中的转入量、转出量、转入速度和转出速度。

$$D_i=\frac{V_{in}-V_{out}}{V_{out}+V_{in}} \quad (-1\leqslant D\leqslant1) \tag{7-7}$$

式中,V_{in}、V_{out} 分别代表第 i 类土地利用类型在 $t_1\sim t_2$ 过程中的转入速度和转出速度。D_i 的大小代表从研究初期 t_1 到研究末期 t_2 土地利用转入、转出速度的关系。不同状态指数代表不同的发展趋势,表 7-9 列出状态指数所代表的含义和趋势。

表 7-9　状态指数含义趋势对照

D_i 的范围	含义	趋势
$0\leqslant D_i\leqslant1$	转入速度大于转出速度	规模增大的趋势
D_i 接近 1	转入速度远大于转出速度	面积大量增大
D_i 接近 0	转入速度略大于转出速度,都很小	土地类型不明显增大,平衡状态
	转入速度略大于转出速度,都很大	双向高速转换下的平衡状态
$-1\leqslant D_i\leqslant0$	转入速度小于转出速度	规模减小的趋势
D_i 接近 0	转入速度略小于转出速度,都很小	土地类型不明显减小,平衡状态
	转入速度略小于转出速度,都很大	双向高速转换下的平衡状态
D_i 接近 −1	转入速度远小于转出速度	面积大量减小

从表 7-10 和表 7-11 可明显看出,1990～2000 年,居民点的转入速度大于转出速度,有规模增大的趋势;而林地转入速度远小于转出速度,林地面积显著减

少;灌木、草地和坡耕地转入速度大于转出速度,面积增大,而裸地的面积在减小。
2000～2007 年,林地、灌木和梯田的转入速度远大于转出速度,面积大量增大;坡
耕地的转入速度小于转出速度,有规模减小的趋势;裸地和草地的转入速度略大
于转出速度,为双向转换下的平衡状态。1990～2007 年,林地、灌木、居民点和梯
田的转入速度远大于转出速度,面积增大;坡耕地的转入速度远小于转出速度,面
积大量减小。

表 7-10 马家沟流域不同时段土地利用类型动态变化

土地类型	1990～2000 年		2000～2007 年		1990～2007 年	
	V_{in}	V_{out}	V_{in}	V_{out}	V_{in}	V_{out}
裸地	0.00	1.13	0.77	0.58	0.00	0.92
林地	1.29	7.90	106.66	7.66	12.29	4.37
草地	2.10	0.96	7.53	3.60	4.37	1.79
居民点	1.85	0.00	3.91	0.34	7.58	0.00
灌木	2.67	0.00	10.24	0.00	9.59	0.00
坡耕地	1.03	0.64	0.34	11.95	0.17	5.31
梯田	0.81	1.04	65.71	6.36	29.24	0.04

表 7-11 马家沟流域不同时段土地利用状态指数

土地类型	裸地	林地	草地	居民点	灌木	坡耕地	梯田	水域
1990～2000 年	−1.00	−0.72	0.00	1.00	0.00	0.23	−0.13	—
2000～2007 年	0.00	0.87	0.00	0.84	1.00	−0.94	0.82	—
1990～2007 年	0.00	0.48	0.00	1.00	1.00	−0.94	1.00	—

显然自 1990 年以来,马家沟土地利用方式逐渐由坡耕地、草地为主向以林
地、草地和梯田为主的方向转移,这种复合式的土地利用结构能层层拦蓄径流和
泥沙,对整个流域的水土保持起着更为重要的作用,因此,从水土保持的角度分
析,这种土地利用结构趋于合理。

7.3 土地利用/覆被动态演变驱动力及驱动机制分析

导致土地利用/覆被变化的驱动力主要存在于自然和社会两个系统。自然因
素在大的时空尺度上起决定作用,而社会因素在小的时空尺度上的影响表现更明
显。由于土地利用是人类有意识的行为,有关管理层、决策者及各种组织机构对
其影响会更加直接和凸显,因此对人类行为因素的影响与作用的研究得到普遍
重视。

　　驱动力是导致土地利用变化的主要因素。土地作为土地利用的承载资源体，是由地貌、气候、土壤、水文、植被等各种自然要素相互作用所形成的自然综合体，因此各种自然要素无不深刻地制约着土地利用的方式、结构、水平及其地域差异。同时，土地又是人类赖以生存的基本物质条件，而人类通过对土地资源的改造利用，将使得土地利用的结构和格局发生变化。

　　土地利用/覆被变化动力机制的研究，在于揭示土地利用和土地覆被变化的原因、内部机制和基本过程，预测其未来变化发展的趋势与结果。由于多因素性和复杂性，驱动机制常常采取的是"黑箱式"的研究方法，即一般只是在对驱动力分析的基础上，通过解释和描述来分析驱动机制，真正针对驱动机制的研究并不多。研究 LUCC 机制，不仅要确定驱动因子，还要分析各驱动因子与 LUCC 之间的相互关系，以及度量各驱动因子对 LUCC 作用的程度。

　　总体而言，一定区域土地利用结构和格局的变化主要受自然系统中气候、土壤、水文等因素影响，以及社会系统的人口变化、技术进步、经济增长、政治经济结构及价值观念等影响。鉴于此，本研究从自然、人口、政策和经济 4 个方面分析马家沟流域 1997～2007 年土地利用结构和格局的变化原因。

7.3.1　自然因素

　　气候条件对土地利用具有制约作用，主要表现在对农作物、牧草和林木种类选择及其分布、组合、耕作制度和产量的影响上。对研究区而言，气温与降水状况是主要限制因子。该区春旱夏涝，且干旱、冰雹、大风、暴雨以及霜冻等自然灾害频繁，加上灌溉和管理水平有限，严重影响了农业产出。而长期依赖当地居民大多以农业耕作为主要生活来源，低下的产出必然需要依靠不断地扩大生产规模和面积来满足生活需求，于是形成了产出越低、越毁林开荒，越毁林开荒、生态环境越恶劣、进而持续甚至更加低产的恶性循环。

7.3.2　人口因素

　　人口作为一个独特的因素，是土地利用变化中最具活力的驱动力之一，它一方面影响农产品需求量的变化，间接地影响土地利用及空间布局的变化，另一方面还会在一定程度上对土地利用变化产生直接的影响，如人口数量的增加会产生对居住用地及基础设施用地等需求的增长，进而导致整个土地利用类型结构及其空间分布的变化。马家沟流域自 1990 年以来人口数在逐年增加，居民点所占面积也从 40.12hm² 增加到了 60.22hm²。这也是造成 1990～2000 年林地面积从 698.78hm² 下降到 190.78 hm²，而坡耕地面积增加的主要原因。随着退耕还林政策的实施，2000～2007 年林地面积又有了大范围的增加，林地面积从 190.78hm² 增加到 1702.83hm²，而坡耕地面积也相应减少。

7.3.3　政策因素

马家沟流域是典型的黄土丘陵沟壑区,存在着严重的水土流失现象。治理前土地利用基本上属于掠夺式经营,部分陡坡地也成了广种薄收的农耕地,经过近20 年的治理,总结出一套适合本地的土地利用与开发治理经验。在 20 世纪 80 年代末期,开展了以梯田建设为突破口的山、水、田、林、路综合治理示范工程,对土地进行"2 化",即坡耕地梯田化、宜林耕地绿化。通过不断治理,使流域内坡耕地面积急剧减少,梯田面积大量增加,林地面积也有较大幅度的增加。

7.3.4　经济因素

以上分析表明,马家沟流域的土地利用结构和格局变化的主要原因在于短期内大规模、大面积退耕还林(草)工程的顺利实施。而退耕还林(草)工程不仅是生态建设工程,也是复杂的社会工程。在将农地转变为林草地从而改变区域土地利用结构和格局的过程中,势必影响农户的经济利益。如果没有一定的合理补偿,很难顺利实施,即使实施也难以长期保障。根据现行国家退耕还林补偿政策及陕西省退耕还林钱粮补偿规定,该区实施退耕还林的农地每亩可得到补偿钱粮 160元(其中,粮食 100kg,1.4 元/kg,生活补助 20 元),且补偿期每年还可得到相应的种苗补助和管护费用。由于该区传统农业产出较低,退耕还林的补偿费用在很大程度上已经能够达到进行农业耕作时的收入,同时,退耕后劳动时间减少,有余力时还能外出务工,从而相比之前从事农业耕作能够得到更多的收益,这正是该区退耕还林在短期内,大规模、大面积顺利实施的经济原因,也成为土地利用结构和格局变化的间接驱动因素。

综上所述,半干旱、冰雹、暴雨等不利的自然因素是制约该区土地利用结构向良性发展的主要驱动力,因此,人类只有在尊重大自然、与大自然和平相处的前提下,采用科学的政策调控机制和合理的经济理念来改造大自然,使得土地利用结构向人类期待的方向发展。

第8章 坡面土地利用/覆被变化下的水沙效应

水土流失是黄土高原的主要环境问题,尽管影响水土流失的自然因素有气候、地形、土壤等,但人类对土地的不合理利用是黄土高原水土流失加重的主要原因,研究土地利用方式与产流产沙的关系对治理水土流失十分重要。本章采用布设在山西省吉县蔡家川流域的 10 个径流小区资料,研究不同土地利用/覆被方式下产流产沙特征,分析坡面土地利用/覆被变化对产流产沙的影响;研究坡地经济林与水土保持林的产流产沙效应;分析坡度对坡面产流产沙的影响。

8.1 坡面土地利用/覆被对产流产沙的影响

8.1.1 坡面土地利用/覆被对径流的影响

为了分析黄土坡面不同土地利用/覆被对坡面地表径流的影响,选择了草地、沙棘、刺槐、油松四种不同土地利用类型进行试验。根据 11 次人工降雨试验结果分析各因素对坡面产流的影响。

由表 8-1 可知,草地Ⅰ的降雨量为 119.13mm,沙棘Ⅰ的降雨量为 174.79mm,即草地的降雨量比沙棘地的降雨量少,但草地的径流深是沙棘的 44.9 倍,草地Ⅰ的径流系数是沙棘Ⅰ径流系数的 68 倍。油松Ⅰ的降雨量为 139.79mm,草地Ⅱ的降雨量为 140.07mm,草地Ⅱ和油松Ⅰ的降雨量相似,草地Ⅱ的径流深却是油松Ⅰ径流深的 6 倍。草地Ⅰ的降雨量为 119.13mm,刺槐Ⅱ的降雨量为 169.88mm,草地Ⅰ的降雨量比刺槐Ⅱ的降雨量少,但草地Ⅰ的径流深是刺槐Ⅱ的 1.4 倍。

在所做试验的 4 个地类中,沙棘灌木有刺,枯落物本身易分解形成较厚的腐殖质层,同时由于灌木对土壤的改良作用,使沙棘土壤有良好的物理状况。油松地类郁闭度较高(0.8～0.95),人畜都不易进入,枯落物保存完好,但不易分解,比沙棘灌木对土壤改良作用稍差。刺槐地土壤条件较好,但刺槐地类由于枯落物损失较严重,腐殖层较少,而且郁闭度小,雨滴再次降落对土壤的击溅损失较大,对土壤的改良作用有限。草地由于人们放牧的严重破坏,枯落物较少,土壤被牛羊踩实,与其他几种土地利用类型相比,草地对土壤改良作用弱一些。因此,四种不同的土地利用/覆被对坡面径流的影响有所不同,沙棘调节径流能力最优。

表 8-1　不同地类径流表

地类编号	降雨量/mm	径流深/mm	损失量/mm	径流系数	雨前土壤含水量/%	坡度/(°)	雨强/(mm/min)
草地 Ⅰ	119.13	39.98	79.15	0.34	19.56	22	2.09
沙棘 Ⅰ	174.79	0.89	173.90	0.005	18.95	20	2.76
油松 Ⅰ	139.79	10.40	129.39	0.07	13.4	16	2.76
油松 Ⅱ	105.10	14.28	90.82	0.14	15.31	22	2.76
刺槐 Ⅰ	86.93	21.17	65.79	0.24	15.28	29	2.89
刺槐 Ⅱ	169.88	39.29	130.59	0.23	16.89	21	2.76
刺槐 Ⅲ	165.60	16.55	149.05	0.10	14.1	30	2.76
草地 Ⅱ	140.07	63.61	76.46	0.45	24.26	22	2.57
沙棘 Ⅱ	142.00	8.60	133.40	0.06	21.36	20	2.62
油松 Ⅲ	174.25	29.11	145.14	0.17	19.05	22	2.76
刺槐 Ⅳ	167.90	48.48	119.42	0.29	22.92	21	2.62

8.1.2　坡面土地利用/覆被对产沙的影响

以径流小区的观测资料为依据,分析不同的土地利用/覆被对产沙的影响,为有效地防治水土流失,特别是在无灌溉条件下,降水是农业生产唯一水源的黄土丘陵沟壑区,充分合理地利用当地雨水资源发展农业生产,提供科学依据。

为了进一步分析黄土区小流域的不同土地利用类型的侵蚀产沙量,本研究选了 8 种不同的土地利用/覆被类型,分析其在相同的降雨条件、同坡度、同坡向的条件下对产沙的影响。据 1998～2003 年径流观测资料见表 8-2。

表 8-2　各种土地利用类型的侵蚀量　　　（单位:$10^{-2}\,\mathrm{t/hm^2}$）

地类	草地 Ⅰ	草地 Ⅱ	油松	刺槐	刺槐+油松	沙棘	虎榛子	裸地 Ⅰ	坡耕地
1998 年 8 月 22 日	742	—	238	561	143	86	81	1527	3876
1999 年 8 月 9 日	1262	1051	625	338	83	57	42	1328	194326
2000 年 7 月 15 日	2458	2252	988	1897	689	99	84	2577	5877
2001 年 8 月 15 日	1876	1678	684	897	487	75	65	2115	2784
2002 年 7 月 23 日	1975	1543	678	942	578	214	157	2548	2941
2003 年 8 月 14 日	2196	1988	924	1475	846	695	547	3478	3897

从表 8-2 可以看出,各地类侵蚀产沙量由大到小的顺序:坡耕地＞裸地＞草地＞刺槐＞油松＞刺槐＋油松＞沙棘＞虎榛子,不同地类产生侵蚀不同的原因与

地表枯落物及土壤孔隙度有关。以 1998 年 8 月 22 日降雨的产沙量观测资料为依据,坡耕地的产沙量是草地的 5.2 倍,是油松的 16.3 倍,是刺槐＋油松的 27.1 倍。产生以上现象的原因与枯落物厚度有关,油松林、刺槐＋油松枯落物厚度 4～8cm保护了地面、改善了土壤结构。此外,研究发现,0～60cm 土层内虎榛子非毛管孔隙为 6.25%,油松非毛管孔隙为 3.67%,刺槐非毛管孔隙度仅 2.83%。非毛管孔隙多则渗透速率大,地表径流量小,土壤侵蚀弱。据表 8-2,坡耕地土壤侵蚀量最大为 1999 年 8 月 9 日,降雨 70.4mm,径流小区侵蚀量达到近 2000t/km²,分析可知,农地(坡耕地)是坡面侵蚀的主要土地利用类型。油松＋刺槐混交人工林和沙棘、虎榛子等天然灌木林较油松、刺槐等人工纯林的防蚀功能强。通过适度造林以促进林下灌草植被生长发育,并可以形成近自然植被,所形成的近自然植被不仅有利于合理调节黄土区的水资源利用问题,而且其水土保持功能也比人工林强。此外,相同土地利用类型条件下,降雨量越大侵蚀量也会越大,见表 8-3。

表 8-3　不同地类径流小区在不同降雨下侵蚀量表　　(单位:t/hm²)

地类	19mm	28mm	53.5mm
坡耕地	42.9	60.5	84.6
草地	15.8	31.2	42.5
刺槐	11.3	11.5	21.4
虎榛子	14.5	3.2	15.2
油松	4.8	3.2	9.8

8.2　坡地经济林与水土保持林的产流产沙效应

研究不同地类坡地径流、泥沙和入渗规律,对定量评价水土保持林草措施的水土保持效益,以及防治水土流失及制定适宜的水土保持措施都具有重要的意义。本研究主要采用对比试验的方法,对经济林小区(100m²)和水土保持林小区(100m²)的产流产沙进行了深入分析,在此基础上初步分析了水土保持林对侵蚀控制的效应。刺槐和侧柏是晋西黄土区的主要造林树种,是人工林分布较广、面积较大的树种。因此,在晋西黄土区,布设刺槐林地、刺槐＋侧柏和对照经济林地径流小区,人工观测其产流、产沙状况,进而评价其水文生态效应。

分别选择刺槐林地、刺槐＋侧柏混交林地、果园三种土地利用类型,设置了 3个径流小区,观测天然降雨条件下的地表径流和产沙,3 个径流小区的植被、坡向等基本情况见表 8-4。

表 8-4　径流小区概况

土地利用类型	林龄/a	郁闭度	盖度/%	径流小区面积/m²	坡向	坡度/(°)
刺槐 I	11	0.52	68.7	100	S	25
刺槐+侧柏	12	0.69	87.4	100	E	29
苹果	9	0.80	85.5	100	W	20

从图 8-1 中可以看出,随着降雨量增大,刺槐林地、刺槐林+侧柏、苹果地的径流量和产沙量也呈递增趋势。此外,场降雨径流小区的径流量和泥沙量具有较好的相关关系,场降雨苹果地的总径流量、泥沙量都比刺槐林和刺槐+侧柏混交林地大,因此,刺槐林和刺槐+侧柏混交林与苹果地相比,具有明显的拦蓄降雨、减少径流和控制泥沙的作用。此外,从图 8-1 中可以看出,小区含沙量随着流量增大而增大,当流量达到最大时含沙量也达到最大,此后,径流量减少,含沙量也减少。

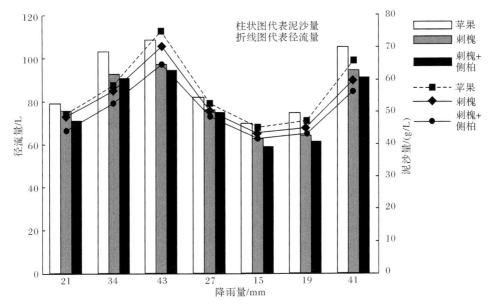

图 8-1　径流小区的径流、泥沙图

径流深是水量平衡中表征径流动态的一个重要参数,本节试图通过两个不同小区上水土保持林与对照无林地径流深的对比分析,揭示水土保持林涵养水源的作用机理,为晋西黄土区水土保持林的科学经营管理提供依据。根据 2000~2003 年的水文观测结果,对比坡面上不同降雨量下的径流系数实测结果见表 8-5。从表中可以看出,同一场降雨情况下水土保持林地径流深比经济林径流深小,当降雨量达到 40.1mm 时,经济林地径流深是水土保持林地径流深的 3.9 倍。

表 8-5　不同雨量的径流深

降雨量/mm	水土保持林径流深/mm	经济林径流深/mm
21.0	0.25	1.10
5.2	0.052	0.22
34.0	0.37	0.41
17.4	0.17	0.94
15.7	0.09	0.76
20.0	0.18	1.00
27.0	0.31	1.24
31.5	0.34	1.78
40.1	0.54	2.10

　　为了便于分析,把表中的降雨量与径流深汇成散点图 8-2,从图中可以看出,无论水土保持林还是经济林,随着降雨量的增加,径流深也在不断增加,水土保持林和经济林的径流深与降雨量呈显著的直线相关关系,其相关关系见表 8-6。在同一场降雨情况下,水土保持林地的径流深小于经济林地的径流深。

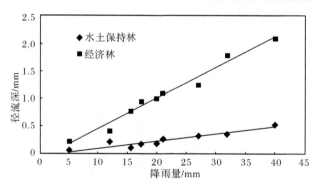

图 8-2　径流深与降雨量的关系图

表 8-6　径流深与降雨量的相关关系

林分	相关关系	相关系数
水土保持林	$y = 0.0561x - 0.1247$	$R^2 = 0.9759$
经济林	$y = 0.0131x - 0.0397$	$R^2 = 0.8843$

8.3 坡度对坡面产流产沙的影响

在黄土高原地区,坡度是影响水力侵蚀的主要因子,在降雨情况下,坡度是决定坡面水流能量大小、影响径流和侵蚀的重要地貌因素。坡面防护林的设计应该充分考虑坡度的影响,使防护林能够发挥应有的作用。本研究通过对黄土丘陵沟壑区的定位观测和野外调查分析,并对以往的研究成果进行分析综合,重点以野外自然坡面调查研究和治理实践为基础,进一步研究坡度与水土流失的关系,验证和完善了其在坡面治理中的作用,并将其应用于治理的实践中,为更好因害设防、因地治理,针对侵蚀因子布设防护措施,提出治理建议。

1) 相同土地利用/覆被条件下坡度对产流产沙的影响

坡度是坡地地表形态存在的前提条件,也是影响坡面侵蚀的最重要因素之一,同时地表坡度代表了径流的水力坡降,是决定水流冲刷能力的关键。但是,由于坡面径流在运动冲刷过程中,坡面本身在不断地被冲刷而处在不断变化之中。因此,坡面又是一个变化着的动床,这就增加了坡度影响的复杂性。

为了进一步分析坡度对产流产沙的影响,本研究以山西省吉县蔡家川流域布设的径流小区为例,以刺槐和油松树种为研究对象,进行研究。由表 8-7 可知,在雨强、降雨量、郁闭度都相同的情况下,坡度越大,径流系数也越大。本研究虽没有得出这个临界值(影响坡面产水产沙的阈值),但是坡度在 31°的范围内,径流系数随着坡度增大而增大的结论是一定的。刺槐Ⅲ的径流系数是刺槐Ⅰ的 2.8 倍,其主要原因是刺槐Ⅲ的坡度比刺槐Ⅰ大 8°。

表 8-7 不同坡度的径流系数

地类	坡度/(°)	雨强/(mm/min)	降雨量/mm	径流系数	郁闭度(盖度)
刺槐Ⅰ	23	2.79	21	0.21	0.6
刺槐Ⅱ	25	2.79	21	0.37	0.6
刺槐Ⅲ	31	2.79	21	0.58	0.6

坡度不仅对坡面径流有影响,对坡面产沙也有一定的影响,从表 8-8 可以看出,坡度越大,平均含沙量和最大含沙量也越大,油松Ⅰ和油松Ⅱ的雨强相同,但油松Ⅰ的坡度比油松Ⅱ大了 6°,油松Ⅰ的平均含沙量是油松Ⅱ的 2.3 倍,油松Ⅰ的最大含沙量是油松Ⅱ的 1.9 倍。刺槐Ⅰ和刺槐Ⅱ的雨强相同,但是刺槐Ⅰ的平均含沙量是刺槐Ⅱ的 1.7 倍,主要原因是坡度大了 8°,可见,坡度与含沙量的关系密切。

表 8-8　不同坡度的含沙量

项目	油松 I	油松 II	刺槐 I	刺槐 II
雨强/(mm/min)	2.76	2.76	2.76	2.76
坡度/(°)	22	16	29	21
平均含沙量/(kg/m³)	2.83	1.21	40.90	24.53
最大含沙量/(kg/m³)	6.22	3.25	74.81	66.11

　　表 8-9 为不同坡度的刺槐林径流小区的径流泥沙观测结果。从表中可以得出,坡度越大,坡面产生径流泥沙越多。例如,1998 年 7 月 5 日降雨量为 28mm,坡度为 27°的刺槐林径流量、泥沙量分别为 20°刺槐林的 1.43 倍、1.36 倍。地面坡度大则水的流速大,水的动能大,所以侵蚀量也大。

表 8-9　不同坡度刺槐林径流小区径流泥沙

降雨量/mm	雨强/(mm/min)	坡度/(°)	径流量/L	含沙量/(g/L)	泥沙量/g
17.2	14.4	22	25.0	—	—
		31	35.6	—	—
7.3	3.6	22	4.8	0.967	4.64
		31	4.9	0.977	4.79
28.0	22.0	20	41.9	20.18	845.54
		27	60.0	19.11	1146.6
70.5	—	20	122.5	—	—
		27	160.1	—	—

　　2) 不同土地利用/覆被条件下坡度对产流产沙的影响

　　坡面土壤侵蚀量与坡度的关系式多为指数关系,但不同学者试验结果得到的数量关系不完全相同。Zingg 认为,土壤冲刷量与坡度(%)的 1.4 次方正相关。Lutz 认为,坡面土壤冲刷量与坡度(%)的关系和土壤有关,对于细沙土,冲刷量与坡度的 3.22 次方正相关,而对于粗沙土,冲刷量与坡度的 2.88 次方正相关。

　　根据魏天兴等(2001)在吉县蔡家川试验所得出的结论,在临界坡度范围以内,坡度越大,坡面径流率越大,侵蚀量也越大。径流系数和侵蚀量与坡度之间存在线性关系:

$$K = a_1 + b_1 C \tag{8-1}$$

式中,K 为径流系数,10^{-2};C 为坡度,(°);a_1 为常数;b_1 为系数。

$$W = a_2 + b_2 C \tag{8-2}$$

式中,W 为侵蚀量,g/(m²·mm);C 为坡度,(°);a_2 为常数;b_2 为系数。

　　本研究根据试验表明,对于不同的土地利用/覆被,坡度对产流、产沙影响的程度也不同,即上述方程中的系数不同,见表 8-10。

表 8-10　侵蚀量与坡度关系系数

地类	a_1	a_2	b_1	b_2	r_1	r_2
油松	−1.028	−0.645	1.452	0.047	0.990	0.995
刺槐	−2.129	−0.235	0.645	0.012	0.985	0.479
农地	25.87	−3.87	0.748	1.845	0.978	0.889
草地	49.939	−6.326	0.681	2.722	0.999	0.990

表 8-10 中数据表明,在一定的临界坡度范围内,坡度与径流系数及侵蚀模数呈正相关关系。其中草地对产沙的影响最大,农地次之。

第9章　坡面产流模型

由于降雨引起的产流过程是多因素综合作用的复杂物理过程,为了反映产汇流的动力学特性,本章以晋西黄土区蔡家川流域为研究对象,建立基于物理概念的降雨-入渗-产流综合计算模式,并用以研究坡面、沟道的产流过程,分析各主要因素的影响和各主要动力学参量的变化规律,在此基础上对晋西黄土区降雨-产流过程进行分析和模拟。

9.1　影响坡面径流因素分析

9.1.1　降雨与径流的关系

1. 雨强与径流

从气象学角度来看,降雨主要由雨量、雨强、降雨历时等特征值来反映,这些因子无疑都会影响径流量,但作用并不相同,并且有些因子之间有相关性。研究表明,不同雨量区之间径流量有差异,因而总雨量是研究的前提条件。

晋西黄土区土壤深厚、疏松、包气带持续而深厚。这种特点决定了黄土区发生地表径流的唯一形式是超渗产流,即降雨强度大于土壤最大渗透能力时产生的径流。经过对13场天然降雨径流的数据分析,得到表9-1。

表 9-1　径流初始时间和产流初始雨强的实测结果统计

地类	裸露地	草地	油松	刺槐	沙棘	虎榛子	混交林
产流初始时间/h	0.25~1	0.4~2.1	0.45~2.3	0.62~3.8	1.2~3.8	1.7~3.8	3.7~3.8
产流初始雨强/(mm/h)	0.1~3.5	0.1~5	0.2~6.5	3.5~7.5	4.4~8.2	5.5~9.3	3.5~11

上述结果表明,林地坡面的径流率是裸露地的6%~36%,其中以灌木和混交林的径流率最低。混交林地在小雨强条件下径流率低于灌木林地,在大雨强条件下与乔木林地相近。此外,由于坡向、植被条件的差异和前期土壤含水量的不同,上述雨强与径流率的关系有一定的波动变化。一般规律是:前期土壤含水量低,径流率则偏小,反之则偏大。

此外,根据3年66场天然降雨的资料回归分析得到如下数学关系式:

$$V = A + BS \tag{9-1}$$

式中,S 为雨强,mm/h;V 为径流率,mm/h。

不同地类雨强与径流率的关系见表 9-2。

表 9-2　雨强与径流率的关系

地类	公式	相关系数
裸露地	$V=-0.0837+0.0599S$	0.9691
草地	$V=-0.0518+0.0365S$	0.9952
油松	$V=-0.0212+0.0204S$	0.9299
刺槐	$V=-0.0071+0.0073S$	0.902
沙棘	$V=-0.0059+0.0062S$	0.9764
虎榛子	$V=-0.0011+0.0030S$	0.9402
混交林	$V=-0.0151+0.0071S$	0.9505

注:式中,V 为径流率(mm/h);S 为降雨强度(mm/h)。

2. 雨量与径流

观测资料表明(朱金兆,2002),在晋西黄土区,降雨量不是决定径流的因素,因为部分小强度、长历时的降雨在该区域内达不到超渗产流的界限,降雨全部渗入黄土深厚的土壤中。通过 53 场降雨资料观测,其中只有 14 场产生了径流,此外,根据径流小区的观测资料也可以得到类似的结果,见图 9-1 和图 9-2。

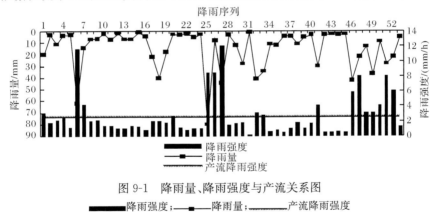

图 9-1　降雨量、降雨强度与产流关系图

████ 降雨强度; ████ 降雨量; ～～～ 产流降雨强度

9.1.2　地形因子与径流的关系

在晋西黄土区中,地形因子中坡度是影响径流的最主要的因素之一。坡面降雨径流系数受到坡面各种因素的综合影响,单独分析坡度对其影响是比较困难的。如表 9-3 所示,在我们的人工降雨试验中,在其他条件基本一致的前提下进行坡度对径流的影响分析,可以得到,在晋西黄土区径流率随着坡度的增大而增加,在郁闭度为 0.9 左右情况下,坡度每增加 1°,径流率增大约 0.16%,通过人工降雨

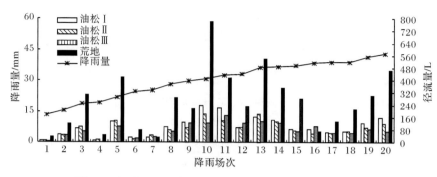

图 9-2　场降雨油松林地和荒坡人工径流小区径流量对比

试验得到,坡面径流率与坡度呈显著相关性。这主要是由于坡面降雨径流中,坡面坡度大,径流运动快,入渗量相对较小,径流系数较大;反之,坡度小,径流运动较慢,入渗量较大,径流系数较小。不同地类坡度与径流率的分析结果见表 9-4。这个结论只有在坡度立地相同的条件下才能成立。如果坡面的土壤、植被、枯落物等条件不同,由于土壤入渗性能不同,枯落物滞留水作用使入渗加大,都可增加入渗量,改变其径流系数。

表 9-3　不同地类地面坡度与径流关系

项目	混交林	乔木林	乔木林	乔木林
坡度/(°)	25	26.5	27	30
郁闭度	0.66	0.63	0.9	0.94
径流速率/(mm/h)	0.046	0.093	0.082	0.099
径流率/%	1.2697	2.6054	2.2913	2.7689

表 9-4　不同地类坡度与径流率的分析结果

项目	公式	相关系数
草地	$K=49.9392+0.680978C$	$r=0.9907$
油松	$K=-1.02816+1.45229C$	$r=0.9851$
刺槐	$K=-2.12975+0.64563C$	$r=0.9995$

注:①式中,K 为径流率(%),C 为坡度(°);②雨强在 2.19~2.22mm/min;③共重复 18 次试验。

9.1.3　植被因子与径流的关系

晋西黄土区,有许多专家学者对植被与径流的关系做了大量的研究,得出了相关认识(余新晓等,2006),为黄土高原水土流失治理奠定了理论基础。

1. 林冠层截留

1）降雨与林冠截留量、截留率的关系

降雨到达林冠层，受到截留，形成对降雨的第一次分配，即林内降雨 P_1、树干径流 S、林冠截留 I，P 表示林外降雨。在数值上表示为

$$P = P_1 + S + I \tag{9-2}$$

在晋西黄土区树干径流很小，可忽略不计，只对林冠层截留进行专题研究，结果表明，各林分林冠截留率为：混交林＞针叶林＞灌木＞阔叶林。各林分降雨量与林冠截留量见表 9-5。

表 9-5　各林分降雨量与林冠截留量

林分	林外平均雨量/mm	林内平均雨量/mm	林冠层截留量/mm	截留率/%
油松	356.6	268.64	88.62	24.73
刺槐	356.6	291.24	65.66	18.40
虎榛子	356.6	283.38	73.52	20.60
沙棘	356.6	284.73	72.17	20.22
油松＋刺槐	356.6	257.79	99.11	27.77

注：2002 年生长季全部降雨量。

据研究，林冠截留量饱和前林内降雨量与林外降雨量间存在着相关关系：

$$P_1 = RP \tag{9-3}$$

式中，R 为林冠的自由透流系数，是穿过树冠内间隙的降雨量占总雨量的比值。

经实测资料分析（孙立达等，1995）得出不同林分的林内降雨与林外降雨的常数，见表 9-6。

表 9-6　林内降雨与林外降雨关系式参数拟合

林分	公式降雨量<1.5mm	相关系数	公式降雨量>1.5mm	相关系数
油松	$P_1 = 0.2033P - 0.057$	$r = 0.8249$	$P_1 = 0.7728P - 1.0466$	$r = 0.99$
刺槐	$P_1 = 0.4208P - 0.0865$	$r = 0.9863$	$P_1 = 0.8406P - 0.921$	$r = 0.9985$
虎榛子	$P_1 = 0.3339P - 0.035$	$r = 0.8757$	$P_1 = 0.6685P - 0.641$	$r = 0.9986$
沙棘	$P_1 = 0.3413P - 0.054$	$r = 0.929$	$P_1 = 0.8169P - 0.7055$	$r = 0.999$
油松＋刺槐	$P_1 = 0.1732P - 0.04$	$r = 0.9562$	$P_1 = 0.8111P - 0.3456$	$r = 0.9993$

自由透流系数反映了林冠对降雨的截持能力，其值越大，表示林冠截留能力越弱。从表 9-6 可以看出，刺槐林冠稀疏，雨滴容易穿过，而混交林分层次多，枝叶繁茂，容易拦截降雨。

林冠截留量随林外降雨量的增加而增大。它主要由两部分组成：填充林冠蓄

水所需雨量和降雨期间林冠蓄水的蒸发所需雨量。一般情况下,降雨期间林冠蓄水的蒸发量较小,所以截留主要由填充林冠蓄水的雨量决定。对降雨的林冠截留量与林外降雨量进行回归可知,林冠截留量与林外降雨量呈现幂函数关系:

$$I = aP^b \tag{9-4}$$

式中,I 为林冠截留量;P 为林外降雨量。通过式(9-4)可以得到,林冠截留率 η 为

$$\eta = 100aI/P^{1-b} \tag{9-5}$$

由此可以看出,林冠截留率与林外降雨量成反比,即林外降雨量越大,林冠的截留率越小。在低雨量,截留率随降雨量的增加急剧减小,而高雨量时,截留率减小缓慢。

2) 截留量的年内变化规律

表 9-7 为各林分逐月林冠截留量。因为林冠截留量随林外降雨量而变化,所以随着降雨的月季变化,林冠截留量也存在着年内月季变化特征。经朱金兆等的研究,在晋西黄土区,林外降雨量最大的月份,林冠截留也最大,从 5~7 月,林冠截留量由小变大,至 7 月达到最大,从 8~10 月,截留量逐渐降低。图 9-3 为不同地类截留量月季变化。

表 9-7　各林分逐月林冠截留量

月份	林外降雨量/mm	截留量/mm				
		油松	刺槐	虎榛子	沙棘	混交林
5	19.33	5.39	3.76	4.74	4.36	7.05
6	75.14	20.03	13.12	15.84	15.26	25.56
7	103.37	23.67	17.70	19.82	20.11	34.93
8	91.7	17.42	16.72	16.90	17.30	31.51
9	53	13.08	9.28	9.18	9.83	18.22
10	18.77	4.94	3.59	3.10	4.29	6.93

注:数据为 2002 年实测资料。

3) 林分密度与林内降雨、林冠截留量关系

通过表 9-8 分析,根据 3 种不同密度林分油松林下的观测资料分析得出,林分密度大,林冠郁闭度高,林内降水量小,林冠截留量和截留率较高。Ⅰ号林分为初植时的密度,天然整枝强烈,郁闭度达 0.85,林内降水量仅占同期林外降水量的 70.5%,林冠截留率占 29.5%;Ⅱ号林分进行过抚育间伐,林分密度比Ⅰ号林地小 60%,郁闭度降低至 0.75,林冠截留量减少了 7.8%;Ⅲ号林地也进行过大强度的间伐,林分密度比Ⅰ号林地小 76%,郁闭度为 0.5,林冠截留量减少了 9.1%。

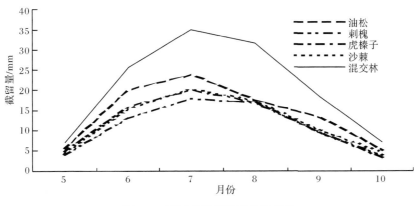

图 9-3　不同地类截留量月季变化

表 9-8　不同密度林分的林冠截留量对照

标号	林分密度/(株/hm²)	郁闭度	林外降雨量/mm	林内降雨量/mm	截留率/%
I	5400	0.85	72.4	51.5	29.5
II	2100	0.75	72.4	56.7	21.7
III	1275	0.50	72.4	57.6	20.4

　　由于林冠层表面参差不齐,可能使降水在达到林冠前就发生小幅度变化。枝叶截留和聚集作用,降水或直接滴入林地,或沿树枝干流入林地,这就导致林内降雨分布的不均匀性,从而也影响到林内土壤水分的分布不同,观测结果表明,典型的林冠具有向外缘汇集降水的作用,一般距树干越远,降水量越多,到树冠边缘可能接近林外降雨量,见表 9-9。

表 9-9　降水在林冠下的分布特征

林外降雨量/mm	东(距树干的距离)				西(距树干的距离)			
	160cm	120cm	80cm	40cm	40cm	80cm	120cm	160cm
1.9	0.8	0.6	0.4	0.1	0.2	0.5	0.8	1.2
5.1	2.7	1.4	0.7	0	0.8	0.8	3.0	4.0
15	11.0	11.8	10.1	8.4	5.5	8.6	10.2	8.6
25	18.3	18.3	12.6	16.8	19.2	24.1	27.0	22.7
27	23.7	23.5	23.0	25.5	27.0	26.0	30.0	27.1
27	22.8	21.0	16.7	22.5	17.0	20.4	26.4	22.2

2. 枯枝落叶物与径流

1) 枯枝落叶层截留降雨量的数量化关系

林内降雨（包括茎流），经林下草截留进入枯落物层，再进入土壤层，枯枝落叶物对降雨截留量（P_c）计算公式如下：

$$P_c = P_t + P_d + P_s - P_e \tag{9-6}$$

式中，P_e 为到达枯落物层下土壤表面的降雨量；P_t 为通过林冠层雨量；P_d 为滴下雨量；P_s 为径流量，径流量一般较少，这里忽略不计。

在此同时忽略林下有下草的情况，即下草截留量为 0，根据观测分析，到达林内的降雨量（即林内降雨量）决定枯枝落物截留量的大小，而林外降雨量和林冠层截留量决定林内降雨的大小。根据野外观测研究，对于同一林分，枯枝落叶与林外降雨量是相关的，可用式（9-7），各地类的系数见表 9-10。

$$P_c = aP^b \tag{9-7}$$

式中，a、b 为常数；P 为林外降雨量；P_c 为枯枝落叶截留量。

则截留率 i 与林外降雨量 P 的关系可用式（9-8）表示：

$$i = P_c/P = a'P^{b'} \tag{9-8}$$

枯枝落叶物截留降雨的来源是林内降雨，观测结果表明，随着林外降雨量增加，到达林内的降雨增加，枯枝落叶物截留量也增加，呈正相关关系，公式如下：

$$P_c = cP_i^d \tag{9-9}$$

表 9-10 林内降雨与枯枝落叶物截留量相关系数

地类	枯枝落叶物截留量			枯枝落叶物降雨截留率	
	a	b	r	a'	b'
刺槐	1.4231	0.3426	0.83	142.31	−0.6674
油松	1.7143	0.3187	0.92	171.43	−0.6813
沙棘	1.2376	0.4127	0.87	123.76	−0.5873
虎榛子	0.9850	0.4734	0.81	98.50	−0.5266

2) 不同降雨量级的枯枝落叶物截留量分析

根据 82 场典型降雨资料统计枯枝落叶物截留量，当林外降雨量在 10mm 以下时，截留量不超过 3mm；当林外降雨量在 10mm 以上时，截留量占林外降雨量的 11%～34%，占林内降雨量的 12.5%～57.6%。

根据观测资料（表 9-11），不同林分场降雨截留量最大值分别为：刺槐 9.0mm，油松 16.4mm，沙棘 11.0mm，虎榛子 10.0mm。根据表 9-12，刺槐截留量为 8.1mm，其截留率为 22.6%；油松截留量为 12.2mm，其截留率为 34.8%；沙棘截留量为 9.5mm，其截留率为 25.3%；虎榛子截留量为 9.6mm，其截留率为 23.5%。

表 9-11 不同林外降雨量级的场降雨枯枝落叶物截留量

降雨量范围/mm	次数	平均雨量/mm	枯枝落叶物截留量/mm			
			刺槐	油松	沙棘	虎榛子
0~5	26	3.4	0~2.0	0~2.4	0~1.5	0~2.3
6~10	16	8.7	0.5~2.2	0.9~2.8	1.2~2.1	0.9~3.0
11~20	13	16.9	0.7~3.5	2.5~4.7	2.1~5.7	2.8~4.5
21~30	11	24.6	2.4~5.0	4.6~5.5	2.2~6.0	2.4~5.1
31~40	6	33.2	2.4~5.7	5.6~13.5	2.4~6.3	4.0~7.8
>40	10	49.3	6.9~9.0	10.1~16.4	8.2~11.0	8.5~10.0

表 9-12 不同林外降雨量级的枯枝落叶物平均截留量和截留率计算

降雨量范围/mm	次数	平均雨量/mm	刺槐		油松		沙棘		虎榛子	
			截留量/mm	截留率/%	截留量/mm	截留率/%	截留量/mm	截留率/%	截留量/mm	截留率/%
0~5	26	3.4	1.2	34	1	29.4	1.6	47	1.7	50
6~10	16	8.7	1.9	21.8	1.8	20.7	1.8	20.7	1.6	18.4
11~20	13	16.9	2.4	14.2	4	23.6	3.9	23	3.6	21.3
21~30	11	24.6	4.1	16.6	5.3	21.4	4.6	18.7	4.9	19.9
31~40	6	33.2	4.8	14.5	7.1	21.3	4.8	14.5	5.4	16.3
>40	10	49.3	8.1	22.6	12.2	34.8	9.5	25.3	9.6	23.5

3) 径流在枯枝落叶中的流动

径流经枯枝落叶层,实质上是流经粗糙的表面,枯枝落叶层的作用是使水流减缓,且符合坡面流的规律。测定结果表明,径流在枯枝落叶层中的流动速度随其厚度增加而减小,即当径流深度和坡度一定时,径流速度与枯枝落叶层厚度呈幂函数递减关系。

当坡度为 5°,水层厚度为 1mm 时,油松林的径流速度与枯枝落叶层厚度的关系式为

$$V = 4.3585L - 0.1556 \quad (r = 0.996) \tag{9-10}$$

山杨林的径流速度与枯枝落叶层厚度的关系式为

$$V = 2.661L - 0.4179 \quad (r = -0.9673) \tag{9-11}$$

当坡度为 30°,水层厚度为 1mm 时,油松林的径流速度与枯枝落叶层厚度的关系式为

$$V = 8.1449L^{-0.1995} \quad (r = 0.9673) \tag{9-12}$$

山杨林的径流速度与枯枝落叶层厚度的关系式为

$$V = 3.5851L^{-0.4367} \quad (r = -0.989) \tag{9-13}$$

据孙立达等研究黄土区枯枝落叶层阻延径流速度效应的资料,可以得到,枯枝落叶层厚度增加所引起的阻延增值变化很缓慢,表明当枯枝落叶层厚度在0.5cm以上时,增加厚度阻延径流及效果甚微。径流深度和坡度增加引起的阻延效应变化较大,当坡度从0°逐渐增加到10°时,枯枝落叶层阻延径流速度值较大,曲线变陡(图9-4);当坡度≥20°时,曲线变化较缓,枯枝落叶层阻延径流速度的增值减小。当径流深度在0~3mm时,枯枝落叶层阻延径流速度值较大,曲线变化较陡;当径流深度≥3mm时,阻延值减小(图9-5)。

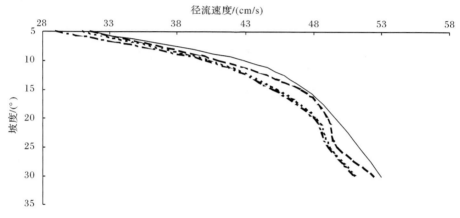

图9-4　坡度与径流速度的关系

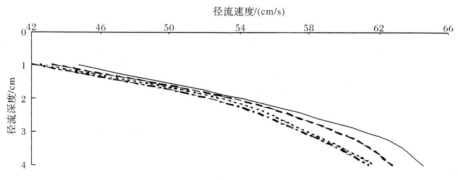

图9-5　径流深度与径流速度的关系

3. 晋西黄土区植被与径流

1) 天然植被与人工植被的径流分析

通过对晋西黄土区不同林分类型降雨径流资料分析,可以看出径流小区的径流量与降雨量有较好的相关关系。场降雨天然次生林的径流量比人工刺槐林地的大,以 1999 年 8 月 8 日为例,这是观测时段内出现的最大的 1 次暴雨。10min 雨强 $I_{10}=1.02$mm/min,30min 雨强 $I_{30}=0.92$mm/min,次平均雨强 $I_{次}=0.195$mm/min,天然次生林的产流量比刺槐 4 低 65%。而到 2002 年 8 月 5 日,在场降雨量 50mm,降雨强度为 3.4mm/min 时,天然次生林的产流量比刺槐林低 70%～82%。显然天然林的涵养水源、防止土壤侵蚀功能强于人工刺槐林,究其原因,主要在于天然林郁闭度、草本盖度显著大于人工林(表 9-13 和图 9-6)。

表 9-13　径流小区基本情况

小区编号	主要植被	面积/m²	坡度/(°)	坡向	林龄/a	平均树高/m	平均胸径/cm	郁闭度	草本盖度/%	密度/(株/hm²)	土壤容重/(g/cm³)	土壤孔隙/%
I₁	刺槐	20×5	25	S	14	5.17	4.31	0.74	85	2204	1.02	48.5
I₂	刺槐	20×5	31	E	14	7.91	7.69	0.61	33	1400	1.17	51.4
I₃	刺槐	20×5	28	E	14	7.10	6.99	0.60	56	2000	1.05	48.3
I₄	刺槐	20×5	23	NE20°	14	6.68	7.55	0.60	73	1200	1.17	48.6
II	苹果、谷子	20×5	20	W	12	3.50	—	—	—	600	—	—
III	苹果	20×5	25	—	12	3.10	—	—	—	516	—	—
IV	虎榛子	20×5	23	WN38°	—	2.10	—	0.95	60	3700	—	—
V	油松	20×5	25	N	12	2.51	3.78	0.70	20	1800	1.18	53.7
VI	山杨、油松、虎榛子*	20×5	23	NE32°	—	—	—	1	100	—	1.08	49.7

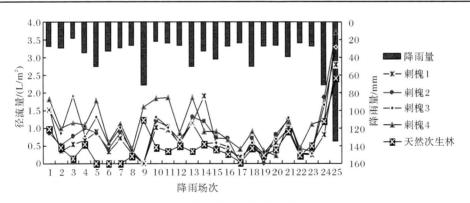

图 9-6　场降雨条件不同林分径流对比

对场降雨产流量(Q)与场降雨总量(P)、60min 雨强(I_{60})进行多元回归分析(表 9-14)可得,场降雨产流量与降雨量和雨强均呈良好的相关关系。随着林分郁闭度从刺槐 4 到刺槐 1 到天然次生林的增大,场降雨径流量与降雨量和雨强的相关关系明显减少,说明郁闭度的增加将导致水文过程复杂性的增加。同时,降雨量与径流的关系与前人的研究成果有一定的出入,需在以后的研究中加以验证。

表9-14　径流小区产流特性回归分析($n=25$)

区号	产流量回归方程	
I_1	$Q=-0.564+0.018P+0.068I_{60}$	$R^2=0.964$
I_4	$Q=-0.594+0.027P+0.073I_{60}$	$R^2=0.958$
VI	$Q=-0.464+0.016P+0.047I_{60}$	$R^2=0.968$

注:产流量 Q 单位为 L/m^2,产沙量 S 单位为 g/m^2,降雨量 P 单位为 mm,雨强 I_{60} 单位为 mm/60min。

2) 不同林分的径流分析

通过对以上不同林分的径流小区的资料进行分析,得出晋西黄土区不同林分对径流的影响规律。

试验区降雨主要集中在7～9月,因此利用2002～2003年7～9月不同土地利用类型的径流小区降雨产流量的均值进行对比分析,见图9-7。如图所示,虎榛子灌木林和天然次生林,场降雨径流量都比其他林分少,若以灌木林的产流为1,则虎榛子林(只有2002年一年资料)为1.34,刺槐1为4.54,油松林为5.98,果农复合经营模式为17.14。

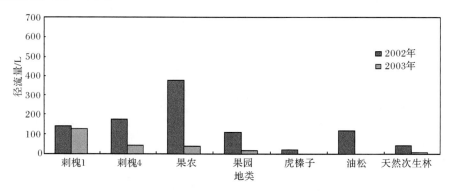

图9-7　坡面径流小区不同土地利用类型径流对比

显然场降雨产流量与林分的盖度和枯落物的厚度有关。例如,自然更新的次生林,林分郁闭度为1,林下枯枝落叶丰富,这不但可截留降水,而且可削弱到达地面的雨滴动能,所以产流量较小。而果农复合经营模式,果树带虽整为水平阶,但由于作物带为坡地,由于侵蚀土体向下运移,已形成连续坡面;且果树栽植密度小,林下无落叶、杂草,所以在侵蚀性降雨,特别是遇暴雨下,入渗量少,极易形成径流。与果农复合经营模式相似的果园,有比其较好的拦蓄径流作用,是因为果园的果树带整地为水平带,带宽5m,似水平梯田,带间坡地虽有产流,但在果树带入渗,不易形成径流。

3) 影响坡面产流的主导因子判析

影响坡面径流小区产流产沙量的因子除降水因子和林分结构因子外,地形因子也在起着作用,且这些影响因子之间又相互关联。现剔除降水因子的影响,选取不同林分的产流量分别作为母因素集,以林分密度、林分郁闭度、灌草层盖度、草本生物量和枯落物生物量 5 个因子为子因素集,以不同土地利用类型的径流小区在 2002～2003 年降雨产流的实测数据进行灰色关联度分析,结果见表 9-15 和表 9-16。

表 9-15　不同植被类型降雨产流量及其影响因子观测值

植被类型	母系列			子系列		
	产流量 /(L/m²)	林分郁闭度	林分密度 /(株/hm²)	灌草层盖度/%	草本生物量 /(g/m²)	枯落物生物量/(g/m²)
刺槐林 1	20.138	0.74	2204	85	866.85	7002.47
林草带状间作	1.081	0.52	1319	73	736.20	1152.60
草林带状间作	0.459	0.94	1622	59	939.17	2591.46
刺槐林 2	1.26	0.61	1400	33	39.14	3003.94
刺槐林 3	0.515	0.60	2000	56	210.81	1153.75
刺槐×侧柏	1.62	0.69	2400	48	71.43	415.91
刺槐林 4	0.845	0.60	1200	73	101.02	2200.77
刺槐×油松	1.082	0.60	1900	50	124.20	4261.14
虎榛子林	0.201	0.95	3700	30	129.15	540.72
油松纯林	1.184	0.70	1800	20	140.32	5362.11
天然次生林	0.251	1	—	100	17.55	3642.81

表 9-16　影响坡面产流的各因子灰色关联度 λ_{ij} 值

母系列	子系列				
产流量/(L/m²)	密度/(株/hm²)	郁闭度	草本盖度/%	草本生物量 /(g/m²)	枯落物生物量 /(g/m²)
—	0.609	0.639	0.629	0.565	0.639

灰色关联度值越大,说明比较数列对参考数列影响越大。对于产流量,影响因子参数的灰色关联度大小依次为:枯落物生物量(林分郁闭度)＞草本盖度＞林分密度＞草本生物量。

从此结果可看出,各影响因子对坡面产流的影响程度并不一致,对产流影响最大的是枯落物生物量和林分郁闭度;而坡向因子通过影响林地土壤水分而影响各林分结构因子,所以对坡面产流有重要相关性;在此分析坡度的影响作用,并不与前人所得结论相悖,因为此分析数据中各径流小区坡度值相差不大而对比度较差。林分密度、灌草层盖度、草本和枯落物生物量等影响因子,对于坡面产流,其灰色关联度都大于0.5,说明这些因子对坡面林分的蓄水功能影响都很大。多层次的混交林有较高的灌草层盖度、草本和枯落物生物量,因此有较强的蓄水功能,这与许多研究结论是一致的。

9.2　坡面产流模型的构建

由于降雨引起的产流过程是多方面因素综合作用的复杂物理过程,要清楚地了解产流的动力学特点是研究径流,乃至进一步研究土壤侵蚀的基础,本节建立基于物理概念的降雨-入渗-产流综合计算模式并用以研究坡面、沟道的产流过程,分析各主要因素的影响和各主要动力学参量的变化规律;在此基础上对晋西黄土区降雨-产流过程进行分析和模拟。

9.2.1　降雨-入渗-产流综合模型的建立

1. 坡面阻力分析与理解

坡面流阻力是坡面流研究中的重要问题之一,阻力直接影响到坡面流运动的各水动力学参数,如流速、流量和剪应力等,因此坡面流阻力规律一直受到关注,长期以来,一直采用一般明渠流阻力的概念和表达方法。

对于较平整坡面,一些学者认为坡面流阻力主要与土壤颗粒、水流雷诺数 Re、雨强等有关,因此一些研究人员研究了坡面阻力与土壤颗粒、水流雷诺数 Re、雨强的关系,得出了许多经验及半经验关系。实际坡面经常表面起伏不平,且有植被覆盖,这些复杂因素对坡面流的影响往往更大,这些因素中除了具有一定的蓄水作用外,还可以影响阻力的变化。因此,如将其蓄水能力除外,可以将较复杂的坡面对坡面产流和流动过程的影响概括反映在坡面流的阻力变化之中。

本节引入 Darcy-Weisbach 系数来反映复杂地表条件对坡面流阻力的影响,先考察简单的圆管流动情况,见图 9-8。

假设是平衡均匀流动,可以列出如下受力平衡方程:

$$p_1 A - p_2 A + \gamma A (z_1 - z_2) - \tau L c = 0 \qquad (9\text{-}14)$$

又

$$z_1 + \frac{p_1}{\gamma} = z_2 + \frac{p_2}{\gamma} + h_f \qquad (9\text{-}15)$$

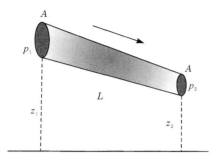

图 9-8　圆管流动

式中，A 为圆管截面积；L 为圆管长度；c 为圆管周长；p_1、p_2 为截面 1、2 处的压强，z_1、z_2 为截面 1、2 距水平线的高度；τ 为圆管壁面的剪切力；γ 为水的比重；h_f 为水头损失。

由式(9-14)和式(9-15)可以得到剪切力的表达式：

$$\tau = \gamma \frac{A}{c} \frac{h_f}{L} \equiv \gamma R S_f \tag{9-16}$$

式中，R 为水力半径，对于圆管，$R = d/4$；S_f 为能坡。

如果引入阻力系数 C_f，壁面剪切力可表示为

$$\tau = C_f \frac{\rho u^2}{2} \tag{9-17}$$

根据式(9-16)和式(9-17)，得到水流能坡 S_f 的表达式：

$$S_f = 4C_f \frac{u^2}{2gd} \tag{9-18}$$

如果定义 $C_f \equiv \dfrac{f}{4}$，则式(9-18)可以转化为

$$S_f = f \frac{u^2}{8gR} \tag{9-19}$$

对于圆管，如果是层流($Re < 2000$)，则 $f = 64/Re$；如果是水力光滑全面发展湍流($4000 < Re < 10^5$)，则 $f = 0.3164/Re^{0.25}$。

f 即为 Darcy-Weisbach 系数，将式(9-19)推广应用至坡面流中，取水力半径为坡面流平均水深 h，则有

$$S_f = f \frac{u^2}{8gh} = f \frac{Q^2}{8gh^3}$$

即

$$f = \frac{8ghS_f}{u^2} \tag{9-20}$$

式中，h 为平均水深；Q 为单宽流量，$Q = uh$。

实际上,一维恒定明渠流中有类似于式(9-18)的公式,即 Chézy 公式:

$$u = C\sqrt{hS_f} \tag{9-21}$$

其中,Chézy 系数 C 可以用 Manning 公式表示:

$$C = \frac{1}{n}R^{1/6} \tag{9-22}$$

式中,R 为水力半径。从而有

$$S_f = \frac{n^2 u^2}{R^{4/3}} \tag{9-23}$$

与式(9-20)相比,这里水流能坡 S_f 就用 Manning 糙率 n 表达,往往在实际应用中确定糙率 n 比较困难。

从式(9-20)和式(9-21)可以看出 Chézy 系数 C 和 Darcy-Weisbach 阻力系数 f 之间存在关系:

$$C = \sqrt{\frac{8g}{f}} \tag{9-24}$$

Darcy-Weisbach 阻力系数 f 是一个反映水流阻力规律的综合系数。目前较一致的认识是,可以根据地表特征差异将坡面流阻力分为 4 个部分,或者说坡面流阻力来源于 4 个方面,即颗粒阻力 f_g、形态阻力 f_f、波阻力 f_w 和降雨阻力 f_r。颗粒阻力是指由高度小于 10 倍水流黏性底层厚度的土壤颗粒和微团聚体引起的阻力。这种阻力实际上是水流绕过这些伸入黏性底层以上的颗粒时产生分离涡团并耗散能量而造成的。突出水流 10 倍黏性子层厚度以上的砾石、植物、微地形突起(这些因素直接影响到坡面平整与否),会改变流动的横截面,改变流动的方向,产生分离涡和二次流耗散能量。当突出水面的植物茎杆扰动水面时,水流从两个较大尺度粗糙源之间流过,由于自由水面的变形,或者说由于维持非均匀的水面,需要能量消耗,产生了波阻力。降雨阻力是雨滴打击造成水流延迟产生的相应附加阻力。并且认为这些阻力是可以相互叠加的,即

$$f = f_g + f_f + f_w + f_r \tag{9-25}$$

一些研究人员对降雨对坡面流阻力影响的研究结果表明,降雨增加的阻力一般情况下较小,在层流缓坡时最大可以占到总阻力的 20%,总的说来是一个小的部分,对于过渡态和湍流,这部分就更小了,当 $Re > 2000$ 时,降雨的影响可以不计。因此,坡面流阻力主要由颗粒阻力、形态阻力和波阻力三部分组成,即

$$f = F(f_g, f_f, f_w) \tag{9-26}$$

Abrahams 等研究半干旱砂砾覆盖坡面上的坡面流阻力。结合室内试验及 Hsieh 和 Flammer 的结论,认为 Froude 数 Fr 小于 0.5 时形态阻力占重要地位,而 $0.6 < Fr < 2$ 时,波阻将占主要地位。根据试验数据给出了包括几种阻力的综合模型:

$$\ln f = \ln\left(3.19Re^{-0.45} + \frac{4.8\sum A_i}{A_b}\right) + 2.8C \tag{9-27}$$

式中,右边第一项表示颗粒阻力,形如半无穷长平板摩擦系数的 Blasius 解;右边第二项表示形态阻力,可以由圆柱绕流的阻力公式导出,其中 A_b 为坡面面积,A_i 为第 i 个粗糙单元的水下横截面积;右边第三项表示波阻,C 为床面上粗糙源的覆盖率(%)。

将式(9-27)改写为

$$f = e^{2.8C}\left(3.19Re^{-0.45} + \frac{4.8\sum A_i}{A_b}\right) = k(3.19Re^{-0.45} + b) \tag{9-28}$$

式中,$k = e^{2.8C}$ 反映了波阻力($k = 1 \sim 16.445$);$b = 4.8\sum A_i/A_b$ 反映了形状阻力。

2. 坡面流运动模型

当降雨强度超过地表洼蓄能力和土壤入渗速率时,坡面开始出现积水,并在重力作用下顺坡面流动形成坡面薄层水流,即坡面开始产流。坡面流水深一般很小,坡面边界条件更是复杂多变,对坡面流的描述一直是一个较为困难的问题,通常仍借用浅水运动方程,采用有侧向入渗情况下的浅水水流方程(带源项的圣维南方程组)来描述坡面流运动规律,即

$$\begin{cases} \dfrac{\partial h}{\partial t} + \dfrac{\partial hu}{\partial x} = q \\ \dfrac{\partial u}{\partial t} + u\dfrac{\partial u}{\partial x} + g\dfrac{\partial h}{\partial x} = g(S_0 - S_f) + \dfrac{q_*(V_{侧} - u)}{h} \end{cases} \tag{9-29}$$

式中,u 为水流流速,m/s;h 为水深,m;x 为沿坡面向下的空间坐标,m;t 为时间,s;g 为重力加速度,m/s^2;$S_0 = \sin\theta$(θ 为坡面倾角);S_f 为水流能坡;q_* 为侧向入流的质量源强度,m/s;$V_{侧}$ 为侧向入流的速度在 x 向的分量,m/s。

基本上考虑到坡面流只是一个很薄的水层,边界条件很复杂,上述的圣维南方程应用起来仍有许多困难。假设坡面剪切阻力与重力沿坡面的分量平衡,对动量方程做进一步的简化,取 $S_0 = S_f$,即水流底坡和水流能坡相等,得描述坡面流运动的运动波模型:

$$\begin{cases} \dfrac{\partial h}{\partial t} + \dfrac{\partial q}{\partial x} = q_* \\ S_0 = S_f \end{cases} \tag{9-30}$$

式中,q 为单宽流量,m^2/s;S_f 为水流能坡;$S_0 = \sin\theta$(θ 为坡面倾角);q_* 为侧向入渗强度,即净雨量,可表示为 $q_* = p\cos\theta - i$,p 为降雨强度,m/s;i 为土壤入渗速率,m/s。

因为一方面受力平衡,没有外界动力,另一方面又有波的传播,其运动没有受

牛顿第二定律的必然支配,有别于一般的动力波,如重力波、毛细波等,称为运动波。运动波在物理上和通常的动力波有一些差别。用连续方程和函数关系 $q = q(k,x)$ 联合描述这一流动系统的表述方式称为运动波模型。Woolhiser 和 Ligget 曾经对坡面一维非恒定渐变流进行分析,在略去 V_φ 即忽略旁侧入流的动量输入后通过无量纲化得到一个此类流动的控制参数 $k = S_0 L_0 / H_0 Fr_0^2$,L_0 为对应于坡面流长 L_0 处的水深,Fr_0 为相应于 H_0 的 Froude 数,k 有时被称为运动波数。方程组的无量纲解主要依赖于 k 值的变化。当运动波数 $k \rightarrow \infty$ 时,方程组的解相当于 $S_0 - S_f \rightarrow 0$ 时的解,即运动波模型与圣维南方程的解趋于一致。Woolhiser 和 Ligget 的结果还表明,当 k 值大于 20 和 $Fr_0 > 0.5$ 以后,运动波模型与圣维南方程的解较为接近了,运动波模型可以很好地描述坡面流运动。对于大多数坡面流,均可满足此条件。

根据运动波理论假设,可以借用明渠均匀流的阻力公式,本节采用 Darcy-Weisbach 阻力系数 f,则有

$$S_f = f \frac{u^2}{8gh} = f \frac{q^2}{8gh^3} \tag{9-31}$$

3. 土壤入渗模型建立

径流的产生和运动直接与土壤入渗过程相关,涉及土壤的入渗中,我们可以用式(9-30)中的 q_* 来反映,这里

$$q_* = p\sin\theta - i \tag{9-32}$$

式中,p 为降雨强度;θ 为坡面倾角;i 为入渗速率,用 Green-Ampt 模型来表达。

1) G-A 干土积水入渗模型

原始的 Green-Ampt(简称 G-A)模型研究的是初始干燥的土壤在薄层积水情况下的垂直入渗问题。其基本假定是入渗过程中湿润区和未湿润区之间有明确的湿润锋面将它们分开,也可以说含水量 θ 的分布呈阶梯状,湿润锋以上为湿润区,其含水量为饱和含水量 θ_s;湿润锋以下为未湿润区,其含水量为土壤初始含水量 θ。这种模型又称为活塞(打气筒)模型,见图 9-9。

设地表的积水深度为 h,不随时间改变,湿润锋的位置为 z,湿润锋处的土壤水吸力为 $S(m)$。对于这种模型,求解含水量 θ 的分布是没有意义的,主要任务是要得出入渗量 I、入渗速率 i 及湿润锋的位置 z 与时间 t 的关系。

图 9-9 中,把 z 坐标原点取在地表处,向下为正。若某一时刻土壤入渗深度为 $z(m)$,地表处的总水势为 h,湿润锋面处的总水势为 $-(S+z)$,则其水势梯度为 $[-(z+S)-h]/z$,则根据 Darcy 定律,入渗速率或渗透流速(单位时间内通过单位面积土壤的水量)和水力梯度成正比,此时土壤入渗速率 $i(m/s)$ 为

$$i = K\frac{z+h+S}{z} \tag{9-33}$$

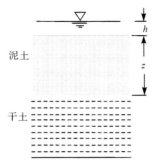

图 9-9　G-A 积水入渗模型图示

式中, K 为土壤饱和导水率(渗透系数), m/s。考虑到入渗总量为

$$I = (\theta_s - \theta_i)z \qquad (9\text{-}34)$$

另外有

$$i = \frac{\mathrm{d}i}{\mathrm{d}t} \qquad (9\text{-}35)$$

以上三式是该模型最基本的关系, 由此可以得到

$$\frac{\mathrm{d}z}{\mathrm{d}t} = \frac{K}{\theta_s - \theta_i}\frac{z+h+S}{z} \qquad (9\text{-}36)$$

这里考虑两种极限情况。

(1) 当 t 很小时, z 相对于 $(h+S)$ 可以忽略, 则

$$\frac{\mathrm{d}z}{\mathrm{d}t} = \frac{K}{\theta_s - \theta_i}\frac{h+S}{z} \qquad (9\text{-}37)$$

令 $\bar{D}$ 表示湿润区某种平均的或有效的土壤水扩散率, 并定义 $\bar{D} = K\dfrac{h+S}{\theta_s - \theta_i}$, 则有

$$\frac{\mathrm{d}z}{\mathrm{d}t} = \frac{\bar{D}}{z} \qquad (9\text{-}38)$$

利用 $t=0$ 时 $z=0$, 有

$$z = \sqrt{2\bar{D}t} \qquad (9\text{-}39)$$

所以

$$I = (\theta_s - \theta_i)\sqrt{2\bar{D}t} \qquad (9\text{-}40)$$

$$i = (\theta_s - \theta_i)\sqrt{\frac{\bar{D}}{2t}} \qquad (9\text{-}41)$$

可见, 湿润锋面的深度及累积入渗量与时间 t 的平方根成正比, 而入渗速率则与 $1/\sqrt{t}$ 成正比。

(2) 当地表水积水很浅, 或入渗时间较长而 z 较大时, h 相对于 z 可忽略, 则

$$i = K\frac{z+S}{z} = K\left(1+\frac{S}{z}\right) = K\left[1+(\theta_s-\theta_i)\frac{S}{I}\right] \tag{9-42}$$

又 $i=\dfrac{\mathrm{d}I}{\mathrm{d}t}$，故

$$\frac{\mathrm{d}I}{\mathrm{d}t} = K\left[1+(\theta_s-\theta_i)\frac{S}{I}\right] \tag{9-43}$$

以 I 为自变量，t 为因变量，积分得到 I 的隐函数形式解为

$$I = Kt + S(\theta_s-\theta_i)\ln\left[1+\frac{I}{S(\theta_s-\theta_i)}\right] \tag{9-44}$$

2）稳定雨强降雨入渗模型

经典的 G-A 模型是干土积水入渗模型，即在初始时刻地表就有积水。Mein 和 Larson 将其推广应用至降雨入渗的情况。设有稳定的雨强 p，仅当 p 大于土壤的入渗能力时，地表才能够形成积水进而产生坡面水流。而在降雨的初始阶段，全部降雨量都将渗入地下。由 G-A 模型的计算公式可知，入渗速率是随累积入渗量的增加而减小的。设想当累积入渗量达到某一值时，$i=p$，此时地表开始积水，称此累积入渗量为 I_p，从降雨开始到地表出现积水的时间间隔为 t_p。因此由 G-A 模型入渗公式可以导出开始积水时的 I_p 值，即

$$I_p = \frac{(\theta_s-\theta_i)S}{P/K-1} \tag{9-45}$$

开始积水时间由 $t_p=I_p/p$ 给出。因此整个过程的入渗速率可表示为

$$i = \begin{cases} p, & t \leqslant t_p \\ K[1+(\theta_s-\theta_i)S/I], & t > t_p \end{cases} \tag{9-46}$$

式中，I 为积水开始后的累积入渗量（包含未积水时段和入渗量在内）。

由于不是由 $t=0$ 时刻开始积水，I 的计算须采用修正后的公式：

$$K[t-(t_p-t_s)] = I - S(\theta_s-\theta_i)\ln\left[1+\frac{I}{S(\theta_s-\theta_i)}\right], \quad t > t_p \tag{9-47}$$

t_s 表示假设由 $t=0$ 开始积水，到入渗量 $I=I_p$（或 $i=p$）时所需时间，可理解为一个虚拟时间，可计算如下：

$$Kt_s = I_p - S(\theta_s-\theta_i)\ln\left[1+\frac{I_p}{S(\theta_s-\theta_i)}\right] \tag{9-48}$$

改进的主要思想是将整个过程假设为从一开始就是积水入渗，将这条曲线向右平移 t_p-t_s，再加上积水前的入渗强度等于降雨强度的关系，就得到真实的入渗过程，见图 9-10。

3）非稳定雨强降雨入渗模型

稳定的降雨在实际应用中远不能满足需要，实际的降雨强度往往是不恒定的。在非恒定雨强发生的过程中，地表的积水状态可能会发生间歇性改变，这样

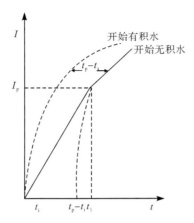

图 9-10　稳定雨强初始无积水时入渗过程线

Mein 和 Larson 的推广做法仍不能完全适用。Chu(1987)将 GA-ML 模型再进行推广,使其可应用于变化的降雨过程。其基本做法是,对每个计算时段将地表状态分为四种情况:①开始无积水,结束无积水;②开始无积水,结束有积水;③开始有积水,结束有积水;④开始有积水,结束无积水。

在每一时段开始,已知降雨总量 $P(t_{n-1})$、入渗总量 $I(t_{n-1})$ 和剩余总量 $R(t_{n-1})$,可以根据两个因子判断时段结束时是否有积水。

定义如下两个因子:

$$\begin{cases} C_u = P(t_n) - R(t_{n-1}) - KSM/[p(t_n) - K] \\ C_p = P(t_n) - R(t_{n-1}) - I_c(t_n) \end{cases} \tag{9-49}$$

其中,$M = \theta_s - \theta_i$;$p(t_n)$ 代表时刻降雨总量;$I_c(t_n)$ 代表 t_n 时刻计算的入渗总量。

这里可以证明,时段结束时积水与否与此两因子的正负等价。

假设在每一计算时段中地面积水状态至多出现一次改变,上一计算时刻分为有或无积水两种情况。

(1) t_{n-1} 时刻地面无积水。

① 若 t_n 时刻地面出现积水,则此时刻雨强大于渗透率,即 $p(t_n) > i(t_n)$,由式(9-44)可以得到

$$p(t_n) > K\left(1 + \frac{SM}{I(t_n)}\right) \tag{9-50}$$

则有

$$I(t_n) > \frac{KSM}{p(t_n) - K} \tag{9-51}$$

注意到 $R(t_{n-1}) < R(t_n)$,并且任意时刻都有 $P - I - R = 0$,因此有

$$C_u = p(t_n) - R(t_{n-1}) - KSM/[p(t_n) - K] > p(t_n) - R(t_n) - I(t_n) = 0 \tag{9-52}$$

② 若 t_n 时刻地面仍未出现积水,则此时刻雨强小于渗透率,即 $p(t_n) < i(t_n)$,同样可得

$$I(t_n) < \frac{KSM}{p(t_n) - K} \tag{9-53}$$

又 $R(t_{n-1}) = R(t_n)$,所以

$$C_u = P(t_n) - R(t_{n-1}) - KSM/[p(t_n) - K] < P(t_n) - R(t_n) - I(t_n) \tag{9-54}$$

(2) t_{n-1} 时刻地面有积水。

① 若 t_n 时刻地面仍有积水,则此时刻雨强大于渗透率,即 $p(t_n) > i(t_n)$。这种情况下 t_n 时刻式(9-47)仍然有效,即 $I_c(t_n) = I(t_n)$,再加上 $R(t_{n-1}) < R(t_n)$,因此有

$$C_p = P(t_n) - R(t_{n-1}) - I_c(t_n) > P(t_n) - R(t_n) - I(t_n) = 0 \tag{9-55}$$

② 若 t_n 时刻地面无积水,则此时刻雨强小于渗透率,即 $p(t_n) < i(t_n)$。这时由式(9-47)算出的入渗量将大于实际入渗量,即 $I_c(t_n) > I(t_n)$。若该时段较短,近似有 $R(t_{n-1}) = R(t_n)$,因此得到

$$C_p = P(t_n) - R(t_{n-1}) - I_c(t_n) < P(t_n) - R(t_n) - I(t_n) = 0 \tag{9-56}$$

这样就可以由这两个因子使用表 9-17 来判断各时段结束时的积水情况。

表 9-17　时段结束有无积水的判断因子

开始无积水	$C_u > 0$	时段结束有积水
	$C_u < 0$	时段结束无积水
开始有积水	$C_p > 0$	时段结束有积水
	$C_p < 0$	时段结束无积水

若 $p < K$,则地表始终无积水,不用此两因子判断。

9.2.2　坡面产流-入渗模型

1. 模型及求解

坡面流降雨产流过程由土壤入渗过程和坡面流运动过程两部分组成,根据 9.2.1 小节中的论述,综合土壤入渗和坡面流运动模型,可得到坡面降雨入渗产流模型:

$$\frac{\partial h}{\partial t} + \frac{\partial q}{\partial x} = p \cos \theta - i \tag{9-57}$$

$$q = \frac{(8gS_0)^{\frac{1}{2}} h^{\frac{3}{2}}}{\sqrt{K\left[3.19\left(\frac{4q}{\gamma}\right)^{-0.45} + b\right]}} \tag{9-58}$$

$$i = \begin{cases} p, & t \leqslant t_{\mathrm{p}} \\ K[1 + (\theta_{\mathrm{s}} - \theta_{\mathrm{t}})S/I], & t > t_{\mathrm{p}} \end{cases} \tag{9-59}$$

其中，I 用式 $K[t - (t_{\mathrm{p}} - t_{\mathrm{s}})] = I - S(\theta_{\mathrm{s}} - \theta_{\mathrm{t}}) \ln\left[1 + \dfrac{I}{S(\theta_{\mathrm{s}} - \theta_{\mathrm{t}})}\right]$ 计算，t_{p}、t_{s} 计算见 9.2.1 小节。

对连续性方程(9-57)用一阶离散化，有

$$\frac{h_j^{n+1} - h_j^n}{\Delta t} + \frac{q_j^n - q_{j-1}^n}{\Delta x} = (S_{\mathrm{r}})_j^n \tag{9-60}$$

其中，$S_{\mathrm{r}} = p\cos\theta - i$，$[t_n, t_{n+1}]$ 时段入渗方程的求解首先根据两个因子断 t_{n+1} 时刻有无积水，若无积水可直接由 $R(t_{n+1}) = R(t_n)$ 得到 S_{r}。若有积水，按照方程(9-47)给出的关系直接用 Newton 法求解代数超越方程。在式(9-58)中，令 $h = h_j$，然后对非线性方程(9-58)迭代，可求解出 q_j。

2. 模型的验证及分析

1) 模型的验证

运用上面建立的降雨-入渗-产流模型，运用实测资料进行数值验证，并探讨坡面和沟道不同地貌部位地表条件对产流过程的影响规律。

选取的参数分别为：土壤饱和含水量 $\theta_{\mathrm{s}} = 57\%$；初始含水量 $\theta_{\mathrm{i}} = 15\%$；土壤吸力 $S = 0.02$；土壤的渗透系数比较复杂，根据率定结果 $K = 0.167 \times 10^{-6}\,\mathrm{m/s}$，但因为坡度的影响，选择为 $K(1 - \sin\theta)$。降雨强度为 $1.04 \sim 1.12\,\mathrm{mm/min}$。坡面降雨-产流-入渗示意图见图 9-11，实测降雨量分配结果见表 9-18。

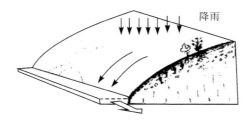

图 9-11　坡面降雨-产流-入渗示意图

表 9-18　降水量分配统计结果

项目	草地	灌木林地	乔木林地	耕地	沟坡	沟坡
植被截留率/%	4.56	22.42	24.42	0	1.03	0.97
入渗速率/%	81.88	72.45	63.07	77.93	67.87	64.91
径流率/%	13.56	5.13	12.51	22.07	31.10	34.12
总计/%	100	100	100	100	100	100

从图 9-12 中可以看出,不同地貌部位的径流量不同,在其他条件相似的情况下,沟坡径流量大于 0.3,灌木林地的径流量最小,为 0.05 左右。可见,在晋西黄土区,产流的主要部位位于沟坡上,而坡面由于条件限制,产流量很少。

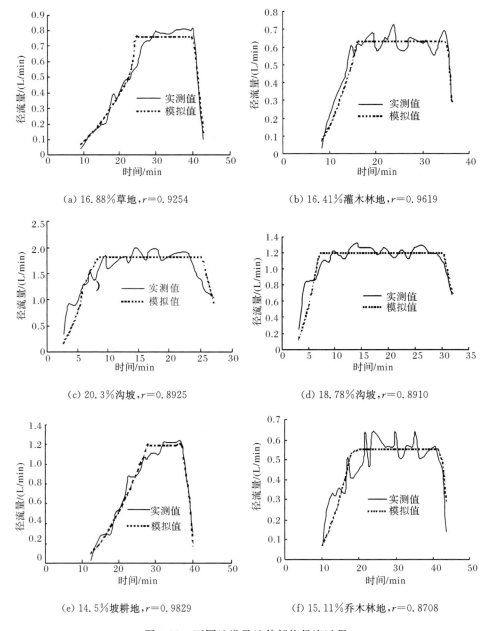

(a) 16.88％草地,$r=0.9254$ (b) 16.41％灌木林地,$r=0.9619$

(c) 20.3％沟坡,$r=0.8925$ (d) 18.78％沟坡,$r=0.8910$

(e) 14.5％坡耕地,$r=0.9829$ (f) 15.11％乔木林地,$r=0.8708$

图 9-12 不同地类及地貌部位径流过程

2) 晋西黄土区产流规律分析

上述模拟结果与试验数据的对比说明,运用本节建立的模型可以较为准确地模拟出坡面降雨入渗产流的水动力过程。据此,可以进一步分析各种因素对产流过程的影响。

降雨强度增大,产流的各水动力因素(单宽流量、流速、水深和相应的切应力)均增大。同时产流时间和达到平衡出流的时间均随降雨强度的增大而提前。退水过程也随降雨强度的增大而延长。平衡时的流量与雨强成正比,参见图 9-13。

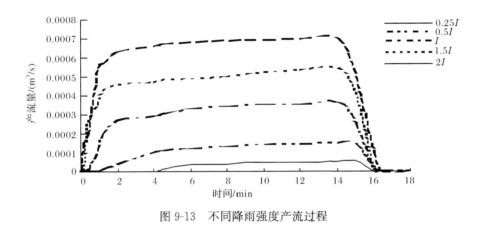

图 9-13　不同降雨强度产流过程

土壤初始含水量越高,产流量越大,各种动力学参量也相应越大,且产流开始时间和达到平衡时间也有所提前,见图 9-14。

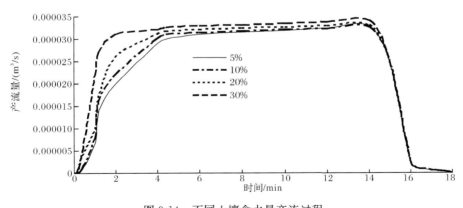

图 9-14　不同土壤含水量产流过程

随着土壤入渗渗透系数的减小,产流也相应增大,很明显,土壤入渗系数小将使土壤在降雨产流的初始阶段吸收的水量少,因此产流量较大,见图 9-15。

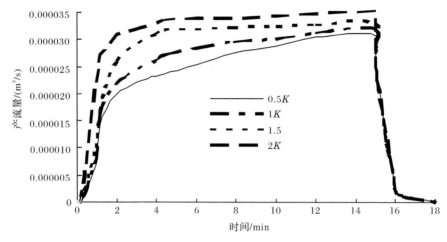

图 9-15　不同土壤渗透系数产流过程

9.3　场降雨水文模型的构建

9.3.1　分布式水文模型技术平台概述

1. 技术平台

技术平台采用美国地质调查局（USGS）主持开发的模块化模型系统（the modular modeling system, MMS），参加该平台构建的主要单位有内务部土地管理局、美国农业部的自然资源保护局、林务局、农业研究中心、科罗拉多大学、亚利桑那大学、NASA、美国能源部、国防部、自然保护局、德国希勒大学及日本公共事业研究所等。该系统主要包括以下三部分（图 9-16）。

第一部分是数据预处理，由用户界面和 GIS Weasel 两部分组成，通过 GIS 手段处理和提取与模型相关的参数和数据。

第二部分是模型构建，其主要过程和功能是通过选择水文过程的不同模块，经过用户组合，构建用户自己的分布式水文模型系统，模拟降雨、气候和土地利用变化的水文过程和泥沙情况，并提供参数优化、灵敏度分析和预测预报的功能。模块部分以 PRMS（降雨径流模型系统）为核心组成。

第三部分是数据后处理部分，包括可视化、统计和决策等。

MMS 通过子程序级别的集成实现了流域过程紧密耦合的需求。从根本上而言，MMS 是一套相互匹配的子程序，它们可以被一起编译，以表征一个特定流域。这些子程序称为模块，分别描述降雨、蒸腾、地表径流、地下水、日辐射、蒸发、融

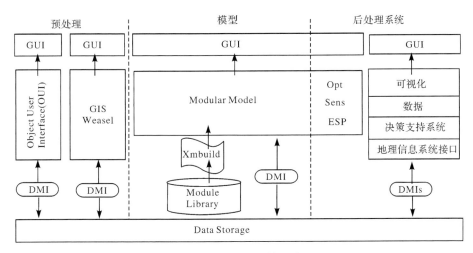

图 9-16　MMS 系统组成

雪、河川径流和森林生长。MMS 提供图形用户界面为用户确认重要过程以及它们相互之间的交互方式,最终把模块组装起来描述流域,其各模块间的集成是通过对数据定义和数据交换格式的严格控制来实现的。MMS 建模系统在美国流域水文模拟中应用较为广泛,而在我国的应用还很鲜见。

　　该系统的最大特点是用户可以根据自己的需要去选择不同的水文计算模块进行组合,建立和开发适于自身的水文模拟系统。该系统为进行本研究提供了可靠的基础。

　　2. 主要模块

　　输入包括降雨、气温和太阳辐射。植被截留作为植被覆盖密度和 HRU 优势植被可储量的函数。表示为:净降雨=［总降雨×(1－季节覆盖密度)］+通过林冠降雨×季节覆盖密度。

　　把土壤层作为一个土壤区域库,其最大持水能力(SMAX)是田间持水量和土壤凋萎点的差。模型将土壤层分成两层:可交换层和下层。可交换层由用户定义一个最大可持水能力(REMX),其损失为蒸发和蒸腾;下层只有蒸腾损失,其最大可持水能力为 SMAX 和 REMX 的差。若土壤区域库水分达到 SMAX,则水分入渗到亚表层和地下水。

　　地面径流(CAP)表示前期土壤含水量和降雨量的线性或非线性函数关系。亚表层径流也可以表述为线性或非线性关系式,可采用运动波理论进行计算。暴雨过程的地表径流采用运动波理论。

　　河道汇流表示水库的输入和输出,可用线性储存沿程过程表示,也可用修正的沿程过程表示。

模型可以模拟一般降水、极端降水、融雪过程时的水平衡关系、洪峰及洪峰流量、土壤水等的变化。主要用于评价降水、气候、土地利用和植被等变化对河流流量、泥沙冲积量、洪水等水文过程的影响。

分布式水文模型所选取的模块通过系统整合,对输入的参数和数据进行水文过程拟合计算,其系统组成见图 9-17,PRMS 模型结构示意图见图 9-18。该模型基于地貌、海拔、土壤、植被类型、土地利用和降雨分布,将流域分成不同的具有同一特征的水文响应单元(HRU),根据面积大小赋予相应权重依次来反映整个流域的情况。流域为概念化的由河道和流动的面相联结的一个系列,每个亚流域可单独模拟暴雨过程。

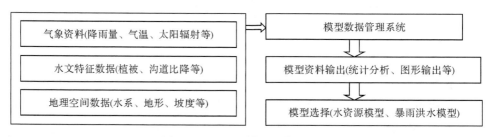

图 9-17　PRMS 模型系统组成图

模型需要输入的参数主要包括各水文响应单元的地貌、植被类型、土壤类型及水文特征等,并且需要输入整个流域的气候参数。如果不模拟融雪过程,也可以用日蒸发能力来替代温度资料。如果需要模拟融雪过程,还需要输入日均太阳辐射资料。模拟洪水过程时需要输入间隔为 60min 或更高时间分辨率的降水资料。

3. 主要模块水文过程计算

模型流域水文特征参数可根据人工寻优等方法进行确定,模型需要输入的气象资料主要包括地面最高气温、最低气温、太阳短波辐射及降水,其中气温、辐射资料只能从一个台站的观测资料取得,而降水资料最多可从 5 个观测点取得。输入的观测资料需要调整到每一个 HRU,其调整系数被定义为测站和每一个 HRU 之间海拔高度、坡度以及地貌特征的函数。

1)降水

降水时每个 HRU 的总降水量(PPT)可以由如下公式计算:

$$PPT = PDV \times PCOR$$

式中,PDV 代表与该 HRU 关系密切的降水测站的降水量;PCOR 为 HRU 的降水调整系数,它主要受海拔高度、地形等的影响。

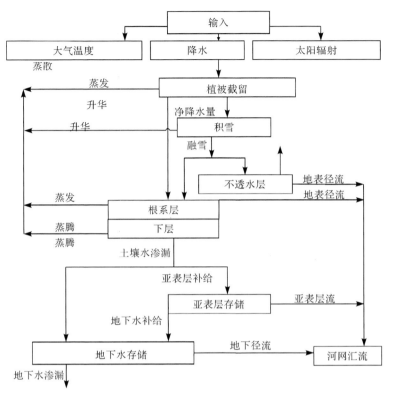

图 9-18　PRMS 模型结构示意图

　　每个响应单元的降水形式(雨、雪或雨夹雪)由 HRU 的最高温度(TM)、最低温度(TN)以及它们与给定的参考温度(BST)的关系来确定。

　　2) 气温

　　气温模式输入的地面最高、最低温度可以是华氏温标(℉),也可以是摄氏温标(℃)。每个月份(MO)都要计算每个 HRU 的温度调整系数,以最高温度调整系数(TCRX)的计算为例,其表达式如下:

$$TCRX(MO) = TLX(MO) \times ELCR - TXAJ$$

式中,TLX 是最高温度递减率;ELCR 代表每个 HRU 平均海拔高度与测站海拔高度差值;TXAJ 代表 HRU 的水平面和坡面之间大气最高温度的平均差值。

　　这样,每个 HRU 调整后的日平均最高温度(TM)为

$$TM = TMX - TCRX(MO)$$

式中,TMX 为观测的最高温度。

　　最低温度的调整方案与最高温度类似。

　　3) 太阳辐射

　　太阳辐射模型在计算融雪过程和蒸散时需要利用太阳短波辐射资料。观测

的太阳短波辐射(ORAD)代表水平面值,而每个 HRU 的坡面值(SWRD)则需要根据 ORAD 进行调整:

$$SWRD = ORAD \times DRAD / HORAD$$

式中,DRAD 代表某个 HRU 的坡面日均可能太阳辐射;HORAD 代表水平面日均可能辐射。

DRAD 和 HORAD 可以根据给定的太阳可能辐射值内插求得。

如果模型中不计算融雪过程,那么太阳辐射值可以不必输入,而是利用输入的最高、最低温度资料近似求得。

模型提供了两种可供选择的计算方案,第一种方案是 Leaf 和 Brink 建立的度·日方案。图 9-19 中曲线代表不同月份实际太阳辐射与可能辐射之比(SOLF)。利用图 9-19 就可得到不同月份在不同的最高温度时的度·日系数(DD)和实际辐射与可能辐射之比(SOLF)。由此就可以计算太阳短波辐射值(ORAD):

$$ORAD = SOLF \times HORAD$$

式中计算的 ORAD 为无降水时的值,有降水发生时,需要对 ORAD 进行调整。

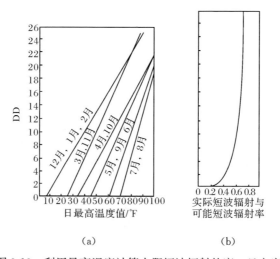

(a)   (b)

图 9-19   利用最高温度计算太阳短波辐射的度·日方案

第二种方案是由 Thompson 发展的,主要考虑了太阳辐射与云量之间的关系以及云量与最高、最低温度之间的关系,这种方案在湿润地区的应用效果最好。日平均云量(SKY)可由如下公式计算:

$$SKY = RDM(MO) \times (TMX - TMN) + RDC(MO)$$

式中,RDM 代表每个月份(MO)云量随大气温度变化曲线的斜率;TMX 为观测的最高温度;TMN 为观测的最低温度;RDC 代表每个月份(MO)云量曲线与日均温度变化曲线的交点。

知道了日平均云量(SKY)后,就可以计算 ORAD 与晴空有效辐射之间的比率(RAJ):

$$RAJ=RDB+(1-RDB)\times(1-SKY)^{RDP}$$

式中,RDB 值可查表取得,RDB 为常数,一般可取为 0.61。有降水发生时的 RAJ 可由晴空 RAJ 乘以一个常数求得。

ORAD 可由如下公式计算:

$$ORAD=RAJ\times HORAD$$

4) 雨水截留

模型将雨水截留量看成每个 HRU 主要植被类型的覆盖密度和可存储量的函数。截留后的净降水量(PTN)由如下公式计算:

$$PTN=PPT\times(1-COVDN)+PTF\times COVDN$$

式中,PPT 代表一个 HRU 所接收的总降水;COVDN 代表夏季或冬季平均的植被覆盖密度;PTF 代表透过植被冠层的降水量,由下式求得:

$$PTF=\begin{cases} PPT-(STOR-XIN), & PPT>(STOR-XIN) \\ 0, & PPT\leqslant STOR-XIN \end{cases}$$

式中,STOR 是植被上的最大截留储存深度;XIN 是当前植被上的截留储存深度。

STOR 的值由季节以及降水形式(冬季降雨、冬季降雪或夏季降雨)确定。被截留的雨水将按照自由水面的蒸发率蒸发。

5) 蒸散

模型提供了利用蒸发皿观测的蒸发资料及将蒸散量看成日平均大气温度和日照时间的函数三种计算可能蒸散(PET)的方法。

6) 下渗

下渗过程的计算根据时间间隔和输入的降水形式的不同而变化。洪水过程只计算降雨过程,不计算降雪过程,且只在无积雪地区计算。如果计算日平均降水,则当降雨发生在没有积雪的 HRU 地区时,下渗量为净降水与表面径流的差值。如果模型计算的是融雪过程,则在土壤水分未达到区域蓄水能力前为无限下渗;当水分达到区域蓄水能力时,日平均下渗量由用户定义的最大下渗能力(SRX)决定,超过 SRX 的融雪量将变为表面径流。如果降雨发生在积雪表面,则在积雪没有完全耗尽以前,下渗水量为融雪量;积雪完全耗尽以后,则同无积雪区一样。

7) 地表径流

洪水模型的地表径流由运动波动近似(kinematic wave approximation)来计算。透水区的地表径流由剩余降水(QR)产生;不透水区的地表径流由观测降水量决定。一个 HRU 可以看成一个地表径流平面,也可以根据地形斜率和表面粗糙度分为几个径流平面。径流平面产生的表面径流将最终汇入某一段河道内。

降水产生的平均地表径流可由"贡献区域"的概念计算。一个 HRU 的降水对地表径流的贡献百分率可以通过原土壤湿度和降水量的线性函数或非线性函数计算。在线性模型中,贡献区域(CAP)的大小可由如下公式计算:

$$CAP=SCN+(SCX-SCN)×(RECHR/REMX)$$

式中,SCN 为最小可能贡献区域;SCX 为最大可能贡献区域;RECHR 为当前土壤蓄水带的可得水量;REMX 为土壤蓄水带的最大蓄水能力。

这样地表径流量(SRO)就可由如下公式计算:

$$SOR=CAP×PTN$$

在非线性计算方案中,CAP 由如下公式计算:

$$CAP=SCN×10(SCI×SMIDX)$$

式中,SCN 和 SCI 为系数;SMIDX 等于当前土壤蓄水带的可得水量加上净降水量的一半。不透水区的日地表径流量可利用总降水量(PPT)计算。当持水能力满足时,剩余的降水量就变为径流量。

8) 亚表层径流

模型中亚表层流被定义为水分从未饱和带向河道较快速地流动,主要产生于降水和融雪过程中或降水和融雪过程后。亚表层流的水源为土壤水分超过区域持水能力的部分,它最终将流入较浅的地下蓄水带或沿斜坡向下从一些下渗点流入一些位于水面以上的陆地出水点。亚表层流量可以用蓄水区路径系统(reservoir routing system)计算。当一个 HRU 的土壤含水量超过其最大可能蓄水能力(SMAX),且这些剩余水量也超过了向地下蓄水区的渗流率(SEP)时,就会产生亚表层流,即亚表层流是剩余水量与 SEP 的差。

9) 地下水

模型中将地下水系统概念性地表达为一个线性的蓄水区,它是地下径流(BAS)的源泉。水可以从土壤蓄水带流入地下水储存区,也可以从次地表蓄水区流入地下水储存区。当土壤水分含量超过区域持水能力时,水分就由土壤带流入地下水储存区。从次地表蓄水区流入地下水储存区的流量(GAD)由如下公式计算:

$$GAD=RSEP×(RES/RESMS)REXP$$

式中,RSEP 为日平均水分再补给系数;RES 为次地表蓄水区的当前储量;RESMS 和 REXP 为描写 GAD 路径特征的系数。

由地下水产生的地下径流(BAS)可根据如下公式计算:

$$BAS=RCB×GW$$

式中,RCB 为蓄水区路径系数;GW 为地下蓄水区储量。

10) 河川径流

洪水过程的河川径流路径通过将排水网参数化为河道、蓄水区及河道支流来实现,三者之和不能超过 50。每一个河道支流最多可以接收三个上游河道支流的来水,并且最多可以接收两个来自侧面的地表径流。

9.3.2　流域分布式暴雨水文模型(PRMS_Storm)构建

1. PRMS_Storm 系统生成

图 9-20 是晋西黄土区分布式暴雨水文模型(PRMS_Storm)构建的技术路线图,模型系统的生成主要通过模块选择、模型系统生成、HRU 划分、模型所需的参数文件来完成。

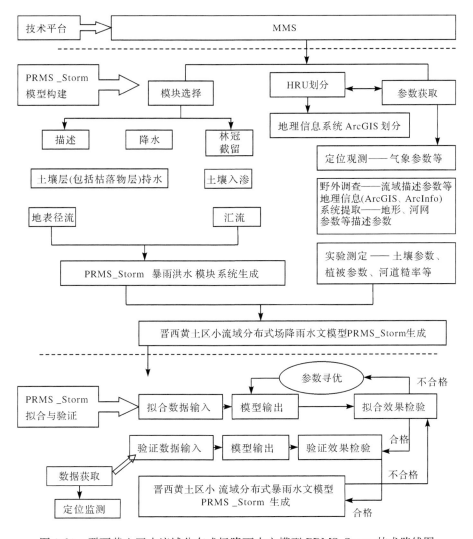

图 9-20　晋西黄土区小流域分布式场降雨水文模型 PRMS_Storm 技术路线图

1) 模块选择、模型系统构成

为了构建晋西黄土区的分布式暴雨水文模型系统,并应用该模型模拟流域的场暴雨洪水过程。根据研究目标,结合考虑研究区的自然条件,从 MMS 平台中选取包括降雨、截留、下渗、地表径流等 16 个水文模块,这些模块根据系统工程的原理,按照径流形成的各个阶段,概化各子流域的水文功能,采用数学方法对各单元的输入和输出变量、状态变量进行描述,再根据产流和汇流的物理联系过程进行组织,构成一个逻辑严密、时空上可以递推的模型系统,见图 9-21。

利用 MMS 提供的 Model Build 功能,对所选择的模块进行模型系统生成。

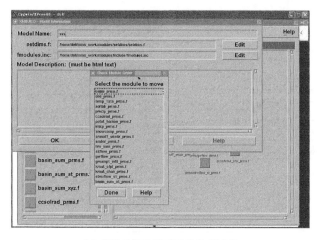

(a) 模块选择和模型系统生成过程

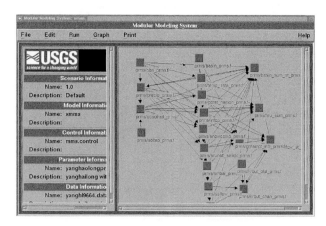

(b) 分布式暴雨水文模型系统模块网络图

图 9-21　分布式暴雨水文模型系统模块生成图

2) HRU 划分

(1) DEM 生成。

DEM 是目前用于流域地形分析的主要依据,通常有三种格式:栅格型、不规则三角网(TIN)和等高线,其中栅格型是比较普遍的格式,由 DEM 提取森林流域的数字特征,包括确定 HRU 的流向、汇流路径、河网间的拓扑结构、流域及 HRU 的边界划分等过程,从而为分布式暴雨水文模型提供下垫面数据的输入。

采用 ArcGIS 提取水文模型需要的空间地理信息参数,通过空间分析模块生成的数字高程见图 9-22,在此基础上生成流域河网图,并在考虑土地利用、植被类型及流域地形地貌的基础上划分 HRU。

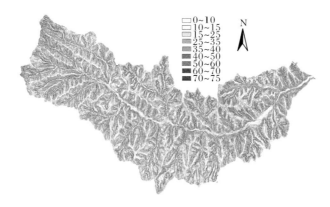

(a) 晋西黄土区嵌套流域坡度分级图

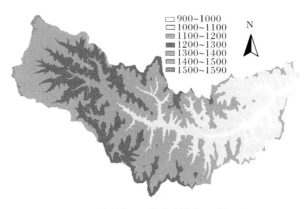

(b) 晋西黄土区嵌套流域高程分级图

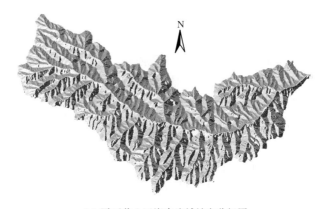

(c) 晋西黄土区嵌套流域坡向分级图

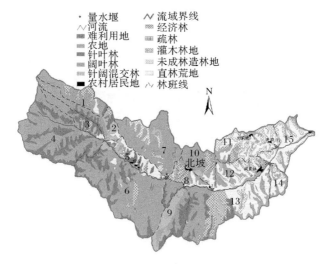

(d) 晋西黄土区嵌套流域土地利用图

图 9-22 晋西黄土区嵌套流域基本图件

(2) 河网生成。

河网是地表径流的主要输送廊道,其形态特征影响到地表径流的流速、流态。模型构建时,根据土地利用、植被类型和地貌特征紧密结合进行考察,在此基础上确定流域水文网,而不是单纯以网格为单元,或仅根据地形计算水流方向。

河网特征主要包括河网的条数、长度、糙率和河网的分布等。根据调查试验及地理信息系统提取,流域内河网的主沟和一级支沟长度总和为 16.107km,河网密度为 0.41km/km²,主河网坡降为 2.68%,一级支沟的河网坡降在 1.98%~5.24%。各段河网的形态特征见表 9-19,运用 Region Manager 生成的流域河网见图 9-23。

表 9-19 晋西黄土区嵌套流域河网形态特征表

河网编号	河网类型	河网长度/m	河网比降/%	河网宽度/m	糙率系数	左岸边坡/%	右岸边坡/%
1	支沟	6568.2	4.33	2.0	0.1	0.75	0.7
2	支沟	1185.1	3.12	1.8	0.1	0.75	0.7
3	支沟	2443.4	5.24	1.5	0.1	0.75	0.7
4	支沟	866.1	4.97	1.5	0.1	0.75	0.7
5	主沟	5044.6	1.98	4.0	0.1	0.75	0.7

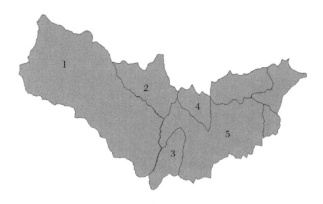

图 9-23 晋西黄土区嵌套流域河网及 HRU 分布图

模型需要输入的参数有河网长度（chan_length）、比降（chan_slope）、左岸边坡（chan_t3_lbratio）、右岸边坡（chan_t3_rbratio）、糙率系数（chan_rough）等。

（3）HRU 生成。

HRU 是 Miller 提出的概念，他认为 HRU 是流域内具有同样土地利用和地文学属性（如降雨、地形、土壤、地质等）的面积单元。在每一个 HRU 内，其水文响应是相似的，这可以是几何相似、动力相似、运动相似。其中几何相似性表现在具有相似的地形特征，如相似的坡度、坡向，也就是说单元内的地形变异尽量要小，处在同一个集水区内；运动相似性表现在具有相同的产汇流时间和速率，同时到达出口；动力相似性表现在具有相似的植被覆盖、土壤特性、降水过程，其下渗能力相同，产流过程相似。由于试验区地形较为破碎，因此本节按照小流域为 HRU 进行模拟，所取参数按不同地类、不同地貌的加权平均进行取值。

因此，对于每一个 HRU，其参数可以确定为唯一。而在不同的水文相似单元之间存在着空间变异性。模型在进行产、汇流模拟时是对各个 HRU 分别进行计算，然后在子流域的出口叠加形成子流域的出流过程，然后再进行河道演算，得出整个森林流域的出流过程。因此利用 HRU 可以把流域的不同部分集成起来进行模拟。

HRU 的植被、土壤特征对坡面径流影响作用较大,模型所需各 HRU 的参数有坡面面积(HRU_area)、坡长(ofp_length)、坡度(ofp_slope)、糙率系数(ofp_rough)等。根据主沟和支沟的位置和数量,将流域划分为 5 个 HRU,各 HRU 平均坡度在 25°～29°,各 HRU 的属性值详见表 9-20。

表 9-20　晋西黄土区嵌套流域地块特征表

地块号	平均坡度 /(°)	平均高程 /m	面积 /km²	主要地类	郁闭度 /%	平均糙率系数	土壤稳渗速率 /(mm/min)	土壤孔隙度/%
1	27.07	1187.5	18.03	阔叶	0.85	0.030	0.70	51.34
2	26.98	1061.5	3.54	阔叶	0.90	0.035	0.70	54.09
3	25.67	1084.0	1.94	针阔	0.90	0.020	0.65	52.77
4	28.53	1013.5	1.48	阔叶	0.75	0.020	0.60	50.96
5	26.89	990.0	9.00	荒地	0.50	0.008	0.30	46.36

3）参数文件生成

模型参数是对系统具体特点的量化,参数的选取与率定在一定程度上决定了模型的精度与实用性。模型中大致可划分为以下几种类型参数:地理空间参数、植被参数、水文参数、土壤参数等。

各种类型参数中有些参数为物理量或常数,有些参数则可以直接从森林流域的地理地貌、土壤植被等资料分析中求得,还有一些参数随时间和空间发生变化,需要通过模型的分析试算和拟合来确定,模型拟合过程主要就是针对这部分参数进行的。

模型参数文件具有固定的格式,我们只要输入各个参数的具体数值,然后通过参数文件的整合,各参数就可以直接被模型读取调用。

模型需要输入的参数主要包括各 HRU 的地貌、植被与土地利用类型、土壤类型及水文特征等,各段河网(nchan)的糙率、比降、长度、宽度及水文特性等,并且需要输入整个流域的气候参数。

输入的 HRU 及河网的上述参数指标指的是水文响应单元内的某种统计特征值(均值、比例),如平均坡度、农地比例、沟谷密度等。

2. PRMS_Storm 拟合与验证

1）数据文件的获取和整理

（1）数据文件格式。

PRMS_Storm 模型需要输入以下格式的数据文件,数据输入包括降雨时间、降雨量、径流量、日最高气温、日最低气温值,数据文件格式如下:

dayan baoyu 02－7.21

runoff 1

precip 1

tmin 1

tmax 1

solrad 0

pan_evap 0

form_data 0

route_on 1

###############################

2002	7	21	2	0	0	3.1496	0.0000	64	77	1
2002	7	21	2	15	0	3.1496	0.1181	64	77	1
2002	7	21	2	30	0	3.1496	0.0098	64	77	1
2002	7	21	2	45	0	3.1496	0.0098	64	77	1
2002	7	21	3	0	0	3.3465	0.0000	64	77	1
2002	7	21	3	15	0	3.3465	0.0000	64	77	1
2002	7	21	3	30	0	3.3465	0.0000	64	77	1
2002	7	21	3	45	0	3.3465	0.0000	64	77	1
2002	7	21	4	0	0	2.7559	0.0000	64	77	1
2002	7	21	4	15	0	2.7559	0.0000	64	77	1
2002	7	21	4	30	0	2.7559	0.0000	64	77	1
2002	7	21	4	45	0	2.7559	0.0000	64	77	1
2002	7	21	5	0	0	3.1496	0.0000	64	77	1
2002	7	21	5	15	0	3.1496	0.0000	64	77	1
2002	7	21	5	30	0	3.1496	0.0000	64	77	1
2002	7	21	5	45	0	3.1496	0.0000	64	77	1
2002	7	21	6	0	0	3.1496	0.0000	64	77	1
2002	7	21	6	15	0	3.1496	0.0000	64	77	1
2002	7	21	6	30	0	3.1496	0.0000	64	77	1
2002	7	21	6	45	0	3.1496	0.0000	64	77	1
2002	7	21	7	0	0	3.4646	0.0000	64	77	1
2002	7	21	7	15	0	3.4646	0.0197	64	77	1
2002	7	21	7	30	0	3.4646	0.0197	64	77	1
2002	7	21	7	45	0	3.4646	0.0197	64	77	1
2002	7	21	8	0	0	5.9055	0.0197	64	77	1
2002	7	21	8	15	0	5.9055	0.0148	64	77	1
2002	7	21	8	30	0	5.9055	0.0148	64	77	1

2002	7	21	8	45	0	5.9055	0.0148	64	77	1
2002	7	21	9	0	0	7.2835	0.0148	64	77	1
2002	7	21	9	15	0	7.2835	0.0000	64	77	1
2002	7	21	9	30	0	7.2835	0.0000	64	77	1
2002	7	21	9	45	0	7.2835	0.0000	64	77	1
2002	7	21	10	0	0	8.6614	0.0098	64	77	1
2002	7	21	10	15	0	8.6614	0.0098	64	77	1
2002	7	21	10	30	0	8.6614	0.0000	64	77	1

（2）暴雨数据的获取和整理。

暴雨数据可从设置在试验区的气象站采集，气象站使用自记雨量计时时获取试验区域的降雨数据。通过对采集数据的整理分类，选定数场暴雨数据作为本项研究的基础数据，并对其进行内插赋值和格式转换，以供模型数据文件调用。

（3）洪水数据的获取和整理。

试验区在流域出口处设置有 V 形量水堰，通过自记水位计记录河道水位变化情况，作为推求流域径流成分和洪峰的依据。根据水位-流量对应关系，可将水位数据转化成与暴雨数据一一对应的流量数据。此过程同样需要内插赋值和格式转换，然后就可被模型数据文件调用。

（4）数据文件生成。

通过调用整理后的暴雨数据和洪水数据，并将两类数据按照时间顺序一一对应，同时代入模型模拟时的最大和最小温度，就可以生成模型可调用的完整数据文件。

构建的分布式水文模型拟合、检验及应用需要输入间隔为 60min 或更高时间分辨率的降水资料和洪水资料，在本研究中拟合及检验模型的时间分辨率均为 15min。

2）PRMS_Storm 拟合与验证

（1）研究地区的暴雨特征。

按照气象部门对降雨强度等级的划分标准，日降雨量在50.1～100mm 为暴雨，计算出每场降雨的平均雨强（mm/h），并将其换算为 mm/d 的雨强单位，2002～2004 年共观测三场暴雨数据，其主要特征见表 9-21。

表 9-21 晋西黄土区嵌套流域降雨特征值

编号	降雨日期	降雨量/mm	降雨历时	雨峰/(mm/min)	平均雨强/(mm/min)
1#	2002 年 7 月 21 日	7.5	8h30min	0.30	0.015
2#	2004 年 7 月 15 日	23.8	14h10min	0.58	0.028
3#	2004 年 8 月 10 日	12.0	16h20min	0.68	0.012

由表 9-21 可知,本地区暴雨多为短历时降雨,连续降雨量可能较小,但在短时间内出现一个或几个峰值,峰值一般在 0.30~0.68mm/min,平均雨强在 0.010mm/min以上,最大可达 0.028mm/min。

(2) PRMS_Storm 拟合。

模型拟合过程即不断优化模型参数的过程,就是根据特定的目标准则,确定一套固定的参数寻找法则,按该法则可以估计出模型的参数值,使得模型用此估计得到的参数值计算出的结果在给定准则下最优。模型参数率定过程见图 9-24。

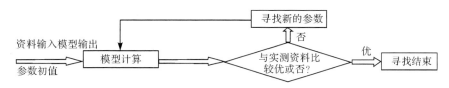

图 9-24　模型率定过程

利用构建的分布式暴雨水文模型,结合实测水文气象资料,可以拟合、验证及模拟森林群落及其空间配置在不同暴雨下的水文特征及对洪水的影响作用。

采用 2♯(2004 年 7 月 15 日)这场降雨进行模型的拟合,同时采用 Rosenbrock 方法使绝对误差最小来对模型的参数进行优化,以提高模拟精度。

2♯(2004 年 7 月 15 日)的场暴雨特性参见表 9-21,森林流域此次降雨量为23.8mm,历时 14h10min,雨峰为 0.58mm/min,平均雨强为 0.028mm/min。

PRMS_Storm 拟合结果见表 9-22 和图 9-25。由表 9-22 可知,实测流量为1.169mm,预测流量为 1.227mm,实测峰值为 0.249mm/min,预测峰值为0.23mm/min。

拟合结果的 Nash 确定性系数 E 达 0.8 以上,统计相关系数 R 达 0.9 以上,流量误差为 5.0%(<20%),峰值误差为 7.6%(<20%),峰现时差为 15min(<3h),因此,拟合效果能满足较高精度要求。

表 9-22　PRMS_Storm 拟合结果

编号		实测		预测	
		流量/mm	峰值/(mm/min)	流量/mm	峰值/(mm/min)
2♯	2004 年 7 月 15 日	1.169	0.249	1.227	0.23
编号	确定系数 E	相关系数 R	流量误差/%	峰值误差/%	峰现时差
2♯	0.843	0.928	5.0	7.6	15min

(3) 参数优选。

模型参数的选择与率定在很大程度上决定了模型的精度与适用性,因此模型拟合采用的暴雨和洪水数据既要具有代表性,同时又要满足洪水预报的精度和分

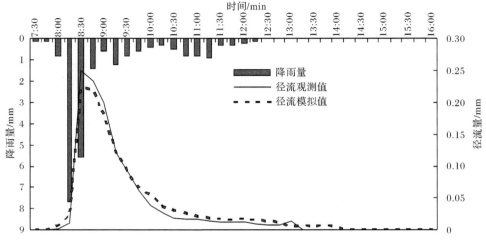

图 9-25　2004 年 7 月 15 日降雨产流过程模拟（用于拟合）

辨率要求。模型拟合时需要先根据暴雨前的水文观测资料初步确定水文响应单元的雨前水文状况，然后再通过模型的多次运行计算，最终率定模型参数。

各响应单元相关 PRMS_Storm 模型所需主要参数率定值见表 9-23。与各响应单元直接有关的参数主要有林冠层的截留量、郁闭度、灌草层的覆盖度、枯落物层持水能力、土壤层的入渗以及储水能力，其反映了响应单元的水文特征。

表 9-23　各响应单元主要参数率定值

层次	参数	冯家圪垛	刘家凹	柳沟	北坡	蔡家川主沟
林冠层	最大截留/mm	18	14	16	8	4
	郁闭度	0.90	0.85	0.90	0.80	0.65
枯落物	最大持水量/mm	4.5	4.0	4.3	4.0	1.0
	水力传导度/(mm/min)	0.15	0.13	0.13	0.10	0.08
土壤层	初始储水量/mm	89	78	68	61	56
	最大储水量/mm	98	97	97	88	60
	补给区初始储水量/mm	14	12	12	10	7
	补给区最大储水量/mm	20	18	18	15	10

（4）PRMS_Storm 验证。

采用其余两场暴雨数据进行模型验证，采用 Nash 模型和统计相关系数对模拟效果进行检验。模拟结果见表 9-24，检验结果见表 9-25，图 9-26 和图 9-27 为模拟效果图。

表 9-24　PRMS_Storm 模拟结果

编号	实测		预测	
	流量/mm	峰值/(mm/min)	流量/mm	峰值/(mm/min)
1♯(2002 年 7 月 21 日)	14.141	0.014	13.787	0.013
2♯(2004 年 7 月 21 日)	32.328	0.053	32.245	0.046
3♯(2004 年 8 月 10 日)	30.072	0.056	24.544	0.048
平均	32.701	0.047	31.997	0.040

表 9-25　PRMS_Storm 拟合和验证

编号	确定系数 E	相关系数 R	流量误差/%	峰值误差/%	峰现时差
2♯(2002 年 7 月 15 日) (用于拟合)	0.827	0.917	5.0	7.6	15min
1♯(2002 年 7 月 21 日)	0.631	0.829	8.6	5.9	30min
3♯(2004 年 8 月 10 日)	0.544	0.630	27.2	19.5	15min
平均	0.667	0.792	13.6	11.0	20min
合格率/%			66.7	100	100

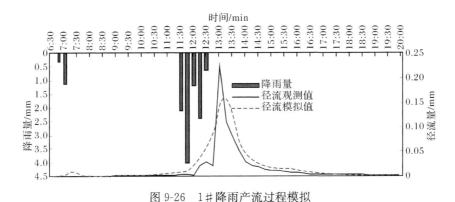

图 9-26　1♯降雨产流过程模拟

由图 9-27 和表 9-25 可知,各次洪水预报精度在 0.5～0.9,平均洪水预报精度为 0.667,实测值与模拟值相关系数达到 0.792,洪峰(<20%)和峰现时间(<3h)都可达到标准,3♯降雨径流过程的流量误差超过 20%,1♯和 2♯均达到标准,流量合格率达到 66.7%。

综合模拟精度和预报合格率,PRMS_Storm 对本流域的模拟可以满足较高精度要求。

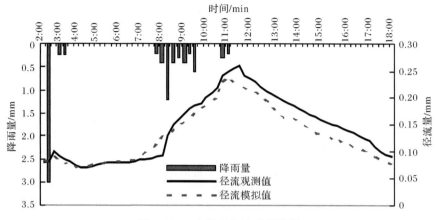

图 9-27　3♯降雨产流过程模拟

第 10 章　流域土地利用/覆被变化的水沙效应

10.1　SWAT 模型原理及组成

10.1.1　SWAT 模型原理

SWAT(soil and water assessment tool)是美国农业部农业研究局开发的一个流域尺度模型,用于模拟预测长期连续时段土地管理措施对具有多种土壤类型、土地利用和管理条件的大面积复杂流域的径流、泥沙负荷和营养物质流失的影响(Neitsch et al,2002)。SWAT 模型自开发以来在美国、欧洲、亚洲和澳洲等地区有许多应用实例,并在应用中得到了不断发展。SWAT 模型对径流和泥沙负荷的预测能力在美国已经得到广泛的验证(Arnold et al,1999)。美国学者 Cruise 等(1999)、Stone 等(2001)、Eckhardt 等(2003)应用 SWAT 模型研究了气候变化的水文效应,还有一些学者分析了区域气候变化对地下水补给的影响等。

SWAT 模型作为一个扩展模块集成于 ArcviewGIS 中,是一个物理模型。该模型是在 SWRRB(simulator for water resources in rural basins)模型的基础上发展起来的,并逐步融合了若干农业研究局(ARS)的模型,包括非点源污染模型(chemicals, runoff and erosion from agricultural management systems, CRE-AMS)、地下水模型(groundwater loading effects on agricultural management systems,GLEAMS)和土壤侵蚀与生产力计算模型(erosion-productivity impact calculator,EPIC)等。

10.1.2　SWAT 模型组成

SWAT 模型主要含有水文过程子模型、土壤侵蚀子模型和污染负荷子模型,本节主要介绍水文过程子模型。水文过程子模型分为水循环的陆面部分(即产流和坡面汇流部分)和水循环的水面部分(即河道汇流部分)。前者控制着每个子流域内主河道的水、沙、营养物质和化学物质等的输入量,后者决定水、沙等物质从河网向流域出口的输移运动。图 10-1 为子流域划分流程示意图。

流域内蒸发量随土地利用/覆被变化和土壤的不同而变化,在 SWAT 模型中这些变化是通过水文响应单元(HRU)的参数变化来反映的。SWAT 模型中的每个 HRU 都根据自己独立的参数来单独计算自己的径流量,然后演算得到流域总

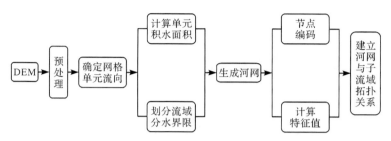

图 10-1　子流域划分流程示意图

径流量。在实际的计算中,一般要考虑气候、水文和植被覆盖这 3 个方面的因素。水循环的水面过程即河道汇流部分,主要考虑水、沙、营养物(N、P)和杀虫剂在河网中的输移,包括主河道以及水库的汇流计算。图 10-2 为 SWAT 水文循环过程。

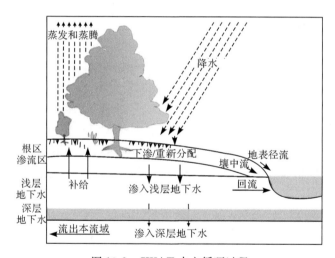

图 10-2　SWAT 水文循环过程

10.2　SWAT 的运行及模型校准

10.2.1　SWAT 的运行

SWAT 模型运行流程中有以下两种视图方式:Watershed View 和 SWAT View。Watershed View 相当于模型输入模块,用来对基础图件进行处理,生成研究流域的基础数据,通常可以称为输入模块。SWAT View 相当于输出模块,用来写入并修正流域的基础数据、运行 SWAT 模型并输出结果。当所有的基础图件

Watershed View 处理完后才能生成 SWAT View。图 10-3 是马家沟流域 Watershed View 操作界面,图 10-4 是马家沟流域 SWAT View 操作界面。AVSWAT 模型主要的运行步骤如下。

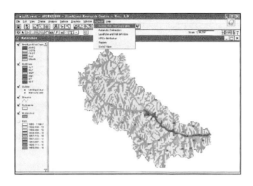

图 10-3　马家沟流域 Watershed View 操作界面

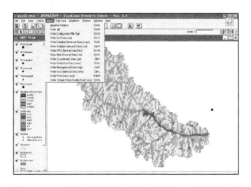

图 10-4　马家沟流域 SWAT View 操作界面

(1) 流域描述——划分子流域。流域的下垫面和气候因素具有时空异质性,为了便于模拟,SWAT 模型用流域的 DEM 数据,在 Arcview 的空间分析扩展模块下完成对流域性状的描述,依此来划分子流域,并计算出各个子流域的基本数据,包括各个子流域的高程、面积、坡度、形状系数等。

(2) 土地利用/土壤特性描述——确定 HRU。所谓 HRU 是子流域内具有相同土壤类型、相同植被类型和相同管理条件的陆面面积的集总,因此,在运作模型时必须具备流域的土地利用和土壤属性。SWAT 模型单独计算每个 HRU 的径流量,进行汇流演算,最后求得出口断面的流量,从而提高模拟的精度,可以更好地反映本流域的水量平衡。子流域与 HRU 的关系是一对一或一对多,也就是一个子流域可以划分一个 HRU 或者多个 HRU。

（3）气象因素描述。划分出 HRU 后视图方式转为 SWAT View。SWAT View 可以为每一个 HRU 输入用于水文计算的气象数据，每一个 HRU 的气象数据是由最近站点的气象资料赋予的。

（4）构建数据库及数据库的调整。在以上的几个步骤全部完成后，水文计算就全由模型自动完成了。模型将流域的土地利用、土壤属性、气候因素等全部自动读入，从而就算完成了数据库的构建。如果想对数据库进行完善调整，可以修改数据库中的属性值，也就是模型中常用的参数率定。

（5）模型运行。最后一步是选择合适的计算方法及输出项后执行模型运行的命令，输出结果。

10.2.2　模型的校准和验证

在模型构建成功并且参数全部录入后，就需要对模型进行校准（calibration）和验证（validation）。校准模型是调整模型参数初始条件、边界条件以及限制条件的过程，以便使模型模拟值接近于实测值。模型校准中最重要的一步是参数率定，它能够揭示模型在运行过程中的不足，因此，在不能或者难以获得必要的参数值时，参数率定是相当有用的。标准的参数率定过程是寻找实测和预测状态的细微差别，并通过统计的拟合度来衡量模型的适用性（Kannan et al，2007）。

SWAT 模型与径流模拟密切相关的参数主要有土壤有效含水量、土壤蒸发消耗系数、基流衰退系数、饱和导水率等共计 6 个参数。在这些参数中有些参数可以根据 DEM 计算出来，如坡度与坡长；有些参数根据气象资料来计算，如融雪量；有些参数根据土壤属性来计算，如土壤蒸发消耗系数等；有些参数根据实测资料进行率定，如蓄水层补给迟滞时间和基流衰退系数；而反映下垫面情况的关键参数 CN 值根据子流域土地利用图、土壤图确定，同时进行坡度订正。

实测的资料分为两部分，其中一部分用于校准模型，而另一部分则用于模型的验证。因此，当模型参数校准完成后，应当采用校准模型以外的另一部分数据对模型模拟值进行对比分析与验证，以评价模型的适用性。本研究使用回归系数（R^2）和 Nash-Suttclife 模拟系数（Ens）来评估模型在校准和验证过程中的模拟效果。

10.3　模型的输出

SWAT 输出文件有 4 个，分别是子流域输出（. sbs）、河段输出（. rch）、大型子流域输出（. bsb）、水库输出（. rsv），它们都可以以每天、每月、每年的精度来进行输出。表 10-1 为河段输出文件主要参数，表 10-2 为子流域输出主要参数。

表 10-1　河段输出文件主要参数

字段	物理意义
Subbasin	子流域编号
Date	日期(年月日)
Flow_In	每天流入河段的水(cm^3/s)
Flow_Out	每天流出河段的水(cm^3/s)
Evap	河道段的蒸发(mm)
Sed_In	流入河道的总泥沙(t)
Sed_Out	流出河道的总泥沙(t)
Tloss	每天河道底的渗漏损失(cm^3/s)
NO_2_In	流出河段的泥沙携带的亚硝酸盐(kg)
NO_2_Out	流出河段的泥沙携带的亚硝酸盐(kg)
NO_3_In	流出河段的泥沙携带的硝酸盐(kg)
NO_3_Out	流出河段的泥沙携带的硝酸盐(kg)
NH_4_In	流出河段的泥沙携带的氨(kg)
NH_4_Out	流出河段的泥沙携带的氨(kg)
Sedconc	流入的泥沙减去流出的泥沙(t)
Orgn_In	进入河段的泥沙携带的有机氮(kg)
Orgn_Out	流出河段的泥沙携带的有机氮(kg)
Orgp_In	进入河段的泥沙携带的有机磷(kg)
Orgp_Out	流出河段的泥沙携带的有机磷(kg)

表 10-2　子流域输出主要参数

字段	物理意义
Subbasin	子流域编号
Date	日期(年月日)
Precip	降水量(mm)
Snomelt	融雪(mm)
Et	土壤剖面蒸发散(mm)
Orgn	离开子流域并在子流域出口处被测的有机氮($kg \cdot hm^2$)
$OrgNO_3$	离开子流域并在子流域出口处被测的硝酸盐氮($kg \cdot hm^2$)
$OrgNO_2$	离开子流域并在子流域出口处被测的亚硝酸盐($kg \cdot hm^2$)

续表

字段	物理意义
OrgNH$_4$	离开子流域并在子流域出口处被测的氨氮(kg·hm^2)
Orgp	离开子流域并在子流域出口处被测的有机磷(kg·hm^2)
Sw	土壤水分含量(mm)
Wyld	在子流域出口离开子流域注入河川径流的水量(mm)
Syld	子流域里到达子流域出口处的泥沙量(t·hm)

10.4 基于 SWAT 模型的马家沟流域产流产沙模拟

由于 SWAT 模型要求的流域相关参数较多,包括气象、水文、土壤和植被等多种数据,因此在 SWAT 模型实际运算之前,首先要进行马家沟流域水文数据参数化工作,获取 SWAT 模型运行的必要参数。降雨数据仍然是收集的流域1971～2006 年 30 多年的实测降雨资料,有关这些数据的基本情况均在前面的章节进行了阐述,这里不再重复。

10.4.1 流域数据库的构建

概括起来,SWAT 模型数据库可以分为空间数据库(又称图数据库)和属性数据库两大类,部分数据库资料见表 10-3。空间数据库包括流域 DEM 图、土地利用分类图和数字化土壤图。属性数据库包括有关土地利用、土壤属性以及气象站参数等数据。

表 10-3 马家沟流域 SWAT 模型数据库

	数据	比例尺/分辨率	格式	来源
图数据	DEM	1:10000	GRID	中国水科院
	土地利用图	1:10000	GRID	中国水科院
	土壤图	1:1 000 000	GRID	FAO 的 1:1000000 数字土壤图

	数据	数据项	格式	站点及位置来源
表数据	气象数据	日降水量、最高最低气温、太阳辐射、风速和相对湿度	dBase	国家气象局、安塞县气象局

1. DEM 图来源及处理

以 1:10000 比例尺的地形图为数据源,对研究流域进行数字化制图,建立等高线的矢量图。通过空间分析模块(spatial analyst)建立了马家沟流域数字高程模型。DEM 是零阶单纯的单项数字地貌模型,在 DEM 的基础上可派生其他地貌特性,如坡度、坡向及坡度变化率等。DEM 图和坡度、坡向图详见第 2 章及第 8 章。在 DEM 基础上,对马家沟流域的河网和子流域进行了提取和划分。图 10-5 为其中不同的提取方案。

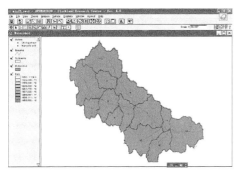
(a) 13 个子流域

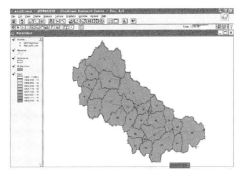
(b) 30 个子流域

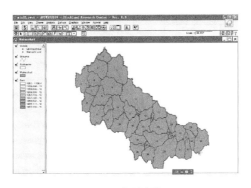
(c) 39 个子流域

图 10-5　子流域与河网划分图

2.流域土地利用类型图来源及处理

根据 1990 年和 2000 年的 Landsat ETM＋影像数据,以 1：10000 地形图为依据,按标准分幅应用二次多项式分别进行几何校正,控制点中误差在 1 个像元以内。再根据所获得的统计资料、地形图及各种专题图件,结合野外调查资料,建立该区域解译标志;应用图像处理软件,采用人机交互的监督分类方法进行解译,并通过野外验证对其精度进行评价。在 ArcGIS 软件的支持下,统计生成 1990 年和 2000 年的土地利用/覆被数据,同时结合 2007 年人工调绘处理所得土地利用现状,经过空间叠加分析,得到马家沟流域 3 期土地利用与覆被变化的动态变化信息,生成相关专题图。在进行土地利用的空间数据库创建时,把 SWAT 模型载入 3 期土地利用类型图中,见图 10-6。

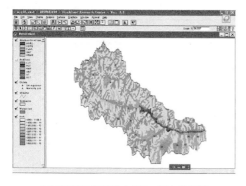
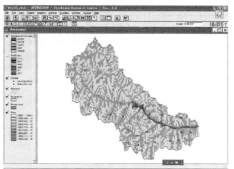

(a) SWAT 模型载入 1990 年土地利用　　　　　(b) SWAT 模型载入 2000 年土地利用

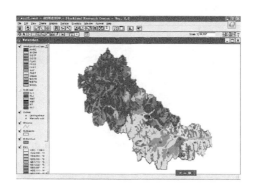

(c) SWAT 模型载入 2007 年土地利用

图 10-6　SWAT 模型载入 3 期土地利用类型图

3. 土壤类型图来源及处理

采用 1：100 万中国土壤数据。首先将原图按照研究区所处位置大致分割出所在地区土壤类型图,进行投影转换,然后用研究流域边界将研究区土壤类型图切割出来。依据现场实际调查在 GIS 平台下对土壤图又重新进行了现场核实。通过对土壤类型图的现场核实确定了马家沟流域共有六种土壤,包括褐土、水稻土、黑垆土、红黏土、冲积土、黄绵土。流域土壤类型图载入 SWAT 模型见图 10-7。

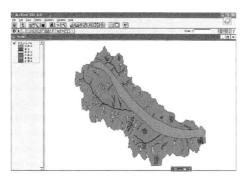

图 10-7 土壤类型图

4. 土壤属性数据库

流域土壤属性是影响流域水文响应的重要因素,也是 SWAT 模型中较为重要的参数之一。模型要求输入的土壤数据包括土壤的空间分布数据和土壤的属性数据,其中土壤空间分布数据主要是用来生成每个子流域的土壤类型、分布和面积情况,是生成水文响应单元的基础;而土壤的属性数据则控制着土壤内部的水分运动情况,对每个水文响应单元的水循环过程有较大影响。

土壤各层需要输入的物理属性参数主要包括:土壤各层厚度(SOL_Z),土壤干容重(SOL_BD),土壤水文分组(共选 A、B、C、D 四类),土壤层有效持水量(SOL_AWC),土壤饱和水力传导系数(SOL_K),土壤孔隙度(SOL_ORK),土壤剖面的最大根系带(SOL_ZMX),有机碳含量(SOL_CBN),黏粒、粉粒、沙粒和岩石所占土壤容积的百分比,潮湿土壤反射系数(SOL_ALB),土壤可蚀性因子 K 值(USLE_K)。由于资料所限,本研究将流域的各土壤类型均分为 3 层(模型最多允许分为 10 层),. sol 存储各个子流域土壤各层的物理属性。土壤容重、有效田间持水量、饱和导水率等参数由软件 SPAW6. 1 中的 SWCT(soil water characteristics for texture)模块计算求得。本书也查询了《中国土种志》第六卷中相关土壤的基本信息,并录入土壤数据库。

1996 年,NRCS 土壤调查小组将在相同的降雨和下垫面条件下、具有相似的产流能力的土壤归为一个水文组。影响土壤产流能力的属性主要包括季节性土壤含水量、土壤饱和水力传导率和土壤下渗速率。土壤的水文学分组定义见表 10-4。SWAT 模型采用的 SCS 模型有特定的土壤分类系统,需要对当地的土壤分类进行对应归并,得到符合 SCS 模型的土壤分类结果。由于土壤属性相对比较稳定,因此,在 SWAT 模型运行期间一直将土壤分类结果作为不变值,用于模型的计算中。图 10-8 为马家沟土壤数据库的构建。

表 10-4　SCS 模型及流域土壤水文分组情况

土壤分类	土壤水文性质	最小下渗速率/(mm/h)	土壤分组
A	完全湿润条件下高渗透率土壤,土壤质地主要由沙砾组成,排水能力强	7.26~11.43	无
B	完全湿润条件下中等渗透率土壤,土壤质地由沙壤质组成,排水导水能力中等	3.81~7.26	黄绵土、褐土、黑垆土、冲积土、水稻土
C	完全湿润条件下较低渗透率土壤,土壤质地为黏壤土、薄层沙壤土,大都有一个阻碍水流向下运动的层,下渗率和导水能力差	1.27~3.81	红黏土
D	完全湿润条件下较低渗透率土壤,土壤质地为黏土,导水能力极低	0~1.27	无

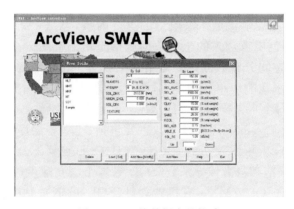

图 10-8　土壤数据库的构建

5. 气象数据库构建

由于降水量、平均气温和太阳辐射量等参数对水文过程、作物生长和养分降解、转化等都具有重要影响,连续的日降水量、日气温等气候资料对模型的模拟效果影响显著,因此,在构建气象数据库时,需要录入以上一些参数。表 10-5 为本研究的气象生成站点资料。

表 10-5　气象生成站点资料

站名	数据源	模型输入站名	东经	北纬	海拔/m	来源
安塞	降水量、最高和最低气温、风速、湿度	Wgn_mjg	109°19′	36°53′	1068.3	安塞气象局、国家气象局

10.4.2 土地利用和土壤的定义及叠加

在对土地利用和土壤数据库进行叠加前,需导入土地利用图和土壤类型图两个主题层,两个图的格式可以是 grid 格式或 shp 格式(若是 shp 格式,模型将利用 ArcView 的空间分析功能自动将其转化为 grid 格式),本次模拟采用的是 grid 格式。两个主题的投影与 DEM 相同,都是地理坐标投影。在导入土地利用图后,需建立一个对应的索引表,来建立两个主题与对应数据库的连接,表 10-6 就是建立的土地利用对应的索引表。

表 10-6 土地利用与数据库之间的索引表

土地利用序号	土地利用含义	土地利用代码
1	河渠	WATR
2	梯田	AGRR
3	坡耕地	COTS
4	林地	FRST
5	灌木林地	FRSD
6	草地	PAST
7	裸地	HAY
8	居民地	URMD

最后就是重分类(reclassify)过程,在这个过程中,将在流域视图中添加两个新的主题(SwatLanduseclass 和 Soilcalss)。接下来就可以进行土地利用和土壤的叠加了,图 10-9 为土地利用和土壤叠加的结果。

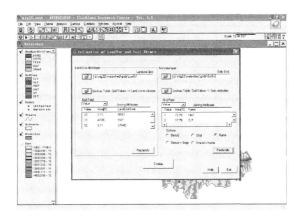

图 10-9 土地利用类型与土壤数据叠加

10.4.3　水文响应单元的分配

在进行 SWAT 模型运行时,首先根据 DEM 图把流域划分为一定数目的子流域,子流域划分的大小,一方面可以通过定义形成河流所需要的最小集水区面积来调整,另一方面还可以通过增减子流域出口进行进一步调整。然后在每一个子流域内再划分为 HRU。HRU 是同一个子流域内有着相同土地利用类型和土壤类型的区域。子流域内划分 HRU 有两种方式:一种是选择一个面积最大的土地利用和土壤类型的组合作为该子流域的代表,即一个子流域就是一个 HRU;另一种是把子流域划分为多个不同土地利用和土壤类型的组合,即多个 HRU。本节采用的是第二种方法,即多种水文响应单元法,具体分两步来确定两个阈值:第一步是土地利用面积阈值的确定,用来确定子流域内需保留的最小土地利用的面积;第二步是土壤面积阈值的确定,用来确定土地利用类型中需保留的最小土壤类型的面积(Zuazo et al,2004)。

10.4.4　创建模型输入文件

模型输入文件包括以下内容:结构文件、气象文件(. wgn)、土壤文件(. sol)、子流域文件(. sub)、水文响应单元文件(. hru)、主河道文件(. rte)、农业管理文件(. mgt)、土壤化学文件(. chm)、水利用文件(. wus)、地下水文件(. gw)、池塘数据文件(. pnd)和河流水质文件(. swq)。

10.4.5　基于马家沟流域的模型校准和验证

1. 模型参数的率定

SWAT 模型是基于物理机制的分布式水文模型,在模型运行时所需参数较多,因此有必要对模型进行参数校准与验证。研究表明,与径流和泥沙密切相关的参数主要有 CN_2 值、土壤饱和导水率(K_{sat})、土壤有效含水量(SOL_AWC)、土壤蒸发补偿系数(ESCO)等;对基流影响较大的参数主要有基流消退系数(GW_ALPHA)、地下水再蒸发系数(GW_REVAP)、浅层地下水再蒸发的阈值深度(REVAPMN)。本研究选择地表径流滞后时间(SURLAG)、径流曲线数 CN_2、土壤可利用水量(SOL_AWC)、土壤蒸发补偿系数(ESCO)、基流 α 系数(ALPHA_BF)、河道有效水力传导率(CH_K_2)、土壤剖面深度(SOL_Z)作为待率定参数等。

SWAT 模型模拟马家沟流域径流量时,由于马家沟流域缺少实测径流资料对模拟数据进行验证,因此,参考了尹婧(2008)对泾河流域控制水文站张家山1971~1990 年模拟年、月径流与实测年、月径流进行验证而得到的参数。

SWAT 模型在马家沟流域对泥沙模拟时,通过马家沟流域各类坝系实际拦泥量与初期拦泥量的差值,得到了相应子流域的年实际产沙量,通过模型模拟得到了子流域的泥沙模拟值,并对模拟值进行验证,从而校准模型参数。

2. 径流泥沙参数的选定和校准

1) 径流参数的选定和校准

选用泾河流域出口张家山站 1971~1980 年的径流资料对模型进行校准,并采用模型校准过程中所得到的参数,应用该站点 1981~1990 年观测到的径流资料对模型进行验证。运行 SWAT 模型对径流进行模拟的过程中,筛选出最为敏感的一些参数,得到了适合研究区的模型参数值。其他一些对径流量变化不太敏感的参数采用模型的默认值。模型率定的顺序是先调水量平衡,然后率定径流量。通过调整参数使径流模拟值与实测值吻合(Zuazo 等,2004)。

从模型校验期、验证期月均径流量、年均径流量实测值与模拟值对比(表 10-7)来看,通过参数的校准和验证,模型能够在月尺度和年尺度上较准确地模拟流域的径流量变化。

2) 泥沙参数的选定和校准

实际产沙量采用的是 2005~2006 年各类型淤地坝的实际拦泥库容量,各淤地坝产沙量模拟值采用的是 SWAT 模型中 Watershed 界面下所划分的 39 个子流域的模拟年产沙量。选用 2005 年各类型淤地坝的实际拦泥库容资料对模型进行校准,并采用模型校准过程中所得到的参数,应用 2006 年的淤地坝的实际拦泥库容量资料进行验证,见表 10-8。

表 10-7　径流模拟校验期及验证期径流模拟结果评价

年份		月尺度			年尺度		
		Ens	Re	R^2	Ens	Re	R^2
校验期	1971	0.66	23.37	0.93	0.64	15.58	
	1972	0.68	25.05	0.90	0.85	42.82	
	1973	0.95	17.00	0.91	0.96	−3.55	
	1974	0.64	28.40	0.82	0.70	10.13	
	1975	0.86	29.93	0.75	0.98	−4.49	
	1976	0.76	25.31	0.85	0.58	−13.84	0.903
	1977	0.72	31.60	0.90	0.81	−4.89	
	1978	0.64	26.90	0.75	0.73	4.21	
	1979	0.58	36.18	0.92	0.80	13.94	
	1980	0.69	27.59	0.68	0.53	8.39	
	平均	0.72	27.13	0.84	0.76	4.13	

续表

年份		月尺度			年尺度		
		Ens	Re	R^2	Ens	Re	R^2
验证期	1981	0.54	25.56	0.81	0.60	−16.62	
	1982	0.74	37.67	0.76	0.89	−12.36	
	1983	0.77	32.24	0.80	0.73	11.86	
	1984	0.62	5.21	0.82	0.59	12.08	
	1985	0.68	35.94	0.71	0.62	13.99	
	1986	0.76	34.69	0.67	0.90	23.63	0.831
	1987	0.79	−18.24	0.82	0.83	22.39	
	1988	0.59	38.16	0.75	0.58	−10.36	
	1989	0.81	−0.83	0.82	0.88	17.55	
	1990	0.62	25.47	0.77	0.71	7.86	
	平均	0.69	21.60	0.77	0.73	7.00	

　　从图 10-10 和图 10-11 可以看出,2005～2006 年各淤地坝年实际产沙量与模拟值较为相近,通过在 excel 进行相关性分析,校准期 2005 年各淤地坝的产沙量 R^2 为 0.74,验证期 2006 年各淤地坝产沙量 R^2 为 0.71,即无论校准期还是验证期,采用 SWAT 模型模拟马家沟流域的泥沙量模拟精度都较高,因此,SWAT 模型可以在马家沟应用。表 10-9 为模型校准参数值。

表 10-8　淤地坝的实际产沙量及模拟值

年份	流域编号	工程类别	控制坝	实际产沙量/万 m³	产沙量模拟值/万 m³
2005	8	骨干坝	梁家湾	89.7	58.9
	2		石峁子	27.3	19.8
	1		中峁	61.9	79.8
	3	中型坝	东沟	7.7	4.5
	7		龙嘴沟	9.7	12.4
	9		张家晔	7.6	11.8
	4		曹辛庄	7.4	15.8
	14		后柳沟	5.6	10.8
	8		四嘴沟	1.9	2.8
	13		麻地渠	1.1	2.0

续表

年份	流域编号	工程类别	控制坝	实际产沙量/万 m³	产沙量模拟值/万 m³
2006	27	骨干坝	顾塌	73.7	54.8
	30		阎桥	12.3	6.8
	23		杜家沟 1#	9.0	18.9
	6		中峁 2#	9.4	17.8
	31	中型坝	大平沟	5.7	9.4
	25		后正沟	2.9	1.1
	15		柳湾 1#	12.3	17.8
	18		鲍子沟	4.0	2.5
	36		任塌脑畔沟	2.5	1.2
	24		崖窑旮 2#	0.8	0.2
	16		后正沟 1#	0.5	1.4
	19	小型坝	曹庄洞沟 2#	3.3	1.7
	21		寨子村	0.7	0.6
	17		马河湾	1.9	1.2
	32		大山梁	1.2	1.0

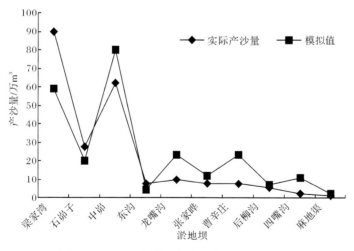

图 10-10　2005 年淤地坝实际产沙量与模拟值

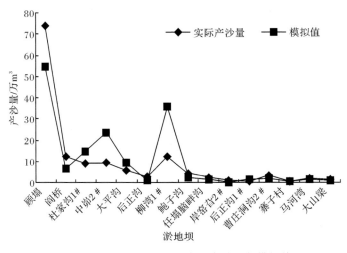

图 10-11　2006 年淤地坝实际产沙量与模拟值

表 10-9　模型校准参数值

参数名	参数变化范围	单位	参数描述	径流模拟最终参数值	泥沙模拟最终参数值
CN_2	$-8 \sim +8$	—	SCS 曲线方法的径流曲线系数	-8	—
ESCO	$0 \sim 1$		土壤蒸发补偿系数	0.1	0.4
GWQMN	$0 \sim 5000$		潜层地下水回流	0	—
SQL_AWC	$0 \sim 1$	mm/mm	土壤可利用水量	0.05	—
GW_DELAY	$0 \sim 500$	d	地下水延迟天数	15	—
GW_REVAP	$0.02 \sim 0.2$	—	地下水再蒸发系数	0.02	—
CH_K_2	$0 \sim 150$		河道有效传导率	0.35	0.67
ALPHA_BF	$0 \sim 1$	d	基流 α 系数	0.01	—
SURLAG	$0 \sim 10$		地表径流滞后时间	0.85	—
CANMX	$0 \sim 100$	mm	植被最大储水量	2	10
USLE_C	$0.001 \sim 0.5$		植物覆盖度因子	—	0.02
SPCON	$0 \sim 1$		泥沙输移线形系数	—	0.52
SPEXP	$1 \sim 1.5$		泥沙输移指数系数	—	1.15

第11章 泥沙来源及流域尺度对洪水过程的影响

黄土高原是我国土壤侵蚀最强烈的地区,水力侵蚀居全国首位。侵蚀类型和强度的空间分布既有区域差异又有垂直变化规律。在小流域内,流域上中下游的侵蚀特点也各不相同。分析黄土地区侵蚀环境与水土流失的关系,区分小流域坡面与沟道水土流失量,对因害设防、合理配置水土保持措施,有效防治水土流失具有重要的意义。本章以晋西黄土区蔡家川小流域为研究对象,应用径流小区和小流域(含小集水区)沟口测流堰实测泥沙减去沟间地侵蚀量,推算沟谷地侵蚀量,同时应用长期定位观测资料分析小流域中不同土地利用状况下泥沙来源。

11.1 坡面(沟间地)与沟道(沟谷地)的输沙量

在黄土地区,暴雨侵蚀是流域侵蚀产沙的主要形式之一,该地区由于径流侵蚀的长期切割作用及水流对土壤的浸润而引发了重力侵蚀,造成该区沟壑纵横的侵蚀地貌。流域降雨侵蚀包括雨滴溅蚀、径流侵蚀和重力侵蚀等。小流域是水土流失从坡面到沟道发生发展的基本单元,根据本地区的地貌形态,以现代沟缘线为界可将其划分为两个典型的侵蚀类型区,即沟缘线以上的沟间地和沟缘线以下的沟谷地,沟间地又分为梁峁坡和梁峁顶。

采用流域对比方法,即选择两个流域(常选在邻近流域)。这两个流域除植被类型不同外,其他条件(如地形、地质、土壤、气候、流域面积等)基本相同或相似,对比流域应该选择在地面分水线和地下分水线重合的闭合流域,沟长、比降比较接近,沟的方向一致。根据以上原则,在山西省吉县红旗林场范围内选择了一对集水区和一对小流域,试验集水区和流域的自然地理特征见表11-1,试验流域植被特征见表11-2。

表 11-1 试验流域的地形特征

试验流域	面积/km²	流域长度/m	流域宽度/m	形状系数	弯曲系数	河流比降
庙沟集水区	0.0624	450	138.7	0.31	1.10	0.3188
木家岭集水区	0.0896	680	131.8	0.18	1.10	0.3617
庙沟小流域	1.5655	2250	719.0	0.32	1.08	0.518
木家岭小流域	1.3968	2000	698.4	0.34	1.08	0.0582

表 11-2　试验流域植被特征

试验流域	植被组成	密度/(株/hm²)		郁闭度	林木蓄积量/m³	生物量/t	森林覆盖率/%
		乔木	灌木				
庙沟集水区	沙棘、黄刺梅、白草	—	1500	—	—	61.83	0
木家岭集水区	刺槐、杜梨、沙棘	2269	74000	0.8	466.94	719.3	77.1
庙沟小流域	刺槐、油松、杨树、沙棘、白草	21718	34.05	0.5	1771.9	4044.3	35.6
木家岭小流域	刺槐、油松、杨树、沙棘、白草	39690	71.33	0.75	4676.9	5796.0	48.4

利用 1∶10000 比例地形图,实地调查现场勾绘小流域地形地貌图、土地利用现状图和水土流失现状图,分析吉县黄土丘陵区小流域中不同地貌部位面积分布情况,梁峁坡所占比例,在木家岭小流域和庙沟小流域中,梁峁坡面积比例分别为 74.24% 和 69.43%。沟间地坡度一般小于 25°,沟谷地突变,形成大于 35°的沟坡。

根据坡面径流小区资料和小流域沟口测流堰实测泥沙资料,计算在场降雨情况下庙沟集水区、木家岭集水区、木家岭小流域、庙沟小流域沟谷地和沟间地侵蚀量的比例关系见表 11-3。北坡小流域、南北窑小流域各流域沟谷地和沟间地侵蚀量的比例关系见表 11-4。从表中可以看出,流域输出泥沙的 70% 以上源于沟谷地,在庙沟集水区,沟谷地的平均侵蚀模数是沟间地侵蚀模数的 9.8 倍。

表 11-3　红旗林场小流域沟间地和沟谷地面积与侵蚀量比例

试验流域	庙沟集水区		木家岭集水区		庙沟小流域		木家岭小流域	
	沟间地	沟谷地	沟间地	沟谷地	沟间地	沟谷地	沟间地	沟谷地
面积/hm²	4.33	1.91	5.39	8.96	91.96	64.59	71.82	67.86
占流域/%	69.43	30.57	60.13	39.87	59.16	40.84	51.42	48.58
侵蚀量/t	7.66	36.66	0.34	1.88	3.42	206.55	3.18	45.09
占流域/%	17.30	82.70	15.20	84.80	1.66	98.34	6.58	93.42
侵蚀量/t	6.85	25.49	0.10	1.41	21.32	142.56	1.02	38.09
占流域/%	21.20	71.80	6.50	93.50	13.10	86.90	2.60	97.40
平均侵蚀模数/(t/km²)	167.55	1635.53	4.08	18.36	13.45	268.55	2.92	61.17

表 11-4　北坡和南北窑小流域沟间地和沟谷地面积与侵蚀比例

试验流域	北坡		南北窑		日期
	沟间地	沟谷地	沟间地	沟谷地	
面积/hm²	62.99	87.30	29.58	41.39	—
占流域/%	41.91	58.09	41.68	58.32	—
侵蚀/t	6.1632	16.1005	4.9560	8.7140	1993 年
占流域/%	27.20	72.80	36.23	63.77	7 月 15 日
侵蚀/t	2.2712	7.1325	2.9480	7.3150	1993 年
占流域/%	24.45	75.55	28.72	71.28	8 月 4 日
侵蚀/t	6.1600	19.5500	4.8950	8.1790	1998 年
占流域/%	23.96	76.04	37.44	62.56	8 月 22 日
侵蚀/t	2.2700	6.5470	2.1270	8.6500	1999 年
占流域/%	34.67	65.33	24.59	75.41	8 月 9 日
平均侵蚀模数 /(t/km²)	6.69	14.27	12.87	20.03	—

对于北坡和南北窑小流域,沟间地的面积分别占流域总面积的 41.91%、41.68%,侵蚀量则占全流域的 23.96%～34.67% 和 24.59%～37.44%,而沟谷地侵蚀量占全流域的比例大于 63.77%。

通过表 11-4 降雨平均侵蚀模数比较,北坡沟谷地的侵蚀模数为 14.27t/km²,沟间地为 6.69t/km²,前者是后者的 2.13 倍;南北窑沟谷地的侵蚀模数为 20.03t/km²,沟间地为 12.87t/km²,前者是后者的 1.56 倍。梁峁顶是较平坦的塬面,梁峁坡是塬面到沟谷坡地之间的过渡段。这两种地貌的大部分为农耕地,主要的侵蚀形式为雨滴溅蚀和径流冲刷侵蚀。在梁峁坡上常有集中股流,是由坡面地表径流沿着细沟汇集到浅沟中形成的,容易引发严重的沟蚀及溯源侵蚀。沟谷坡地由于坡度较陡,除直接受降雨径流侵蚀外,还要受来自沟间地泄流的冲刷侵蚀,崩塌、滑塌以及泄流等重力侵蚀形式也频繁发生,土壤侵蚀最为剧烈,是流域主要的产沙区。

从黄土高原的总体情况来看,通过分析黄土丘陵沟壑区典型小流域多年平均径流泥沙资料,可以看出沟壑比塬面和梁峁坡的侵蚀量大;黄土丘陵沟壑区小流域沟间地与沟谷地比较,侵蚀量沟间地占 40% 左右,沟谷地占 60% 左右,泥沙主要来源于沟谷坡地。经过对沟坡的径流泥沙分析可知,虽然沟谷径流侵蚀产沙量往往在流域侵蚀产沙量中占有很大的比例,但其中有相当的成分是由坡面水沙下沟坡引起的。如果能采取合适的水土保持措施,阻止坡面水沙下沟,沟谷的径流泥沙可大大减少。因此,在水土保持治理中,应充分考虑坡面的侵蚀产沙能力,尽量减少或防止上坡来水来沙流入下坡,减少径流对下部坡面的侵蚀。可以采取减小坡长,增加坡面拦蓄径流泥沙的能力。

11.2　流域尺度变化对流域径流的影响

尺度问题指在不同尺度之间进行信息传递（尺度转化）时所遇到的问题，是当今水文学领域研究的重点问题和难点问题。尺度是影响森林水文效应的重要因子，它既包括空间尺度又包括时间尺度。从一个时空尺度到另一个时空尺度，森林植被对水文循环和泥沙的影响往往表现出不同的特征。因此，为客观评价森林植被对水文循环和泥沙的影响，建立不同空间尺度的试验研究区，是认识和评价森林植被功能的必然选择。关于流域尺度与水文方面国内除了在理论上有了许多研究，在实践上也有了新的进展。研究森林植被对流域径流的影响，对解决森林水文学中的尺度问题，实现不同尺度研究结果的信息转换，客观评价森林植被在不同时空尺度上的水文学作用，具有十分重要的意义。

许多研究者发现，大小流域的观测现象是不一致的，组成流域的各区间特征之和并不等于流域总体效应（陈军峰等，2001）。有研究发现，随着流域尺度的变化，产流参数、产沙参数均随流域面积增加而增大，产流系数与流域的变化比产沙系数更明显。本研究基于 SWAT 模型，在 DEM 基础上对马家沟流域的河网和子流域进行了提取和划分，将流域划分为 39 个子流域来进行分析。图 11-1 是不同降水水平年流域面积与年径流模数的关系，左图代表的是流域面积小于等于 1hm^2，右图代表的是流域面积大于 1hm^2。

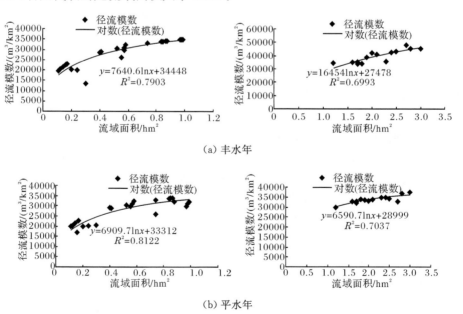

(a) 丰水年

(b) 平水年

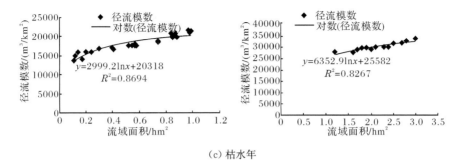

(c) 枯水年

图 11-1　不同降水水平年流域面积与年径流模数的关系

从图 11-1 可以看出,无论丰水年、平水年还是枯水年,流域面积与径流模数存在很好的对数关系,并且回归方程的相关系数受流域面积影响显著,流域面积越大,相关系数越小。在丰水年图(a)中左图的相关系数为 0.7903,而右图的相关系数为 0.6993;在平水年图(b)中左图的相关系数为 0.8122,而右图的相关系数为 0.7037;在枯水年图(c)中左图的相关系数为 0.8694,而右图的相关系数为 0.8267。这表明流域侵蚀不仅受降雨、地形地貌、土地变化等的影响,流域面积也是潜在影响因素。这是因为,不同空间尺度的流域,降雨产流过程不尽相同。首先,侵蚀来源不同,大尺度流域侵蚀可能主要来自沟道,而有些很小尺度流域侵蚀主要来自于坡面。其次,不同尺度流域、土地利用的结构模式也不相同,因此,降雨产沙过程也相应有所不同。

表 11-5 是马家沟流域面积与年径流模数的关系,由表可以看出,不同降水水平年,流域径流显著不同,丰水年流域产流产沙能力远比平水年和枯水年的强,平水年和枯水年的产流产沙能力较小。丰水年相关系数最小,平水年次之,枯水年相关系数最大。此外,由表也可以看出,面积大于 $1hm^2$ 的流域比面积小于 $1hm^2$ 的流域径流模数要大得多。

表 11-5　马家沟流域面积与年径流模数的关系

流域范围	降水特征	流域面积-径流模数	样本数
$\leqslant 1hm^2$	丰水年	$y = 7640.6\ln x + 34448, R^2 = 0.7903$	25
	平水年	$y = 6909.7\ln x + 33312, R^2 = 0.8122$	25
	枯水年	$y = 2999.2\ln x + 20318, R^2 = 0.8694$	25
$> 1hm^2$	丰水年	$y = 16454\ln x + 27478, R^2 = 0.6993$	15
	平水年	$y = 6590.7\ln x + 28999, R^2 = 0.7037$	15
	枯水年	$y = 6352.9\ln x + 25582, R^2 = 0.8267$	15

注:y 为年径流模数(m^3/km^2),x 为流域面积(km^2)。

11.3　流域尺度对流域径流过程的影响

为了进一步研究时空尺度的变化对流域径流过程的影响,本节以山西省蔡家川嵌套流域为研究对象,根据 10 年的定位观测资料,分析了流域时空尺度变化对径流造成的影响。

11.3.1　流域的选取

为了便于分析研究,本研究以山西省蔡家川嵌套流域为研究对象,将蔡家川主沟道及其嵌套的冯家圪垛流域、柳沟流域、刘家凹流域、北坡流域作为不同尺度的流域进行分析。流域地形地貌特征见表 11-6。

表 11-6　蔡家川嵌套流域主沟及其支沟的地形地貌特征

流域名称	流域面积/km²	流域长度/km	流域宽度/km	形状系数	河网密度	河流比降
蔡家川主沟	34.233	14.50	1.2543	0.1628	1.53	0.0194
冯家圪垛	18.565	7.25	2.6700	0.3683	25.9	0.0705
刘家凹	3.6173	3.30	1.0962	0.3322	0.91	0.0889
柳沟	1.9327	3.00	0.6825	0.2275	4.10	0.0843
北坡	1.5029	2.18	0.7190	0.3298	3.00	0.1211
南北窑	0.7097	1.38	0.5420	0.3928	1.81	0.0870
井沟	2.625	2.88	0.9130	0.3170	1.09	0.1219

11.3.2　流域尺度变化对流域产流模式的影响

产流是指流域中各种径流成分的生成过程。实质上是水分在下垫面垂向运行中在各种因素综合作用下的发展过程,也是流域下垫面对降雨的再分配过程。不同的下垫面条件具有不同的产流机制,不同的产流机制又影响着整个产流过程的发展,呈现出不同的径流机制。

常见的产流模式有 3 种:①超渗产流型是指降雨强度大于土壤入渗速率时产生的地表径流;②蓄满产流型是指土体中全部孔隙被水饱和后所形成的径流,主要发生在土层较薄或不透水层埋藏较浅的土石山区;③超渗蓄满混合型,在干旱地区,地下水位较低,产流以超渗产流型为主,在雨水比较集中的汛期,地下水位升高,产流以蓄满产流为主。

径流过程是各种因素综合作用的结果,各种因素改变引起的产流规律的变化必然会在出口断面的实测资料中反映出来,故可通过对次洪水径流过程分析径流的模式。以 2002 年 7 月 23 日的一场高强度、短历时的暴雨为例进行分析。本次降雨时间是从 12:20 开始到 13:30 结束的,次降雨量为 20mm,平均雨强为 0.29mm/min,最大雨强为 0.8mm/min(图 11-2)。图 11-3 为蔡家川主沟流域及其他流域在本次降雨中的水位过程线。

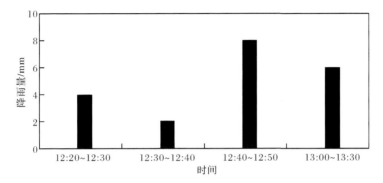

图 11-2 降雨过程线(2002 年 7 月 23 日)

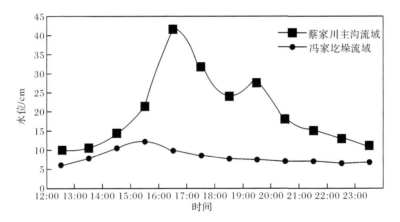

(a)蔡家川、冯家圪堵流域

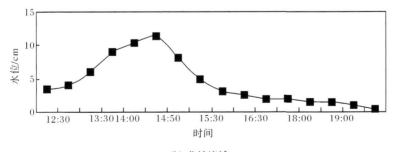

(b)北坡流域

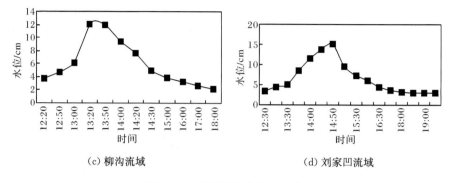

(c) 柳沟流域　　　　　　　　　　　　(d) 刘家凹流域

图 11-3　不同流域水位过程线

从洪峰的形态来分析,从蔡家川流域与冯家圪垛、北坡、柳沟、刘家凹等嵌套小流域洪水过程线对比可以看出,蔡家川主沟流域洪水过程线比较对称,瞬间最大洪水径流量是常流量的 8.8 倍。而后几条流域的洪水过程线都相对平缓,洪前洪后退水过程线不相似,表现出一定的偏态,退水过程比较漫长。

据调查黄土区流域大都发源于石质山区,其中下游为黄土区。蔡家川主沟量水堰控制面积为 34.233km², 流域面积相对较大,流域位于黄土高原东部半湿润丘陵沟壑区,其上游以黄土覆盖的土石山区为主(如冯家圪垛、柳沟嵌套小流域),中下游黄土覆盖深厚(如刘家凹、北坡等嵌套小流域),在其中下游黄土区,土层深厚,土质疏松,土体中包气带持续而深厚,该流域对黄土区河流具有较典型代表性。这种特点决定了黄土地区发生地表径流的形式不仅有超渗产流而且也有蓄满产流。图 11-3(a)蔡家川主沟流域洪水过程线陡涨陡落、洪水过程线尖峭,这种产流模式符合超渗产流的特征。

蔡家川流域嵌套的冯家圪垛和柳沟流域的上游为土石山区,流域由于退水过程线比较漫长,说明流量补给主要是地下径流,这种洪水过程是蓄满产流的主要特征。所以形成的径流为蓄满产流模式。北坡流域和刘家凹流域洪水过程线陡涨陡落、洪水过程线尖峭,这种产流模式符合超渗产流的特征。

综上分析,黄土区尺度较大的流域,一般发源于土石山区,中下游为黄土区,地形地貌结构复杂,既包括土石山、黄土区,又包括土石山与黄土区的过渡区,所以其径流模式比较复杂,既有超渗产流又有蓄满产流。而尺度较小的流域地形地貌结构简单,所以其形成的径流模式也比较单一。

从洪峰产生的时间来看,本次降雨的最大雨强在 12:40~12:50,蔡家川主沟流域产生峰值的时间为 16:30,冯家圪垛产生峰值的时间为 15:10,北坡流域产生峰值的时间为 14:20,柳沟流域产生峰值的时间为 14:40,刘家凹流域产生峰值的时间是 15:00。

流域面积直接影响流域径流的形成过程和径流量,一般来说,流域面积大,其调节径流的能力较大。蔡家川主沟流域产生峰值流量的时间滞后于其他各条流域,洪水历时长,与降雨不相吻合,雨停后仍有径流。由于其他各条流域面积小,径流输移距离较小,汇流的时间短,所以其可以在降雨后比较短的时间内达到峰值。而蔡家川主沟道流域面积较大,汇流的时间也长,所以其峰值产生的时间滞后于其他各个流域。

11.3.3　流域尺度的变化对流域洪水过程的影响

尺度对水文现象具有十分重要的影响,甚至有时会在水文运动中发挥关键的作用,研究不同尺度下的水文运动规律以及不同尺度下的水文变量的相互关系,认识尺度对水文规律的影响,可以用于识别不同尺度下水文信息的差别与联系,进行有资料向无资料的信息移植与成果转让,并加深对水文规律的认识。因此,水文尺度问题的研究具有重要的理论意义和实用价值。

在对蔡家川流域几年的资料收集和分析过程中发现产流的所有水文过程基本可概括为两种类型的曲线:一是单峰水文过程线;二是多峰水文过程线。由图 11-3 可以看出,蔡家川主沟流域的洪水过程线为多峰曲线,而其他流域的洪水过程线为单峰曲线。

图 11-4 和图 11-5 是 2001 年 8 月 17 日的一次降雨洪水过程线,本次降雨量为 28mm,平均雨强为 0.133mm/min,最大雨强为 0.25mm/min。由图 11-4 可以看出,冯家圪垛流域的洪水过程线为单峰曲线。图 11-5 中蔡家川流域的洪水过程线为多峰曲线。

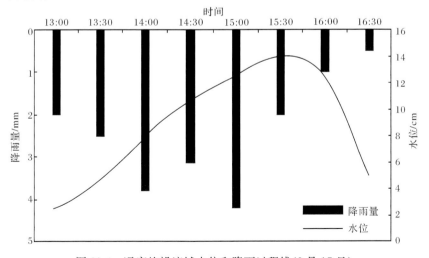

图 11-4　冯家圪垛流域水位和降雨过程线(8 月 17 日)

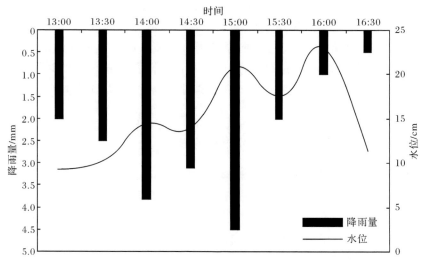

图 11-5　蔡家川流域水位和降雨过程线(8 月 17 日)

　　图 11-6 和图 11-7 是冯家圪垛流域和蔡家川流域在 2001 年 6 月 9 日的一场降雨,本次降雨量为 18mm,平均雨强为 0.0375mm/min。最大雨强为 0.1mm/min。由图 11-6 可以看出,冯家圪垛流域的洪水过程线为单峰曲线。图 11-7 中蔡家川流域的洪水过程线为多峰曲线。

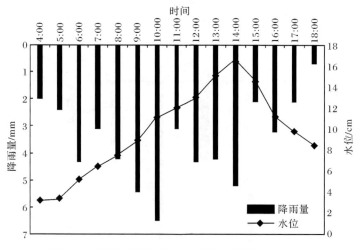

图 11-6　冯家圪垛流域径流和降雨过程线(6 月 9 日)

　　将以上两场降雨过程线与水文过程线相比,两个流域的共同点是,降雨过程线与水文过程线基本一致,短历时、高强度的降雨所形成的洪峰值也高;若降雨量小,历时长,则洪峰值也低。两个流域的不同点是,蔡家川主沟流域的洪水过程线

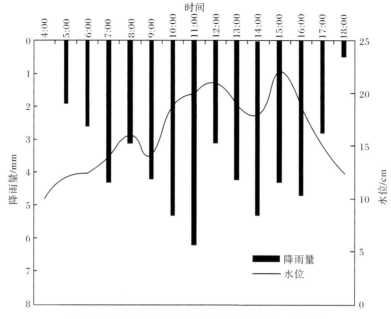

图 11-7 蔡家川流域径流和降雨过程线(6 月 9 日)

为多峰曲线,而冯家圪堎流域的洪水过程线为单峰曲线。产生差异的原因是,冯家圪堎流域面积较小,地形结构相对简单,所以形成了单峰曲线;而蔡家川沟道的流域面积大,地形结构也相对复杂,流域形状为羽状,其嵌套流域的洪水过程到达主沟道流域的时间有所不同,所以洪水过程线多为多峰曲线。由此可以得出,当流域的尺度不同时,其洪水过程线会有很大的差异。

11.4 嵌套流域洪水过程计算模拟

本研究以蔡家川嵌套流域 2002 年的一场洪水过程为例,探索量水堰实测所得的洪水过程与流域模拟洪水过程的差异。由上述可知,蔡家川主沟流域与其嵌套的其他流域的洪水过程线有所不同,蔡家川主沟流域为多峰曲线,而其他流域洪水过程线为单峰曲线。产生差异的原因是,蔡家川流域嵌套的几个小流域流速不同,而流速是决定汇流时间的主要因素,流速的不同使得各条流域的洪水过程线到达蔡家川主沟流域量水堰的时间也有所不同。目前关于坡面径流流速研究的试验条件及其所采用方法有差异,所得公式也不完全相同,但其形式一般为

$$V = kq^n s^m \tag{11-1}$$

式中,V 为流速;k 为坡面粗糙状况系数;q 为单宽流量;s 为坡度,%;n、m 都是常数。

坡面径流在流动过程中,由于受自然坡面的影响和雨滴的打击,常呈紊流运动。因此,其流速可用紊流式计算(n 取 0.5,m 取 0.67)。

根据曼宁公式,明渠水流的流速公式为

$$V = \frac{1}{n} R^{\frac{2}{3}} I^{\frac{1}{2}} \qquad (11\text{-}2)$$

式中,V 为平均流速,m/s;R 为湿周,m;I 为水面比降;n 为曼宁糙率系数。

利用曼宁公式计算流速时最重要的是参数 n 的确定。

利用式(11-2)变换后得

$$n = \frac{R^{\frac{2}{3}} I^{\frac{1}{2}}}{V} \qquad (11\text{-}3)$$

根据对蔡家川量水堰 2000 年 10 月 19～22 日的流速测定结果,代入式(11-3)得出量水堰的糙率系数的变化范围为 0.0120～0.0126。一般情况下,混凝土的人工水路糙率系数为 0.012～0.018,可见蔡家川流域的量水堰符合设计要求,因此,取蔡家川量水堰的糙率系数 n 为 0.013。n 换为 k,在式(11-1)中 n 取 0.5,m 取 0.67,k 取 0.013,则流速公式为

$$V = 0.013 q^{0.5} S^{0.67} \qquad (11\text{-}4)$$

求出流速后,利用距离与流速的比值($t = 1/V$)来求时间。

以 2002 年 6 月 2 日的一场降雨为依据(图 11-8),本次降雨于 2002 年 6 月 2 日 23:20 开始,最大雨强达到 0.8mm/min,降雨持续了 3 个半小时。本研究做出了蔡家川主沟道量水堰所控制的嵌套小流域(冯家圪垛、柳沟、北坡、刘家凹)的洪水过程线,并且通过流速、河床比降推测各场洪水过程在到达蔡家川主沟量水堰的洪水过程线,把各个流域的洪水过程线进行累加,作为蔡家川主沟量水堰的模拟洪水过程线。模拟洪水过程线与蔡家川主沟道实测的洪水过程线进行对比,以此来分析洪水过程线模拟的效果。

通过公式可以求出蔡家川量水堰所控制的柳沟、冯家圪垛、刘家凹、北坡流域洪水过程在 0:00～5:00 到达蔡家川主沟道后的洪水过程线(模拟洪水过程线),将其与蔡家川主沟道实测的洪水过程线绘制于图 11-9。

由图 11-9 可知,蔡家川流域的模拟洪水过程线与实际洪水过程线都产生了三个峰值,模拟洪水过程线在 1:50 产生了第一个峰值,实际洪水过程线在 2:25 产生了第一个峰值;模拟洪水过程线在 2:45 产生了第二个峰值,实际洪水过程线在 3:10 产生了第二个峰值;模拟洪水过程线在 3:15 产生了第三个峰值,实际洪水过程线在 3:45 产生了第三个峰值。模拟洪水过程线与实际洪水过程线相比,在产生峰值的时间上,提前了 25～30min。从形状上来分析,蔡家川流域模拟洪水过程线和实际洪水过程线虽不完全重合,但两条曲线形状基本一致。

所以这种计算模拟的洪水过程线与实际洪水过程线吻合效果较好。只是模

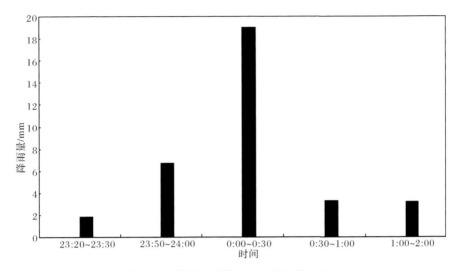

图 11-8　降雨过程线(2002 年 6 月 2 日)

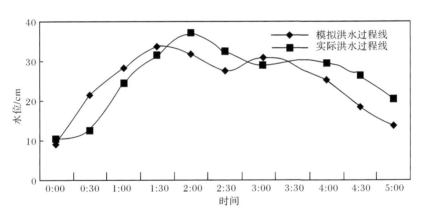

图 11-9　蔡家川流域水位过程线(6 月 9 日)

拟洪水过程线的峰值略低于实际洪水过程线的峰值,且在时间上模拟洪水过程线滞后于实际洪水过程线。产生差异的原因是蔡家川流域属于嵌套流域,其径流量除了来自于其嵌套的量水堰所控制小流域的径流量外,还应当包括蔡家川流域主沟道内没有量水堰控制的其他支沟产生的径流量。

　　综上分析,这种通过物理机制计算模拟的洪水过程线与实际洪水过程线吻合较好,可以用来预测黄土区小流域的洪水过程。

第12章 流域植被/工程复合作用下的水沙效应

目前流域尺度上水沙效应研究多集中于植被措施,而工程措施水沙效应研究相对较少。本章以蔡家川、马家沟流域为研究对象,分析降雨、植被变化和土地利用对流域生态水文过程、径流、泥沙的影响方式及程度,研究淤地坝的减水减沙作用及相应流域的水沙变化。

12.1 流域径流和泥沙对降雨响应

为了区分降雨和土地利用对流域侵蚀产沙的影响,充分应用 SWAT 模型的场景模拟功能,建立不同情境下的模拟,以便对不同降雨条件下马家沟流域的水文生态响应进行研究。本节基于 SWAT 模型在分析年降雨对水沙资源的影响时,假定土地利用没有发生任何变化,分别采用了三个时间段进行模拟,依此来分析降雨对马家沟流域水沙的影响,即情景模拟 1(1981~1990 年)、情景模拟 2(1991~2000 年)、情景模拟 3(2001~2007 年)。另外,由于马家沟流域年内降水量分配不均,有枯季和洪季的特点,分析了一年内各月不同降水条件的水文响应状况。图 12-1 为年际尺度的马家沟流域径流量、泥沙量变化情况。

12.1.1 年际尺度径流和泥沙对降雨响应

情景模拟 1:1981~1990 年逐年降雨量数据,土地利用采用 1990 年遥感影像图。

情景模拟 2:1991~2000 年逐年降雨量数据,土地利用采用 2000 年遥感影像图。

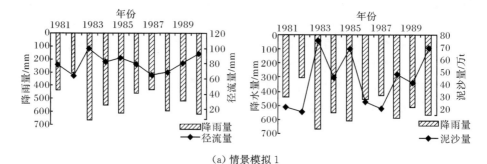

(a) 情景模拟 1

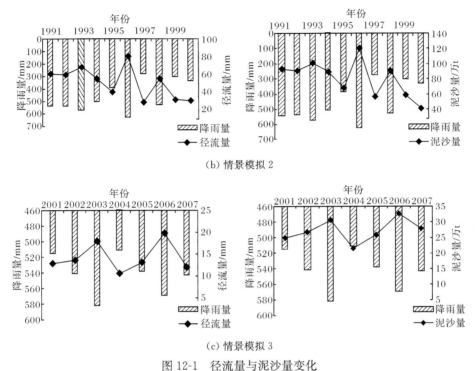

(b) 情景模拟 2

(c) 情景模拟 3

图 12-1　径流量与泥沙量变化

SWAT 模拟的径流量单位是 m³/s,依据时间步长在计算中换算为 mm

　　情景模拟 3:2001～2007 年逐年降雨量数据,土地利用采用 2007 年遥感影像图。

　　情景模拟 1:由图 12-1(a)可以看出,在土地利用不变的情况下,受降雨量影响,径流量和泥沙量也相应变化,在 1981～1990 年 10 年间,平均降雨量为 518.9mm,流域年降雨量变化幅度较大,从枯水年(1982 年)的 302mm 到丰水年(1983 年)的 666.4mm。径流量也由 1982 年的 21.5mm 变化为 1983 年的 75.2mm,泥沙量由 1982 年的 18.4 万 t 增加到 1983 年的 99.5 万 t。年平均径流量为 43.2mm,年平均产沙量为 79.6 万 t。

　　情景模拟 2:在 1991～2000 年 10 年间,流域年降水量变化幅度较大,平均降雨量为 459mm,从枯水年(1997 年)的 275mm 到丰水年(1996 年)的 622.1mm。径流量由 27.5mm 变化为 80.5mm,泥沙量由 56.7 万 t 增加到 120.5 万 t。平均径流量为 50.3mm,平均泥沙量为 80.8 万 t。

　　情景模拟 3:在 2001～2007 年 7 年间,流域年降雨量变化不大,平均降雨量为 542.6mm。径流量变化范围为 10.5～19.8mm,泥沙量变化范围为 21.5 万～32.8 万 t。平均径流量为 14.2mm,平均泥沙量为 27.1 万 t。

综上所述,在三种模拟情景下,马家沟流域的径流量和泥沙量从总体上看随着降雨量的增加都有不同程度的增加。在丰水年径流量和泥沙量普遍较大,在枯水年径流量和泥沙量普遍较小。也有个别年份尽管降雨量最小,但径流量并不是最小的,如情景模拟 2 下,1997 年降雨量最小,仅为 275mm,但径流量并不是最小的。这与模型的精度有关系。为了更清楚地反映三种模拟情景下的径流产沙量的一个平均状态,列了表 12-1。由表 12-1 也可以看出,三个情景下平均径流量和泥沙量与降雨量变化不太一致,情景模拟 2 的降雨量虽然最小,但其径流量与泥沙量却最大,这是由土地利用的变化造成的。关于土地利用对径流泥沙的影响在后面会有介绍。

表 12-1　三种情景模拟的径流产沙量

情景设定	情景模拟 1	情景模拟 2	情景模拟 3
平均降雨量变化/mm	518.9	459.0	542.6
平均径流量/mm	43.2	50.3	14.2
平均泥沙量/万 t	79.6	80.8	27.1

为了更加有效地分析降雨对水文动态的影响,分别利用了三期土地利用遥感影像图模拟了径流量、泥沙量。图 12-2 和图 12-3 分别是降雨-径流关系、降雨-泥沙关系,采用线性回归得到如图所示的直线,并拟合降雨-径流关系式、降雨-泥沙关系式。

$$Y_1 = 0.1409X_1 - 14.342, R^2 = 0.8586, n = 10 \quad (1981\sim1990 \text{ 年})$$
$$Y_2 = 0.1829X_2 - 51.676, R^2 = 0.8683, n = 10 \quad (1991\sim2000 \text{ 年})$$
$$Y_3 = 0.1124X_3 - 46.756, R^2 = 0.7627, n = 7 \quad (2001\sim2007 \text{ 年})$$

式中,X_1、X_2、X_3 为年均降雨量,mm;Y_1、Y_2、Y_3 为年均径流量,mm;n 为样本数。

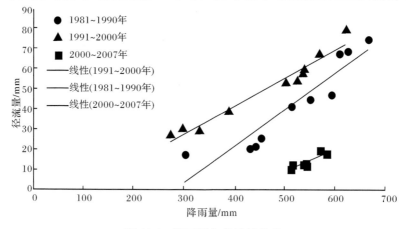

图 12-2　降雨量与径流量关系

$$S_1 = 0.1827X_1 - 40.23, R^2 = 0.8966, n = 10 \quad (1981{\sim}1990 \text{ 年})$$
$$S_2 = 0.0751X_2 - 13.250, R^2 = 0.7434, n = 10 \quad (1991{\sim}2000 \text{ 年})$$
$$S_3 = 0.1324X_3 - 44.738, R^2 = 0.8467, n = 7 \quad (2001{\sim}2007 \text{ 年})$$

式中，X_1、X_2、X_3 为年均降雨量，mm；S_1、S_2、S_3 为年均泥沙量，万 t；n 为样本数。

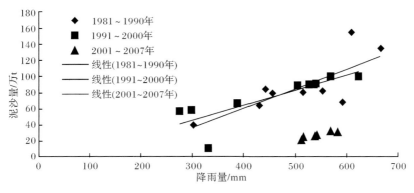

图 12-3　降雨量与泥沙量关系

从图 12-2 和图 12-3 可以看出，年降雨量和年径流量、泥沙量具有很好的线性相关关系，并且呈明显的正相关关系，回归模型的相关系数都较高。由此可见，黄土高原地区在土地利用不变的情势下，流域产流、产沙的大小取决于流域内降雨量的多少，降雨量越多，流域产流产沙越多，降雨量越少，流域产流产沙也越少。

从图 12-2 和图 12-3 还可以看出，无论降雨-径流曲线还是降雨-泥沙曲线，三期数据的斜率都不相同，这是由马家沟流域土地利用格局发生变化而造成的，其中 1981～1990 年和 1991～2000 年的斜率明显比 2001～2007 年的斜率要大。这是因为，随着退耕还林政策的实施，2000～2007 年马家沟流域林草地面积有了大范围的增加，林地面积从 190.78hm² 增加到 1702.83hm²。森林作为一个复杂的生态系统，对降雨有三个作用层，即林冠、枯枝落叶层和林地土壤层。通过三个作用层提高了林地的渗透能力和土壤蓄水能力。森林由此起到了缓滞水流和保护地面的作用，可以在一定范围内减少径流总量和泥沙量。因此，2001 年以后，径流量和泥沙量尽管随着降雨量的增大也在增大，但增加的幅度与 2000 年前相比已经变小了。

12.1.2　月尺度径流和泥沙对降雨响应

从图 12-4 可以看出，随着月平均降雨量的增加，径流量也随降雨量发生一致的波动。在 1981～1990 年、1991～2000 年和 2001～2007 年的三个时间段内，7 月的平均降雨量均为最大，分别是 95.8mm、87.9mm、110.2mm；径流量也为最大，分别是 15.4mm、16.8mm 和 5.1mm。在降雨量少的枯水季节，径流量也相当少，尤其在 1~4 月和 10~12 月个别枯水月份,流域内几乎不产生径流量。

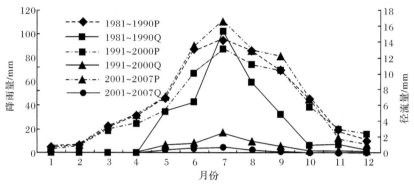

图 12-4　马家沟流域月降雨量与径流量变化

P 表示降雨量,Q 表示径流量

　　图 12-5 表明泥沙量的峰值均出现在降雨量比较集中的汛期,特别是降雨量最多的 7、8 月。以 1981~1990 年为例,两个月泥沙量的峰值分别是 35.4 万 t 和 27.8 万 t,可见集中降雨是产沙的主要动力之源,随降雨量的减少,泥沙量也随之减少。在枯水季节,流域产沙量也相当少。

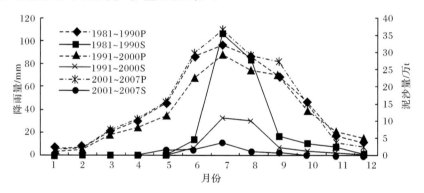

图 12-5　马家沟流域月降雨量与泥沙量变化

P 表示降雨量,S 表示泥沙量

　　因此,径流的变化在汛期主要受降雨量的控制,其变化幅度较大,枯水期降雨量小,径流不受降雨的影响,基本无径流;泥沙量的变化随径流量变化而变化,集中降雨产生的径流挟持大量的泥沙,其产沙量也主要集中在 6~9 月,而且 7~8 月的产沙量最大,平均占年产沙量的 70% 左右,幅度变化大于径流量的变化。因此,可以看出马家沟流域降雨对泥沙的影响程度大于降雨对径流的影响。

12.2　流域径流和泥沙对土地利用响应

为了分析土地利用/覆被变化的流域减水理沙效应,利用地形地貌特征条件相似的流域进行径流和泥沙对比分析,可基本剔除地形地貌对流域径流和泥沙的影响,从而讨论分析不同土地利用及森林分布特征和林分类型对流域径流和泥沙的影响。

12.2.1　对比流域选取

1. 蔡家川流域

1) 嵌套主沟及其支沟

蔡家川嵌套流域包括 6 条较大的支流,从 2 号量水堰控制流域内选择了具有代表各类土地利用格局和地形地貌条件特征,且流域面积较大的 4 条支流布设了量水堰,控制面积为 25.62km²,占主沟 2 号量水堰以上控制流域面积的 75%。2 号量水堰以下还有 2 条支流,控制面积为 3.3347km²。蔡家川嵌套流域主沟及其支沟的地形地貌特征见表 11-6。

2) 聚类分析的分类指标选择

聚类分析是一种研究事物分类的方法,即对一群性质上不明确的事物,通过聚类分析按其性质相近的程度聚为不同的类群。依据“物以类聚”的原则,用数学方法定量确定样本的亲疏关系,把相似的指标或个体聚合成某一类的一种多元统计分析方法,从而客观地划分事物的类型。

流域是地表水及地下水以分水线所包围的集水区域,首先必须选择一套能全面反映流域地形地貌条件的指标体系。根据蔡家川嵌套试验流域的实际情况,本节选择对流域地形地貌特征起主导作用的控制因子——流域面积、流域长度、流域宽度、流域形状系数、河道比降、河网密度作为聚类分析的指标体系。

流域面积直接影响流域水量及径流的形成过程,一般来说由于河道切割的含水层层次增多,截获的地下水径流量也多,而且大流域径流变化比小流域相对稳定。流域的长短和宽窄、河网密度(是单位面积内河流长度)、流域形状系数都影响流域在降雨过程中径流的汇流时间,从而影响径流过程。狭长的流域汇流时间较长,径流过程线较平缓;扇形排列的河系,各支流的径流基本上同时汇集至干流。河道比降影响流域径流的流速,从而也影响径流过程。因此,上述 6 个指标是影响流域径流过程的主要地形地貌特征因子,利用上述 6 个指标和 MATLAB 聚类分析软件对蔡家川主沟及其 6 条支流的地形地貌条件进行类型划分,分类结果见图 12-6。

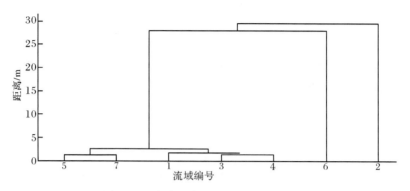

图 12-6　流域地貌地形特征系统聚类图

3) 聚类效果评价

根据聚类分析结果(图 12-6),聚类评价效果 cophenet(z,y)＝0.9954,说明该分类效果很好,其结果科学可靠。不同阈值反映了各流域间地形地貌特征条件的相似程度,阈值取值越小,流域地形地貌特征越相似。

当阈值取 4 时,该流域可分为三类,蔡家川流域为一类,冯家圪垯流域为一类,而其余 5 个流域为一类,即地形地貌条件特征大体相似。冯家圪垯流域是指 6 号量水堰以上的蔡家川流域上游,流域面积较大。蔡家川流域是指 2 号量水堰以上的整个蔡家川流域,包含了北坡、柳沟、刘家凹、冯家圪垯流域。即从冯家圪垯流域的 6 号量水堰向下到 2 号量水堰之间包含了北坡、柳沟、刘家凹 3 条主要试验流域和其他一些较小的支流。因此,主沟径流量与森林植被间的关系中隐含了流域地形地貌特征的影响及尺度问题,在本节中不作为地形地貌特征相似条件下的对比流域。

在南北窑、北坡、柳沟、刘家凹、井沟流域类中,当阈值取 2.5 时,刘家凹和井沟流域为一类,南北窑、北坡、柳沟 3 个流域为一类。因此,刘家凹与井沟流域,南北窑、北坡与柳沟流域在地形地貌特征条件方面最具相似性。利用地形地貌特征条件相似的流域进行流域径流对比分析,可基本剔除地形地貌对流域径流的影响,讨论分析流域不同土地利用及森林分布特征和林分类型对流域径流的影响。

2. 马家沟流域

采用上述聚类分析研究方法,对马家沟流域进行了流域地形地貌相似性分析,马家沟流域中相似流域地形地貌因子见表 12-2。

表 12-2　相似流域地形地貌因子

流域编号	流域面积/km²	流域面积百分比/%	主河道坡降	流域平均高程/m	流域平均宽度/km	主河道长度/km	形状系数	流域相似性
12	1.37	1.77	0.147	1252.18	761	1.80	0.31	相似
18	1.92	2.48	0.169	1256.85	920	2.10	0.30	
27	0.33	0.43	0.084	1117.24	971	0.34	0.28	相似
31	0.31	0.40	0.082	1141.12	1033	0.30	0.26	
34	1.51	1.95	0.153	1132.18	786	1.92	0.35	相似
38	1.59	2.05	0.156	1312.39	791	2.01	0.31	

从表 12-2 可以看出，12 号子流域和 18 号子流域从流域面积、主河道坡降、流域平均宽度、主河道长度、形状系数几个指标上来看两个流域形状相近，因此，在研究中把这两个流域作为对比流域进行分析。同理，把 27 号子流域和 31 号子流域、34 号子流域和 38 号子流域也作为对比流域进行分析。

12.2.2　土地利用现状

1. 蔡家川对比流域土地利用现状

蔡家川流域及各支沟流域的土地利用现状见表 12-3。1 号量水堰控制的南北窑和 7 号量水堰控制的井沟流域基本土地利用格局为农业用地和牧业用地流域。3、4、5、6 号 4 个量水堰分别控制的北坡、柳沟、刘家凹、冯家圪垛 4 个流域的土地利用格局为不同林分类型配置的森林植被流域。蔡家川土地利用现状见图 12-7。

1 号量水堰控制的南北窑流域的土地利用格局基本为天然草地和农田，且以天然荒草坡为主，其中农田位于梁峁顶及坡上部，梁峁坡的中下部及侵蚀沟均为天然荒草坡。

7 号量水堰控制的井沟流域的土地利用格局基本以农田和天然草地为主，农田位于梁峁顶及坡上部，侵蚀沟及梁峁坡下部均为天然荒草坡，人工林位于该流域上游，为刺槐与油松混交林，水平阶整地。

3 号量水堰控制的北坡流域是以人工林为主的农林复合配置流域，人工林位于坡度大于 15°的梁峁坡及部分坡度小于 35°的沟坡，林分类型包括刺槐＋油松、刺槐＋侧柏等混交林和刺槐、侧柏、油松等纯林，水平沟整地。该流域中灌木林以沙棘为主，主要分布于梁峁顶部和部分坡度陡峭的侵蚀沟坡和沟底。次生林以丁

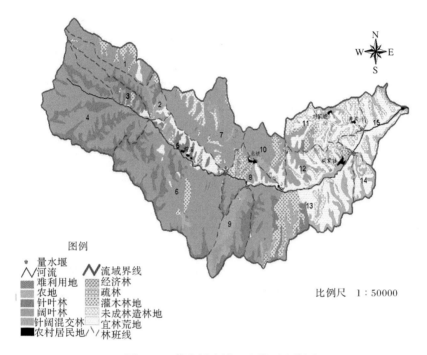

图例

量水堰
河流　　　　流域界线
难利用地　　经济林
农地　　　　疏林
针叶林　　　灌木林地
阔叶林　　　未成林造林地
针阔混交林　宜林荒地
农村居民地　林班线

比例尺　1：50000

图 12-7　蔡家川流域土地类型现状图

香、虎榛子、山杨等为主,分布于较陡的坡面和侵蚀沟。果园以苹果为主,以水平
梯田果农间作或隔坡水平沟(水平沟栽植苹果)果农复合配置为主,农田为水平梯
田,果园及农田分布于坡度小于 15°的梁峁坡。

　　4 号量水堰控制的柳沟流域为封山育林形成的全林流域,已封育成林的天然
次生乔木林及灌木林以侧柏、山杨、桦树、丁香、虎榛子等为主,占 94.41%,人工林
所占比例很小,以油松、侧柏为主,鱼鳞坑整地,整地质量较差,主要分布于侵
蚀沟。

　　5 号量水堰控制的刘家凹流域以次生林及人工林为主,天然次生乔木林以杨
桦为主,天然次生灌木林以沙棘、丁香、虎榛子等为主,主要分布于该流域上游及
侵蚀沟中。人工林以刺槐及刺槐与油松、侧柏形成的混交林为主,主要分布于梁
峁坡。果园及农田多为隔坡水平沟复合经营配置,以杏为主。

　　6 号量水堰控制的冯家圪垯流域为蔡家川流域的上游,以天然次生乔木林及
灌木林和人工林组成的森林流域,各类森林植被覆盖率达 95%,林分树种组成与
刘家凹流域相似。

表 12-3　蔡家川嵌套流域主沟及其支沟的土地利用现状

流域名称	项目	农地	天然草地	灌木林地	次生林	人工林	果园	暂不利用	居民点
南北窑 (1)	面积/km²	0.247	0.437					0.0257	
	百分比/%	34.80	61.58					3.62	
蔡家川主沟(2)	面积/km²	2.503	3.030	7.010	12.44	8.536	0.618	0.020	0.076
	百分比/%	7.31	8.86	20.48	36.34	24.93	1.81	0.06	0.21
北坡 (3)	面积/km²	0.107	0.005	0.554	0.123	0.610	0.1029		0.001
	百分比/%	7.12	0.33	36.86	8.18	40.59	6.85		0.07
柳沟 (4)	面积/km²	0.001		0.465	1.3597	0.107			
	百分比/%	0.05		24.06	70.35	5.54			
刘家凹 (5)	面积/km²	0.132	0.494	0.505	1.4843	0.967	0.035		
	百分比/%	3.65	13.66	13.96	41.03	26.73	0.97		
冯家圪垛 (6)	面积/km²	0.774	0.174	4.177	7.503	5.885	0.035	0.017	
	百分比/%	4.17	0.94	22.50	40.41	31.70	0.19	0.09	
井沟 (7)	面积/km²	1.183	1.006		0.065	0.331	0.003		0.037
	百分比/%	45.07	38.32		2.48	12.61	0.11		1.41

注:蔡家川流域及其各支沟流域中的灌木林基本为天然次生灌木林;本表中次生林是指天然次生乔木林。

2. 马家沟对比流域土地利用情况

选用 2000 年土地利用遥感图模拟。

12 号流域的土地利用格局基本以林地和坡耕地为主,坡耕地位于梁峁顶及坡上部,侵蚀沟及梁峁坡下部均为天然荒草坡,林地位于该流域上游,为刺槐与油松混交林及山杨林。水平阶整地。各类森林植被覆盖率达 80.1%。

18 号流域的土地利用格局基本为草地和坡耕地,且以荒草地为主,其中坡耕地位于梁峁顶及坡上部,梁峁坡的中下部及侵蚀沟均为天然荒山草坡,种植的草本主要是白草、鹅冠草等。各类森林植被覆盖率达 12.4%。

27 号流域是以农果地和草地为主的复合配置流域,果园以苹果为主,以水平梯田果农间作或隔坡水平沟(水平沟栽植苹果)果农复合配置为主,农田为水平梯田,果园及农田分布于坡度小于 15°的梁峁坡。各类森林植被覆盖率仅为 8.1%。

31 号流域为封山育林形成的全林流域,已封育成林的天然次生乔木林及灌木林以侧柏、辽东栎、山杨、桦树、侧柏等为主,占 94.4%,人工林所占比例很小,以油松、侧柏为主,鱼鳞坑整地,整地质量较差,主要分布于侵蚀沟。人工林为 5.6%。

34号流域以人工林为主,也零星有一些天然次生林,人工林以刺槐及刺槐与油松、侧柏形成的混交林为主,主要分布于梁峁坡。果园及农田多为隔坡水平沟复合经营配置,以杏为主。天然次生乔木林以杨桦为主,天然次生灌木林以沙棘、丁香、虎榛子等为主,主要分布于该流域上游及侵蚀沟中。各类森林植被覆盖率达87.4%。

38号流域为马家沟流域的下游,以天然次生乔木林及灌木林组成的天然森林流域,各类森林植被覆盖率达95%,林分树种组成与31号子流域相似。

12.2.3　无林流域和森林流域雨季径流对比分析

1. 径流对比分析

如前所述,南北窑流域(1号量水堰)、北坡流域(3号量水堰)和柳沟流域(4号量水堰)的地形地貌特征基本相同。所不同的是,南北窑流域是典型的农牧流域,没有林地;而北坡流域和柳沟流域森林覆盖率都在90%以上,属于典型的森林流域。所以南北窑流域的雨季径流深和径流系数都非常大,是北坡和柳沟有林流域的5~20倍(表12-4)。分析结果表明,有林地比无林地具有减少流域径流总量、径流深和径流系数的作用。

表12-4　不同土地利用类型的小流域径流观测结果

观测年限	流域名称	流域森林覆盖率/%	降雨总量/mm	径流总量/m³	径流深/mm	径流系数/%
2001年6月28日~10月14日	北坡(3)	92.48	356.8	2705.22	1.8	0.5
	柳沟(4)	99.95	360	10347.21	5.4	1.5
	南北窑(1)	0	358.6	19516.75	27.5	7.7
2002年6月24日~10月20日	北坡(3)	92.48	350	2154.898	1.4	0.4
	柳沟(4)	99.95	371.4	10123.46	5.2	1.4
	南北窑(1)	0	355.1	20155.48	28.4	7.9

水土保持林的拦洪作用,首先突出表现在对洪水量的大量减少上。为了进一步分析研究森林调节径流的作用,以吉县红旗林场两个地形地貌形似的流域(庙沟小流域和木家岭小流域)为对比流域,分析水土保持林的作用。两个流域的植被特征见表12-5。

表12-5　试验流域植被特征

试验流域	植被组成	密度/(株/hm²) 乔木	密度/(株/hm²) 灌木	郁闭度	林木蓄积量/m³	生物量/t	森林覆盖率/%
庙沟小流域	沙棘黄刺梅白草	—	1500	—	—	61.83	0
木家岭小流域	刺槐杜梨沙棘	2269	74000	0.8	466.94	719.3	77.1

　　从表 12-5 可以看出,庙沟小流域为无林流域,木家岭小流域森林覆盖率较高,达到了 77.1%,以木家岭小流域和庙沟小流域 1988~1989 年 11 次实测洪水资料为例,研究森林流域对径流的调节作用。

　　从表 12-6 中可以看出,无林的庙沟小流域的径流量明显高于有林的木家岭小流域。木家岭小流域 11 场降雨的平均洪水量为 107.47m³/km²,平均洪水径流深为 1.20mm;庙沟小流域平均洪水量为 697.48m³/km²,平均洪水径流深为 11.18mm。庙沟小流域的洪水量是木家岭小流域的 6.5 倍,庙沟小流域的洪水径流深是木家岭小流域的 9.3 倍,木家岭小流域森林拦蓄洪水的效益为 62.23%~88.07%,平均为 84.59%。由此可知,由于人工林的建成,水量平衡要素之一的径流量产生明显变化,使得天然降水拦蓄在流域之中。

表 12-6　试验流域洪水径流

序号	时间	木家岭小流域		庙沟小流域		拦蓄效益 /%
		洪水量 /(m³/km²)	洪水径流深 /mm	洪水量 /(m³/km²)	洪水径流深 /mm	
1	1988 年 8 月 13~14 日	148.77	1.66	1135.10	18.19	86.89
2	8 月 18~19 日	55.92	0.62	293.27	4.70	80.09
3	8 月 25~26 日	92.75	1.03	611.70	9.80	84.48
4	1989 年 6 月 6~7 日	88.06	0.98	233.33	3.74	62.23
5	6 月 11~13 日	131.47	1.47	841.19	13.48	84.37
6	7 月 4~6 日	67.30	0.75	375.96	6.03	82.10
7	7 月 22~23 日	171.54	1.91	1437.66	23.04	88.07
8	8 月 6~7 日	101.67	1.14	769.39	12.33	86.79
9	8 月 18~19 日	91.41	1.02	325.64	5.22	71.93
10	9 月 23~24 日	97.21	1.08	659.13	10.56	85.53
11	9 月 25~26 日	136.05	1.52	989.90	15.86	86.26
	平均	107.47	1.20	697.48	11.18	84.59

2. 方差分析

　　从以上分析来看,木家岭小流域和庙沟小流域径流量不同,两个小流域径流量差异是由措施导致还是随机因素导致可由方差分析判定。以下用 SPSS 对数据进行方差分析,见表 12-7 和表 12-8。

表 12-7　流域径流系数方差分析

流域名称	因素	均值	标准离差	标准误差	均值的 95% 置信区间 下限	均值的 95% 置信区间 上限	最小值	最大值
木家岭小流域	9	1.1756	0.42359	0.14120	0.8500	1.5012	0.62	1.91
庙沟小流域	9	10.7256	6.66939	2.22313	15.5990	15.8510	3.74	23.04
总数	18	5.9506	6.72000	1.58392	2.6088	9.2923	0.62	23.04

表 12-8　方差齐性检验成果

	平方和	自由度	平均平方和	F	显著性水平 P 值
组间	410.411	1	410.411	18.379	0.001
组内	357.281	16	22.330		
合计	767.692	17			

显著性概率 $P=0.001<0.05$，即径流深的不同是显著的，是由森林覆盖率的不同而导致的，非随机因素导致。

以上分析表明，庙沟小流域和木家岭小流域径流差异性非常显著，木家岭小流域利用其地表植被以及庞大的根系拦截雨滴，增加地面粗糙度，减缓地表径流增加入渗，且地表植物由于能改善土壤性状，减小土壤容重，增加地表渗透率，因此土壤能含蓄更多水分，具有比无林流域更大的蓄水效应。

12.2.4　多林流域和少林流域雨季径流对比分析

黄土高原森林植被的蓄水保土、截留降水、减少地表径流、拦截泥沙等方面的作用已被大量的研究结果所证实。但森林对河川径流的影响，尤其是黄土高原的森林植被能否把雨季拦蓄的降水转化为地下径流，促进水流均匀地进入江河水库等问题缺乏定量的描述。

1. 蔡家川流域

在蔡家川嵌套流域的支沟刘家凹（5号）流域和井沟（7号）流域中，地形地貌特征基本相同，但由于这两个流域中的土地利用格局及森林覆盖率不同，流域平均径流深及径流系数也不同。表 12-9 为刘家凹和井沟的雨季径流观测结果（包括基流量和洪峰径流量），刘家凹流域的森林覆盖率达 82.7%，属于典型的森林流域，径流深与径流系数均很小。大部分降水在森林植被的作用下储藏于土壤之中，以土壤水或地下水的形式存在。而井沟流域为半农半牧小流域，森林植被覆盖率仅 15.2%，人为活动频繁，流域内受牛羊等牲畜的践踏较为强烈，天然草地退化严重，地表裸露无保护，所以产流量较大，雨季流域径流深和径流系数为刘家凹流域的 2.7~2.9 倍。这表明在小流域中,森林植被具有减少流域径流总量的作用。

表 12-9　不同森林覆盖率的小流域径流观测结果

观测年限	流域名称	流域森林覆盖率/%	降雨总量/mm	径流总量/m³	径流深/mm	径流系数/%
2001 年 6 月	刘家凹(5)	82.7	368.75	21398.53	5.9	1.6
28 日~10 月 14 日	井沟(7)	15.2	367.39	44321.78	16.9	4.6
2002 年 6 月	刘家凹(5)	82.7	366.7	19847.78	5.5	1.5
24 日~10 月 20 日	井沟(7)	15.2	343.18	39587.98	15.1	4.1

2. 马家沟流域

在马家沟流域的支沟 12 号流域(林地＋坡耕地)和 18 号流域(草地＋坡耕地)中,地形地貌特征基本相同,但由于这两个流域中的土地利用格局及森林覆盖率不同,即 12 号流域的土地利用格局基本以乔灌林和坡耕地为主,18 号流域的土地利用格局基本为草地和坡耕地,且以草地为主,两个流域平均径流深及径流系数也不同。表 12-10 为 12 号流域和 18 号流域年径流模拟结果,12 号流域的森林覆盖率达 80.1%,属于典型的森林流域,径流深与径流系数均很小。而 18 号流域为半农半牧小流域,森林植被覆盖率仅 12.4%,所以产流量较大。根据对马家沟流域 2000 年、2001 年径流进行模拟分析,表明 18 号子流域径流深和径流系数为 12 号小流域的 2.7~2.8 倍(与蔡家川流域观测结果一致)。

27 号流域以水平梯田果农间作或隔坡水平沟(水平沟栽植苹果)果农复合配置为主,但森林植被覆盖率较低,仅为 8.1%。31 号流域为封山育林形成的,以天然林为主的全林流域,乔木林及灌木林以侧柏、辽东栎、山杨、桦树、侧柏等为主,占 94.4%,人工林所占比例很小,以油松、侧柏为主,鱼鳞坑整地,整地质量较差,主要分布于侵蚀沟,人工林为 5.6%。27 号流域与 31 号流域相比,径流深和径流系数为 31 号子流域的 2.4~2.9 倍。

表 12-10　不同森林覆盖率的小流域模拟结果

模拟年份	流域编号	土地利用	流域森林覆盖率/%	年降雨总量/mm	径流深/mm	径流系数/%
2000	12	林地和坡耕地	80.1	330.9	1.29	0.39
	18	草地和坡耕地	12.4	330.9	3.45	1.04
	27	农果地和草地	8.1	330.9	2.78	0.84
	31	全林流域	100.0	330.9	0.95	0.29
2001	12	林地和坡耕地	80.1	515.2	1.31	0.25
	18	草地和坡耕地	12.4	515.2	3.67	0.71
	27	农果地和草地	8.1	515.2	2.61	0.51
	31	全林流域	100.0	515.2	1.10	0.21

综上分析,无论12号流域与18号流域相比还是27号流域与31号流域相比,均是多林流域与少林流域的对比,而多林流域的径流深和径流系数均小于少林流域,这也充分表明森林植被可以减少流域产流。

12.2.5 多林流域和少林流域枯水流量对比分析

森林对流域径流量的影响主要包括对年径流量的影响和对流域径流量时程分配的影响,后者包括对洪水流量和枯水期流量的影响。当进入干旱季节时,地表径流中断,河流量全部依赖于地下水补给,此时河流的流量称为枯水流量,这时也是年内的最小流量,所谓森林的涵养水源作用,实际上就是增加干旱季节河流的径流量,并使河流量保持稳定。枯水流量主要依靠于地下蓄水量,地下蓄水量受前期降水、枯水期降水、流域面积、水文地质、土壤植被等的影响,而影响最大的是森林植被的增加。

以对比流域刘家凹流域和井沟流域为研究对象进行分析,刘家凹流域森林覆盖率达82.7%,属于典型的森林流域。而井沟流域为半农半牧小流域,森林植被覆盖率仅15.2%。通过观测刘家凹流域和井沟流域的常流量来分析森林植被对枯水流量的影响。

以2003年4月6日的观测资料为例,试验数据是在各流域的量水堰通过体积法、浮标法、水速仪测定流域的常流量,见表12-11。

表 12-11 小流域常流量观测结果　　　　　　　　(单位:L/s)

观测序号	1	2	3	4	5	6	7
刘家凹	5.36	6.42	6.13	6.70	6.30	6.12	6.17
井沟	0.64	0.67	0.66	0.68	0.66	0.67	0.67

从表12-11可以看出,通过测定常流量,刘家凹流域流量介于5.36~6.70L/s,井沟径流常流量介于0.64~0.68L/s,刘家凹常流量是井沟流域常流量的8.4~9.9倍。多林流域的刘家凹流域对枯水季节的流域径流影响比少林流域井沟要高,植被拦蓄的汛期降水部分转化为地下径流,在枯水季节流出,成为枯水季节流域径流的组成部分,因此,森林植被对流域枯水季节的河川径流具有一定的补枯作用。

森林增加枯水流量,使流量保持稳定,主要原因有:①增加流域的降水,特别是少雨季节;②减少地面增发,增加水分入渗,减少地表径流,使降水有效地进入土壤层,同时林地大孔隙的增加有助于水分以重力水的形式向深层入渗,不断补充地下水;③有效控制地表径流量,增加亚表层流或土内径流,延长了径流持续时间;④在降水以雪为主,夏季少雨的地区,森林具有改变积雪和融雪过程、延长融雪期的功能。

12.2.6 天然林与人工林对流域径流调节作用

森林植被包括天然林,也包括人工林,二者对水文循环的影响既有一定的相似性,又有一定的差别。未遭破坏的天然林生态系统对水文循环的影响和调节能力较大。人工林处于不同生长发育阶段,对水文循环和水文过程的调节有一定的差异。但总体而言,森林植被通过林冠层、枯枝落叶层、根系层以及森林生态系统的生理生态特性影响流域降水的时空分配过程,影响流域径流成分、流域蒸发散、流域径流量以及流域水量平衡变化。

1. 蔡家川流域

北坡流域的森林覆盖率低于柳沟流域,但北坡流域平均径流深及径流系数均低于全林的柳沟流域(表 12-4)。这主要是由于:①北坡流域是以人工林为主的复合经营流域,人工林地水平沟整地质量较高,农田及果园也是以水平梯田为主,因此人工林地、农田及果园中拦蓄降雨径流作用较强,除非特大暴雨,一般人工林地基本不产流,流域洪峰流量小;②北坡流域中的常流水虽然较大,但在位于流域中下游的地方渗入地下,导致流域出口(3 号量水堰处)基流量减少。从而造成了北坡流域雨季径流总量最小的结果。

从北坡和柳沟两个流域的典型水位过程线不难看出,人工林与天然次生林对降雨洪水过程及水位过程线影响,见图 12-8。2002 年 6 月 24 日从 18:40 到 23:00在该区有一场降雨过程,最大雨强达 0.65mm/min。从图 12-8 可以看出,柳沟流域(4 号)不仅洪水水位大于北坡流域(3 号流域),且柳沟流域的水位过程线也比北坡流域水位过程线陡峭,洪峰值高,退水曲线比北坡流域的退水曲线陡,洪水过程线比较对称。在北坡流域为复合配置,层层拦蓄,并由于占森林植被一半以上的人工林地高质量的水平沟整地、水平梯田及果农复合经营,拦截了大量地表径流,延长了地表径流的渗透时间,从而使北坡流域洪水过程比柳沟平缓,且洪水径流总量也较小。因此,人工林地中整地工程在削洪拦蓄地表径流中具有极为重要的作用。

2. 马家沟流域

为了进一步分析人工林与天然林对流域径流的影响,本研究以马家沟流域中34 号子流域和 38 号子流域为研究对象。34 号子流域是森林覆盖率为 87.4% 的人工林流域,38 号子流域是森林覆盖率为 95% 的天然林流域。从表 12-12 可以看出,尽管 34 号子流域的森林覆盖率低于 38 号子流域,但 34 号子流域平均径流深及径流系数均低于全林流域的 38 号子流域。主要是由于 34 号子流域是人工林为主的复合经营流域,农田及果园也是以水平梯田为主,拦截了大量地表径流,从而

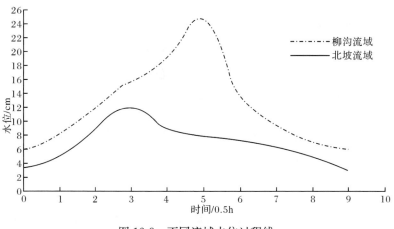

图 12-8　不同流域水位过程线

使流域洪峰流量减少。由此可见,人工林地中整地工程在削洪拦蓄地表径流中具有极为重要的作用。因此,除了森林覆被对流域径流产生影响,整地方式也对流域径流产生影响。

表 12-12　不同土地利用的小流域径流观测结果

模拟年份	流域编号	土地利用	流域森林覆盖率/%	降雨总量/mm	径流深/mm	径流系数/%
2000	34	人工林	87.4	330.9	0.74	0.22
	38	天然林	95.0	330.9	0.81	0.24
2001	34	人工林	87.4	515.2	0.80	0.16
	38	天然林	95.0	515.2	0.87	0.17

12. 2. 7　森林植被对流域产沙的影响

1. 蔡家川流域

森林植被作为一种强有力的生物措施在防止土壤侵蚀、控制泥沙方面具有很大的作用。因此,研究森林植被减沙减水效益,可为黄土地区寻求水土保持生态效益高的水土保持林型和建造人工植被提供科学依据,而且对定量评价水土保持林效益和根本上控制水土流失有着极为深远的意义。

为了进一步分析森林的减沙效应,本研究选择红旗林场两个对比流域(庙沟小流域和木家岭小流域)为研究对象,庙沟小流域为无林流域,木家岭小流域森林覆盖率较高,达到了 77.1%。以 1998～1999 年 12 场降雨产沙资料为依据,分析森林的拦沙效应,见表 12-13。

表 12-13 试验流域森林减沙效益

| 序号 | 时间 | 庙沟小流域 | | 木家岭小流域 | | 减沙效益 /% |
		降雨量 /mm	输沙模数 /(t/km²)	降雨量 /mm	输沙模数 /(t/km²)	
1	1988 年 8 月 13～14 日	60.4	766.51	60.4	24.44	96.81
2	8 月 18～19 日	12.1	90.67	12.4	2.09	97.69
3	8 月 25～26 日	28.5	338.20	32.7	5.23	98.45
4	1989 年 6 月 6～7 日	16.4	125.00	16.4	2.91	97.67
5	6 月 11～13 日	42.0	392.79	41.9	15.07	96.16
6	7 月 4～6 日	17.3	119.55	17.3	3.68	96.92
7	7 月 22～23 日	75.0	801.16	75.0	27.32	96.59
8	8 月 6～7 日	30.3	495.51	37.8	19.26	96.11
9	8 月 18～19 日	17.6	87.98	19.0	2.89	96.72
10	9 月 23～24 日	32.7	320.83	32.7	12.28	96.17
11	9 月 25～26 日	40.8	528.85	40.8	20.54	96.12
12	1990 年 6 月 17～18 日	16.5	102.61	16.5	4.20	95.91

从表 12-13 发现,通过观测的 12 场降雨产沙可以看出,相同的降雨量下,庙沟小流域远远大于木家岭小流域,以 1988 年 8 月 13～14 日观测到的降水产沙为例,降雨量为 60.4mm,庙沟小流域的输沙模数是木家岭小流域的 31.4 倍,森林植被的减沙效益达到了 96.81%。庙沟小流域产沙量高,输沙模数大的主要原因是流域内无森林植被,遇雨后极易形成洪水,从而造成严重的土壤侵蚀和高产沙的结果。木家岭小流域森林植被茂密,人为破坏少,覆被率高,故森林减沙作用显著。

2. 马家沟流域

由于黄土高原流域水沙环境的复杂性,且各流域植被、地形地貌等对径流和输沙影响机理的不同,流域间试验结果的直接对比有失科学性,因此关于这方面的研究受到了限制。为了进一步分析森林的减沙效应并剔除地形地貌对泥沙的影响,本研究选择四个对比流域(12 号小流域、18 号小流域、27 号小流域和 31 号小流域)为研究对象,以 2000～2001 年年产沙资料为依据,分析森林的拦沙效应。流域输沙模数见表 12-14。

表 12-14　马家沟流域森林减沙效益

模拟年份	流域编号	土地利用	流域森林覆盖率/%	降雨总量/mm	输沙漠数/(万 t/km²)
2000	12	林地和坡耕地	80.1	330.9	0.87
	18	草地和坡耕地	12.4	330.9	1.37
	27	农果地和草地	8.2	330.9	1.41
	31	全林流域	100.0	330.9	0.91
2001	12	林地和坡耕地	80.1	515.2	0.92
	18	草地和坡耕地	12.4	515.2	1.40
	27	农果地和草地	8.2	515.2	1.38
	31	全林流域	100.0	515.2	0.95

分析结果表明,2000 年 18 号和 27 号森林流域的输沙模数分别是 12 号子流域和 31 号子流域的 1.57、1.55 倍,2001 年 18 号和 27 号森林流域的输沙模数分别是 12 号子流域和 31 号子流域的 1.52、1.45 倍。2001 年 18 号小流域产沙模数最大,这主要是由于 18 号子流域内森林覆盖率仅为 12.4%,遇雨后极易形成洪水,从而导致严重的水土流失,而 31 号小流域由于森林植被茂密为全林流域,人为破坏少,故森林减沙作用显著,流域侵蚀模数也较小。因此,森林植被除了缓洪增枯,同时可以减少流域侵蚀产沙。

12.3　土地利用和降雨减沙理水耦合效应

以马家沟流域为研究对象,分析土地利用和降雨的减沙理水耦合效应。

12.3.1　对径流量影响

1. 年尺度对径流量影响

1) 1981~1990 年作为基准期,1991~2000 年作为变化期

基准期在实际降雨与土地利用状况下(实际情景 1)模拟的径流与变化期在实际降雨与土地利用状况下(实际情景 2)模拟的径流相比较,二者之间的差值可看成是降雨变化与土地利用共同作用对径流产生的影响;变化期在实际降雨状况和基准期在土地利用状况下(模拟情景 1)模拟的径流与实际情景 1 情形下模拟的径流相比较,二者之间的差值可看成是降雨变化对径流的影响;变化期在实际土地利用状况和基准期在降雨状况下(模拟情景 2)模拟的径流与实际情景 1 情形下模拟的径流相比较,二者之间的差值可看成是土地利用对径流的影响。由此,可以计算出降雨和土地利用变化分别对径流影响的贡献率。20 世纪 80~90 年代马家

沟流域降雨和土地利用对年径流量影响的贡献率见表 12-15。

表 12-15　20 世纪 80～90 年代降雨与土地利用对流域年径流量影响的贡献

降雨资料	80 年代	90 年代	80 年代	90 年代
土地利用/覆被变化	80 年代	80 年代	90 年代	90 年代
情景设定	实际情景 1	模拟情景 1	模拟情景 2	实际情景 2
径流量/mm	43.24	49.21	45.27	50.33
径流量变化量/mm	—	+5.97	+2.03	+7.09
变化百分比/%	—	+84.20	+28.63	—

从不同情形模拟的结果可以看出,实际情景 1 下模拟的径流量为 43.24mm,实际情景 2 下模拟的径流量为 50.33mm,二者相差 7.09mm,说明相对基准期,变化期的径流量增加了 7.09mm。

模拟情景 1 下模拟的径流量为 49.21mm,与实际情景 1 下模拟的径流量相比,变化了 5.97mm,说明降雨变化使得年均径流增加了 5.97mm,占径流变化总量(7.09mm)的 84.20%,即降雨变化对径流影响的贡献率为 84.20%。

模拟情景 2 下模拟的径流量为 45.27mm,与实际情景 1 下模拟的径流量相比,径流量变化了 2.03mm,说明因为土地利用变化的作用,使得年径流增加了 2.03mm,占径流变化总量(7.09mm)的 28.63%,即土地利用变化对径流影响的贡献率为 28.63%。由此可见,降雨变化对径流影响的贡献率大于土地利用变化对径流影响的贡献率。

2) 1994～2000 年作为基准期,2001～2007 年作为变化期

马家沟流域随着退耕还林政策的实施,2000～2007 年林地面积有了大幅度的增加,林地面积从 190.78hm² 增加到 1702.83hm²,而坡耕地面积也相应减少。因此,2000 年是马家沟流域土地利用发生转折的年份,将 2001～2007 年作为变化期,为了取相同的时间步长,将 1994～2000 年作为基准期。1994～2007 年马家沟流域降雨和土地利用对年径流量影响的贡献率见表 12-16。

表 12-16　1994～2007 年降雨与土地利用对流域年径流量影响的贡献

降雨资料	1994～2000 年	2001～2007 年	1994～2000 年	2001～2007 年
土地利用/覆被变化	1994～2000 年	1994～2000 年	2001～2007 年	2001～2007 年
情景设定	实际情景 1	模拟情景 1	模拟情景 2	实际情景 2
径流量/mm	41.20	30.45	25.85	14.20
径流量变化量/mm	—	−10.75	−15.35	−27.00
变化百分比/%	—	−39.81	−56.85	—

从不同情形模拟的结果可以看出,实际情景 1 下模拟的径流量为 41.20mm,实际情景 2 下模拟的径流量为 14.20mm,二者相差 27mm,说明相对基准期,变化

期的径流量减少了 27mm。

模拟情景 1 下模拟的径流量为 30.45mm,与实际情景 1 下模拟的径流量相比,径流量减少了 10.75mm,说明降雨变化使得年均径流减少了 10.75mm,占径流变化总量(27mm)的 39.81%,即降雨变化对径流影响的贡献率为 39.81%。

模拟情景 2 下模拟的径流量为 25.85mm,与实际情景 1 下模拟的径流量相比,径流量变化了 15.35mm,说明因为土地利用变化的作用,使得年径流减少了 15.35mm,占径流变化总量(27mm)的 56.85%,即土地利用变化对径流影响的贡献率为 56.85%。由此可见,土地利用对径流影响的贡献率大于降雨变化对径流影响的贡献率。

分析表明,当把 1981~1990 年作为基准期,1991~2000 年作为变化期时,降雨量对径流影响的贡献率大于土地利用对径流影响的贡献率;而当把 1994~2000 年作为基准期,2001~2007 年作为变化期时,土地利用变化对径流影响的贡献率却大于降雨对径流影响的贡献率。这是由于,马家沟流域在 20 世纪 80 年代和 90 年代的林草覆盖率分别为 49.17% 和 47.09%;进入 2000 年后林草覆盖率达到了 82.32%。由此表明,在植被覆盖率变化不大的情势下,降雨对径流量影响的贡献率大;而在植被覆盖率变化大的情势下,土地利用对径流量影响的贡献率大。换言之,随着植被覆盖率的增大,土地利用对径流量的影响也相应增大。

选择 12 号、18 号、27 号、31 号、34 号和 38 号子流域为研究对象,分析各个子流域在 1981~2007 年森林植被面积比例与年降水、径流模数的关系,建立了流域年降水量、森林植被覆盖率和年径流模数的回归关系。

12 号子流域:
$$M = 879.54e^{0.001P-0.121L}, \quad R^2 = 0.910 \tag{12-1}$$

18 号子流域:
$$M = 1801.53e^{0.010P-0.124L}, \quad R^2 = 0.820 \tag{12-2}$$

27 号子流域:
$$M = 2047e^{0.003P-0.117L}, \quad R^2 = 0.860 \tag{12-3}$$

31 号子流域:
$$M = 1274e^{0.001P-0.048L}, \quad R^2 = 0.824 \tag{12-4}$$

34 号子流域:
$$M = 1022e^{0.070P-0.241L}, \quad R^2 = 0.918 \tag{12-5}$$

38 号子流域:
$$M = 820.34e^{0.004P-0.185L}, \quad R^2 = 0.860 \tag{12-6}$$

式中,M 为流域年径流模数,$m^3/(km^2 \cdot a)$;P 为流域年降水量,mm;L 为森林植被覆盖率,%。

由以上公式可以看出,尽管 6 个子流域所得到的降雨、森林覆盖率和年径流

模数的模型并不完全相同,但各子流域年降水量和流域森林植被盖率均与流域径流模数呈指数关系,即

$$M = a\mathrm{e}^{bP-c} \tag{12-7}$$

式中,a、b、c 为系数。

由此可见,流域年径流量随着流域年降水量的增加而增加,随着流域森林植被覆盖率的增加而减少。

2. 月尺度对径流量影响

1) 1981~1990 年作为基准期,1991~2000 年作为变化期

基准期在实际降雨与土地利用状况下(实际情景 1)模拟的径流与变化期在实际降雨与土地利用状况下(实际情景 2)模拟的径流相比较,二者之间的差值可看成是由降雨变化与土地利用共同作用对径流产生的影响;变化期在实际降雨状况和基准期在土地利用状况下(s-a 模拟情景)模拟的径流与实际情景 1 情形下模拟的径流相比较,二者之间的差值可看成是降雨变化对径流的影响;变化期在实际土地利用状况和基准期在降雨状况下(s-b 模拟情景)模拟的径流与实际情景 1 情形下模拟的径流相比较,二者之间的差值可看成是土地利用对径流的影响。

图 12-9 为 1981~2000 年降雨与土地利用共同作用对月径流量的影响,由图可以看出,在降雨和土地利用共同作用下,无论 1981~1990 年还是 1991~2000 年,5~9 月径流量都是最大的,尤其是降雨量相对较充沛的 7 月径流量达到了峰值。对比图 12-9 和图 12-10 可以看出,20 世纪 80~90 年代,降雨单独对月径流的影响与土地利用和降雨共同对月径流的影响很相似,雨季径流量都是最大的,尤其是 7 月份。

模拟情景(s-a)下与实际情景 1 模拟的各月平均径流的比较,揭示了降雨变化对月径流产生的影响。因此,图 12-10 可以反映 1981~2000 年降雨对月径流量的影响。模拟情景(s-b)下与实际情景 1 模拟的各月平均径流的比较,说明了土地利用对月径流的影响,因此,图 12-11 可以表达 1981~2000 年土地利用对月径流量的影响。

从 12-9 图可以看出,马家沟流域雨季 5~9 月,在 1991~2000 年的径流量比 1981~1990 年分别增加了 1.2mm、1.4mm、1.4mm、0.76mm、1.1mm;而模拟情景(s-a)与实际情景 1 的径流量分别增加了 0.9mm、0.9mm、1.2mm、0.56mm、1mm;模拟情景(s-b)下与实际情景 1 模拟的平均径流增加量分别为 0.2mm、0.4mm、0.5mm、0.26mm、0.3mm。以上数据也表明模拟情景(s-a)与实际情景 1 的径流变化量比模拟情景(s-b)与实际情景 1 的径流变化量大得多,尤其在雨季降雨对径流的影响程度和土地利用对径流影响程度的比值最大可以达到 4.5。因此得出,降雨对径流影响较土地利用对径流的影响要大。

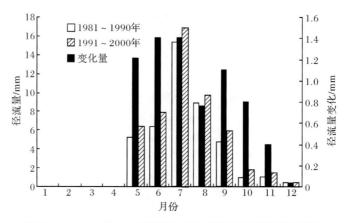

图 12-9　1981～2000 年降雨与土地利用对月径流量的影响

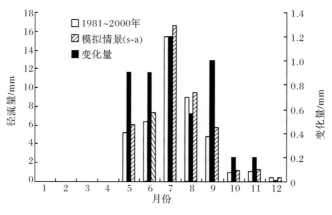

图 12-10　1981～2000 年降雨对月径流量的影响

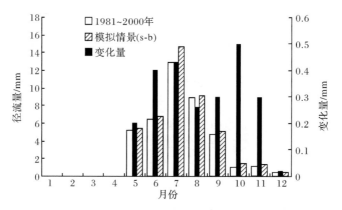

图 12-11　1981～2000 年土地利用对月径流量的影响

2) 1994~2000 年作为基准期,2001~2007 年作为变化期

图 12-12 为把 1994~2000 年作为基准期,2001~2007 年作为变化期的降雨与土地利用共同作用对月径流量的影响。由图可以看出,在降雨和土地利用共同作用下,无论基准期还是还是变化期,5~9 月径流量都是最大的,尤其是降雨量相对较充沛的 7 月径流量达到了峰值。对比图 12-13 和图 12-14 可以看出,土地利用对月径流的影响与土地利用和降雨共同对月径流的影响很相似,雨季径流量都是最大的,尤其是 7 月。

模拟情景(s-a)下与实际情景模拟的各月平均径流的比较,揭示了降雨变化对月径流产生的影响。因此,图 12-13 可以反映降雨对月径流量的影响。模拟情景(s-b)下与实际情景 1 模拟的各月平均径流的比较,说明了土地利用对月径流的影响,因此,图 12-14 可以表达土地利用对月径流量的影响。

从图 12-12 可以看出,马家沟流域雨季 5~9 月,在 2001~2007 年的径流量比 1994~2000 年分别增加了 0.9mm、0.8mm、1.3mm、1.56mm、1.1mm;而模拟情景(s-a)与实际情景 1 的径流量分别增加了 0.2mm、0.3mm、0.1mm、0.56mm、0.2mm;模拟情景(s-b)下与实际情景 1 模拟的平均径流增加量分别为 0.8mm、0.6mm、1.1mm、0.27mm、0.8mm。以上数据也表明模拟情景(s-b)与实际情景 1 的径流变化量比模拟情景(s-a)与实际情景 1 的径流变化量大得多,因此得出,土地利用对径流的影响较降雨对径流的影响要大。

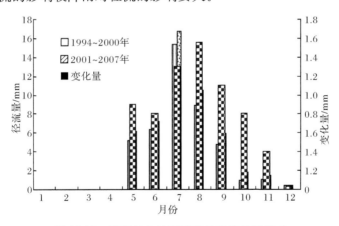

图 12-12 降雨与土地利用对月径流量的影响

分析表明,当把 1981~1990 年作为基准期,1991~2000 年作为变化期时,月降雨量对径流影响的贡献率大于土地利用变化对径流影响的贡献率;而当把 1994~2000 年作为基准期,2001~2007 年作为变化期时,土地利用变化对径流影响的贡献率却大于月降雨对径流影响的贡献率。因此,可以得出无论年尺度还是月尺度,随着植被覆盖率的增加,土地利用对径流影响的贡献率也在增加。这个

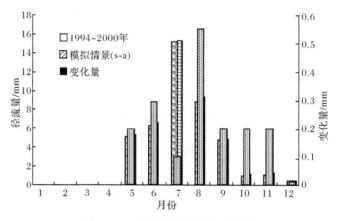

图 12-13　降雨对月径流量的影响

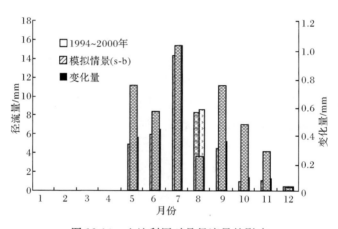

图 12-14　土地利用对月径流量的影响

结论与张晓萍等(2009)得出的结论相似,他们以黄河中游河龙区间为研究对象得出,各流域间具有水土保持措施尤其淤地坝等建设面积越大,对降水产流的影响程度越大的趋势。作为土地利用/覆被变化主要内容之一的水土流失综合治理和生态环境建设,对区域水循环及河川径流具有明显的影响。

12.3.2　对侵蚀产沙影响

径流不仅是产生土壤侵蚀的主要动力,也是输送泥沙的重要载体。流域径流是一个受降雨、植被等因素影响的过程,因此,侵蚀产沙也受森林植被及降雨影响。侵蚀产沙的研究是一个极复杂的系统工程,它不仅受到许多自然因素制约也受到人类活动干扰,此外,侵蚀产沙的各个因素之间还存在着错综复杂的相互作用。

影响流域产沙因素较多,概括起来有两个方面,即气候因素和下垫面因素。对某流域系统而言,在影响流域产沙的诸因素中,动力因素(如降雨等)是随机变化的、动态的,在流域侵蚀产沙中是主动的、积极的因素;而下垫面即地表物理特性因素,是相对稳定的因素。由于植被等地表物质的作用,降水将通过地表径流间接影响流域产沙。因此,本研究回归模型不仅包括降雨因子,也包括植被因子。本节选择 12 号、18 号、27 号、31 号、34 号和 38 号子流域为研究对象,分析各个子流域在 1981～2007 年森林植被面积比例与年降水、输沙模数的关系,建立了流域年降水量、森林植被覆盖率和年输沙模数的回归关系。

12 号子流域:

$$M_s = 20.24 e^{0.004P-0.098L}, \quad R^2 = 0.870 \tag{12-8}$$

18 号子流域:

$$M_s = 37.54 e^{0.011P-0.104L}, \quad R^2 = 0.823 \tag{12-9}$$

27 号子流域:

$$M_s = 41.27 e^{0.007P-0.104L}, \quad R^2 = 0.811 \tag{12-10}$$

31 号子流域:

$$M_s = 14.78 e^{0.004P-0.018L}, \quad R^2 = 0.804 \tag{12-11}$$

34 号子流域:

$$M_s = 22.78 e^{0.010P-0.201L}, \quad R^2 = 0.891 \tag{12-12}$$

38 号子流域:

$$M_s = 47.12 e^{0.004P-0.245L}, \quad R^2 = 0.810 \tag{12-13}$$

式中,M_s 为流域年输沙模数,t/(km²·a);P 为流域年降水量,mm;L 为森林植被覆盖率,%。

由以上公式可以看出,尽管 6 个子流域所得到的降雨、森林覆盖率和年输沙模数的模型并不完全相同,但各子流域年降水量和流域森林植被盖率均与流域输沙模数呈指数关系的结论是一致的,流域年输沙量随着流域年降水量的增加而增加,随着流域森林植被覆盖率的增加而减少。上述模型又可简化为

$$M_s = a e^{bP-cL} \tag{12-14}$$

式中,a、b、c 为系数。

12.4　淤地坝对水沙资源调控效应

12.4.1　淤地坝减沙效益分析

选取马家沟流域作为研究对象,通过 GPS 定位流域内所有坝,加载于流域的数字地形图里,通过流域侵蚀产沙分布式模型的模拟、计算和预测,分析沟壑整治

工程对流域水沙运移的调控机制。

马家沟流域属于黄土丘陵沟壑区,在地貌上可以将其划分为两大地貌单元:沟谷地与沟间地。沟谷地以重力侵蚀和高含沙水流下切侵蚀为主,而沟间地则以面状侵蚀(含细沟侵蚀)为主。通过对蔡家川流域研究发现,流域沟间地侵蚀量占40%左右,沟谷地占60%左右,泥沙主要来源于沟谷坡地(沟头、沟道和沟坡),沟谷地侵蚀模数是沟间地的1.28~2.48倍。沟间地的主要侵蚀主要通过传统的坡面措施(造林、种草、修建梯田)来控制,沟谷地的侵蚀则通过修建淤地坝来拦截。因此,为了有效地控制流域侵蚀量,有必要修建淤地坝。

据调查,马家沟流域现布设各类淤地坝64座,其中有11座骨干坝、33座中型坝和20座小型坝。从表12-17可以看出,2000年坝地面积为6.15km²,坝地配置比为14.53%;2006年坝地面积为8.93km²,坝地配置比仅为11.39%,图12-15和图12-16为马家沟流域各项水土保持措施的面积及配置比例。表12-18为流域的模拟产沙量。

表 12-17　水土保持措施面积和配置比例

年份	各大措施面积/km²				总面积/km²	配置比/%			
	造林	种草	梯田	坝地		造林	种草	梯田	坝地
1990	6.99	29.17	1.65	—	37.81	18.49	77.15	4.36	—
2000	1.90	32.68	1.6	6.15	42.33	4.49	77.20	3.78	14.53
2006	17.02	43.46	8.98	8.93	78.39	21.71	55.44	11.46	11.39

注:水土保持配置比例是指某一单项水土保持措施保存面积占四大水土保持措施(梯田、林地、草地、坝地)总体保存面积的百分比。

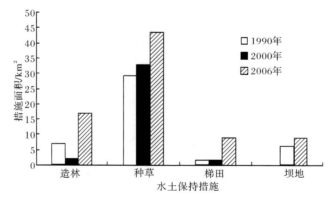

图 12-15　水土保持措施面积图

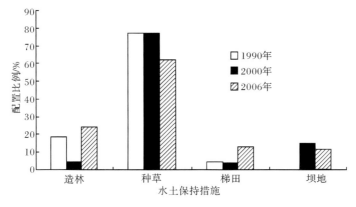

图 12-16　水土保持措施配置比例图

表 12-18　SWAT 模拟产沙量与流域产沙量

年份	SWAT 模拟流域产沙量/万 t	坝地拦沙量/万 t	坝地拦沙率/%	流域产沙量/万 t
1990	155.05	—	—	155.05
2000	116.25	86.85	74.71	29.40
2006	93.41	75.41	80.73	18.00

从表 12-18 可以看出,尽管淤地坝在 2000 年和 2006 年坝地配置比例都较小,2000 年淤地坝配置比例为 14.53%,但淤地坝的拦沙率却高达 74.71%。在 2006 年淤地坝配置比例为 11.39%,但 2006 年坝地的拦沙率却高达 80.73%,这足以表明淤地坝在流域减沙中的突出作用。

12.4.2　淤地坝在流域减沙中作用

1. 水土保持措施减沙机理

梯田减沙机理:坡耕地修为梯田后,改变了原来坡面小地形,使田面变得平整,缩短了坡长,把连续的坡面变成不连续的平面或反坡面,阻滞了径流的形成,增加了土壤入渗能力,一定程度上阻止土壤被冲刷,达到蓄水保土的目的。梯田除能蓄积本身的雨水外,还能拦蓄上部来水使之在田面蓄积下渗,当梯田发生漫流时,尽管蓄水保土作用降低,但仍能起到多级跌水的作用,将径流能量消耗在田坎上。

林草减沙机理:通过提高植被覆盖率,有效截留雨水;枯枝落叶层和草皮保护地表土壤不受雨滴溅蚀;增加地表糙率和土壤蓄水能力,降低水流速度,减少水流对土壤的冲蚀。

淤地坝减沙机理:淤地坝的修建可以抬高侵蚀基准面,制止沟床下切、沟岸扩张、沟头前进,从而稳定了谷坡陡岸,重力侵蚀强度大大减弱;另外,淤地坝的修建改变侵蚀形态,沟道坝系建设后,沟谷底被坝地埋没,侵蚀形态由原来的冲蚀、切蚀、重力侵蚀、洞穴侵蚀变为雨滴溅蚀。此外,淤地坝的修建减轻了下游沟道侵蚀,淤地坝建成初期可利用其库容拦蓄洪水泥沙,坝库运用后期滞洪、拦泥、淤地,可起到减轻下游沟道侵蚀的作用。

沟道是产沙的主要单元,其中的产沙量占流域产沙量的70%左右,相对来说,梯田、林草一般建设在原有的坡面上,因此梯田和林草措施的减沙基本是减少沟道以外产沙的一部分,而对减少沟道产沙变得无能为力,而淤地坝则是减少沟道产沙的关键设施。

2. 淤地坝减沙贡献率

为了进一步分析淤地坝的作用,以马家沟流域为例来分析淤地坝的水土保持贡献率。采用两种方法来计算各大措施的拦沙量:一是采用的SWAT模拟的方法,假定了五种情景来分析各项水土保持措施在水土保持拦沙中的贡献率;二是采用王万忠等的经验回归方程。本节的减沙量通过两种方法计算并取二者的平均值。

方法一:SWAT模型模拟方法

情景1:1990~2007年逐年降雨量数据,土地利用全部为荒地(无措施)。

情景2:1990~2007年逐年降雨量数据,土地利用全部为林地。

情景3:1990~2007年逐年降雨量数据,土地利用全部为草地。

情景4:1990~2007年逐年降雨量数据,土地利用全部为梯田。

情景5:1990~2007年逐年降雨量数据,坡面为草地,沟道修建淤地坝(以2006年调查所得的淤地坝为基础)。

方法二:经验回归方程

1) 植被措施减沙效益计算

王万忠等根据延安、安塞等水土保持试验站坡耕地、林地、草地等径流小区的实测年降雨径流泥沙资料,对不同盖度林地、草地相对于坡耕地的减沙效益与汛期雨量(5~9月雨量)的关系进行了统计分析,建立了林草地减沙效益计算公式。

林地:

$$S_{林} = -56.523 + 116.520 \lg v - 30.864 \lg(P_{汛})$$

草地:

$$S_{草} = -26.902 + 105.368 \lg v - 34.194 \lg(P_{汛})$$

式中,$S_{林}$、$S_{草}$分别为林地、草地的年减沙效益,%;v为林草地盖度,%;$P_{汛}$为汛期(5~9月)降雨量,mm。

若某研究支流片共有mm个子单元,其中第n个子单元内有k种不同盖度的

林地和 g 种不同盖度的草地,则预测年第 n 个子单元年降雨条件下坡面植被措施减沙量计算公式如下。

林地:

$$W_{\text{林沙}n} = \sum_{i=1}^{k}(A_{\text{林}i}S_{\text{林}i}M_{\text{沙}}) \tag{12-15}$$

草地:

$$W_{\text{草沙}n} = \sum_{i=1}^{k}(A_{\text{草}j}S_{\text{草}j}M_{\text{沙}}) \tag{12-16}$$

第 n 个子单元:

$$W_{\text{林草沙}n} = W_{\text{林沙}n} + W_{\text{草沙}n} \tag{12-17}$$

支流片:

$$W_{\text{林草沙}} = \sum_{i=1}^{mn}W_{\text{林草沙}i} \tag{12-18}$$

式中,$W_{\text{林沙}n}$、$W_{\text{草沙}n}$、$W_{\text{林草沙}n}$ 分别为研究支流片内第 n 个子单元中林地、草地以及单元坡面植被措施的总减沙量,t;$A_{\text{林}i}$、$A_{\text{草}j}$ 分别为第 n 个子单元中第 i 种林地类型、第 j 种草地类型的面积,km^2;$S_{\text{林}i}$、$S_{\text{草}j}$ 分别为第 n 个子单元所在植被带第 i 种林地类型、第 j 种草地类型的减沙效益,%;$M_{\text{沙}}$、$W_{\text{林草沙}}$ 分别为研究支流片现状年侵蚀模数和研究时段总减沙量,t/(km^2 · a),t。

2) 水平梯田减水减沙效益计算

吴发启等(2004)通过黄土高原水平梯田的蓄水保土效益分析,给出了水平梯田减沙效益系数 $\eta_{\text{沙}}$ 的经验回归关系:

$$\eta_{\text{沙}} = -0.0003P_{\text{汛}} + 0.2012P_{\text{汛}} + 68.316, \quad r = 0.9511 \tag{12-19}$$

式中,$\eta_{\text{沙}}$ 为黄土高原水平梯田的减水减沙效益,%;$P_{\text{汛}}$ 为流域多年平均汛期降雨量,mm。

$$W_{\text{沙}} = FM_{\text{沙}}\eta_{\text{沙}} \tag{12-20}$$

式中,$W_{\text{沙}}$ 为水平梯田的减沙量,t;F 预测年水平梯田面积,km^2;$M_{\text{沙}}$ 为流域年侵蚀模数,t/(km^2 · a)。

3) 淤地坝减沙效益计算

采用冉大川(2006)提出的淤地坝减沙量的计算公式来计算淤地坝减沙量,包括淤地坝的拦泥量、减轻沟蚀量以及由于坝地滞洪及流速减少对坝下游沟道侵蚀的影响减少量。

(1) 拦泥量计算。

$$W_{\text{sg}} = fM_{\text{s}}(1-\alpha_1)(1-\alpha_2) \tag{12-21}$$

式中,W_{sg} 为已淤成坝地的拦泥量,万 t;f 为坝地的累积面积,hm^2;M_{s} 为拦泥定额,即单位面积坝地的拦泥量,万 t/hm^2;α_1 为人工填筑及坝地两岸坍塌所形成的坝地面积占坝地总面积的比例系数,马家沟流域取 0.2;α_2 为推移质在坝地拦泥量中所占的比例系数,马家沟流域取 0.15。

(2) 减蚀量计算。

淤地坝的减蚀作用在沟道建坝后即行开始,其减蚀量一般与沟壑密度、沟道比降及沟谷侵蚀模数等因素有关,其数量主要包括坝内泥沙淤积物覆盖下的原沟谷侵蚀量。

$$\Delta W_{sj} = FW_{si}K_1K_2 \tag{12-22}$$

式中,ΔW_{sj} 为计算年淤地坝减蚀量,万 t;F 为计算年淤地坝的面积,km^2;W_{si} 为计算年内流域的侵蚀模数;K_1 为沟谷侵蚀量与流域平均侵蚀量之比,黄土丘陵沟壑区参考其他研究成果取 1.75;K_2 为坝地以上沟谷侵蚀的影响系数,取 >1.0。

由此,可知马家沟流域淤地坝的减沙量 $\Delta W_{s坝}$ 为

$$\Delta W_{s坝} = W_{sg} + \Delta W_{sj} \tag{12-23}$$

从表 12-19 可以看出,2001～2007 年林地的减沙贡献率从 1990～2000 年的 19.82% 下降到 18.27%,下降了 1.55%;草地的减沙贡献率从 1990～2000 年的 11.62% 下降到 2001～2007 年的 10.09%,下降了 1.53%;梯田的减沙贡献率从 1990～2000 年的 26.29% 下降到 2001～2007 年的 24.67%,下降了 1.62%。即林地、草地、梯田的减沙贡献率都在减少。而淤地坝的减沙贡献率却在增加,从 1990～2000 年的 42.27% 增加到 2001～2007 年的 46.97%,增加了 4.70%,增幅相对较大。这与自 2000 年以来,淤地坝的新建及改建有密切的关系。

表 12-19　各大措施减沙量及贡献率

年份	各项指标		无措施(荒地)	坡面各大措施			
				林地	草地	梯田	坝地
1990～2000 年平均	方法一:SWAT 模型模拟	SWAT 模拟产沙量/万 t	193.75	110.50	147.56	82.74	—
		减沙量/万 t	—	83.25	46.19	111.01	170.64
		减沙量贡献率/%	—	20.25	11.24	27.00	41.51
	方法二:经验回归方程	减沙量/万 t	—	81.24	50.24	107.10	180.24
		减沙量贡献率/%	—	19.40	12.00	25.57	43.03
	平均减沙量贡献率/%		—	19.82	11.62	26.29	42.27

年份	各项指标		无措施（荒地）	坡面各大措施			
				林地	草地	梯田	坝地
2001～2007年平均	方法一：SWAT模型模拟	SWAT 模拟产沙量/万 t	154.75	97.23	120.89	75.65	—
		减沙量/万 t	—	57.52	33.86	79.1	148.65
		减沙量贡献率/%	—	18.02	10.61	24.79	46.58
	方法二：经验回归方程	减沙量/万 t	—	58.78	30.40	77.98	150.42
		减沙量贡献率/%	—	18.51	9.57	24.55	47.36
	平均减沙量贡献率/%		—	18.27	10.09	24.67	46.97

注:方法一的坡面减沙量为荒地产沙量与各大措施的产沙量之差,减沙量的贡献率为各措施减沙量占 4 项水土保持减沙量之和的百分比。

此外,从表 12-19 也可以看出,无论采用方法一还是方法二计算减沙量,1990～2007 年年均减沙量最大的是淤地坝,其次是梯田、林地和草地。造林种草等水土保持措施起到的减沙作用相对于淤地坝来说仍然较小。已有的研究也表明,在黄土高原区尤其是丘陵沟壑区,当植被达到一定的覆盖度时才能够达到明显减沙的作用。因此,林草措施减沙效益与淤地坝相比较小。坝地的减沙量贡献率在 1990～2000 年为 42.27%,在 2001～2007 年平均达到了 46.97%。所以淤地坝的拦沙贡献率在十几年内达到了近一半,即多沙粗沙区的马家沟流域,淤地坝的减沙作用占主导地位。因此,在各项水土保持措施中,对减少入黄泥沙量贡献最大的是淤地坝。

图 12-17 是 1990～2007 年四大措施减沙量贡献率图。由图可以看出,马家沟流域坡面减沙量贡献率越大,淤地坝的减沙量贡献率就越小,即实施坡面措施后的减沙量越大,淤地坝减沙量就越小,显然,当坡面治理程度越高时,由坡面进入沟道的沙量也就越少,淤地坝的拦沙量也就相应减小,也越有利于延长淤地坝的使用寿命,淤地坝持续发挥减沙作用的时间也越长。

从本质上来说,水土保持措施对流域地貌过程的影响,一是改变流域下垫面特征,从而改变产流、侵蚀和产沙过程,使侵蚀泥沙减少;二是改变流域中泥沙输移的条件,使侵蚀产生的泥沙在流域中沉积下来,使沉积量增加。需要说明的是,尽管淤地坝拦沙贡献率最大,但坡面措施也是至关重要的。坡面措施不仅减少了坡面的径流量和泥沙量,而且由于减少了坡面径流,使流域中汇集到各级沟道的水流减少,从而减少了坡面以下的径流的挟沙能力,减少了土壤侵蚀。因此,如果没有坡面措施的减洪作用,当坡面洪水下沟后,将大大增加沟道的侵蚀量。以淤地坝为主的工程措施、以退耕还林(草)为主的生物措施和以改进生产方式为主的耕作措施都是治理水土流失的重要措施,三者相辅相成,互为补充(冉大川,

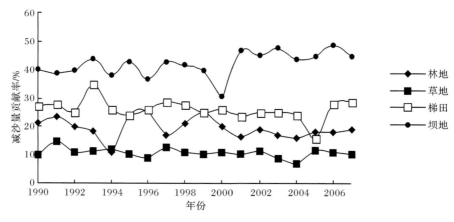

图 12-17 各年度四大措施减沙量贡献率

2006)。综合分析表明,在多沙粗沙区的马家沟流域应当采取沟坡兼治的水土保持措施体系。

12.4.3 淤地坝淤积库容分析

对马家沟流域 64 座淤地坝进行现场调查,测量计算了 64 座淤地坝的坝控面积和平均库容。表 12-20 分别给出了马家沟流域不同的坝高(分为 7 类)、平均坝控面积和平均库容。低于 5m 的淤地坝平均坝控面积为 0.2km²,平均库容为 0.7 万 m³;5~10m 的淤地坝平均坝控面积为 0.4km²,平均库容为 1.9 万 m³;10~15m 的淤地坝平均坝控面积为 0.5km²,平均库容为 4.7 万 m³;15~20m 的淤地坝平均坝控面积为 0.9km²,平均库容为 14.6 万 m³;20~25m 的淤地坝平均坝控面积为 3.2km²,平均库容为 28.65 万 m³;25~30m 的淤地坝平均坝控面积为 4.6km²,平均库容为 82.8 万 m³;高于 30m 的淤地坝平均坝控面积为 5.5km²,平均库容为 159.57 万 m³。马家沟流域已建的 64 座淤地坝坝高主要集中在 10~20m 范围内,占到总淤地坝的 58%,单坝的平均坝控面积介于 0.5~0.9km²,平均库容为 4.7~14.6 万 m³。

表 12-20 马家沟流域平均坝控面积与平均库容

坝高	样本数	平均坝控面积/km²	平均库容/万 m³
≤5m	4	0.2	0.7
5~10m	14	0.4	1.9
10~15m	17	0.5	4.7
15~20m	20	0.9	14.6

续表

坝高	样本数	平均坝控面积/km²	平均库容/万 m³
20～25m	2	3.2	28.65
25～30m	4	4.6	82.8
≥30m	3	5.5	159.57

由图 12-18 和图 12-19 可见,马家沟流域坝控面积、库容与坝高关系多项式相关关系。其中坝控面积与坝高相关系数 $R^2=0.7737$,总库容与坝高相关系数为 $R^2=0.8598$。

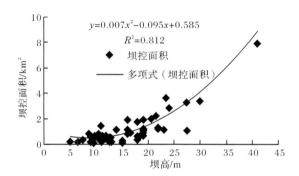

图 12-18　坝高与坝控面积关系曲线

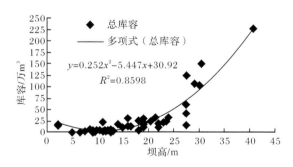

图 12-19　坝高与总库容关系曲线

12.4.4　单坝拦沙效益比较

淤地坝建成后,由于泥沙的淤积,原来侵蚀剧烈的沟道变成平整的坝地,减少了沟道侵蚀,但由于小流域不同部位的侵蚀程度不同,安排建坝顺序时及早控制土壤侵蚀剧烈的区域,有助于整个小流域的水土流失。选择马家沟流域 18 号和 27 号子流域对比研究,模拟计算两个流域在布设淤地坝后淤积量与坝地面积随着时间的变化情况。淤地坝均设计为淤积年限 10 年、坝高 15m 的坝。

　　淤地坝的主要作用就是降低侵蚀基准面,并达到淤地造田提高农业效益的作用,经过一定淤积年限,淤地坝形成的坝地面积越大,则沟道的侵蚀就越小,农业效益就可能越高。由图 12-20 可以看出,在 10 年的淤积过程中 18 号子流域的淤地面积均大于 27 号子流域。淤积年限达到 10 年时,18 号子流域淤地坝坝地面积达到了 14.3hm²,而 27 号子流域坝地面积仅为 1.78hm²,前者约为后者的 8 倍。因此,从淤地坝淤地造田的角度考虑,18 号子流域比 27 号子流域更有建坝的必要性。

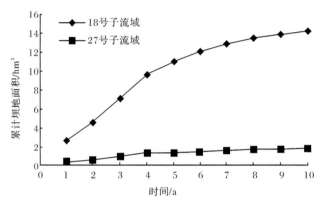

图 12-20　坝地面积比较

　　由图 12-21 可以看出,18 号子流域的淤积量均大于 27 号子流域。淤积年限达到 10 年时,18 号子流域坝地淤积量达到了 16 万 t,而 27 号子流域为 3.25 万 t,前者约为后者的 5 倍。因此,从淤地坝拦沙角度考虑,18 号子流域比 27 号子流域更有建坝的必要性。18 号淤地坝与 27 号淤地坝相比,无论淤地面积还是淤积量前者都比后者大。18 号坝可以更有效地拦截泥沙,较快形成坝地进行农业生产。

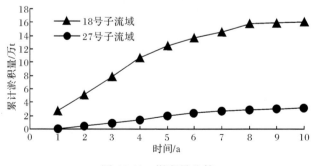

图 12-21　淤积量比较

12.5　不同治理范式下流域侵蚀强度变化

　　水土保持实施后的流域侵蚀模数随时间变化的规律,既是一个十分重要的理论问题,又是一个具有重要应用意义的问题。以马家沟流域为例分析水土保持措施与流域侵蚀模数的变化情况。需要说明的是,由于研究采用的拦沙量为坝控流域输沙量,而计算流域侵蚀模数时需采用流域侵蚀量来计算。根据延安市多年平均入黄泥沙量占多年平均侵蚀量推算得出延安市泥沙输移比为 0.91(刘世海等,2005)。本研究采用该输移比来计算马家沟流域侵蚀量,依此来计算流域侵蚀模数。图 12-22 为马家沟流域 1981~2007 年土壤侵蚀模数的变化,表 12-21 为马家沟流域多年土壤侵蚀量及土壤侵蚀模数。

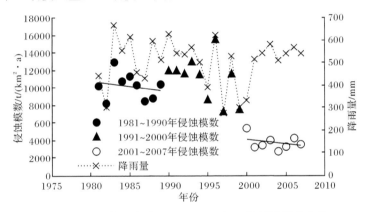

图 12-22　马家沟流域 1981~2007 年土壤侵蚀模数变化

表 12-21　马家沟流域土壤侵蚀量及土壤侵蚀模数

年份	流域总输沙量/万 t	流域年平均输沙量/万 t	流域平均侵蚀量/万 t	流域土壤侵蚀模数/[t/(km²·a)]
1981~1990	796.4	79.6	87.5	11290.3
1991~2000	808.0	80.8	88.8	11458.1
2001~2007	189.9	27.1	29.8	3842.6

　　由图 12-22 可以看出,三个时段下侵蚀模数与降雨量变化不太一致,1990~1999 年平均降雨量最小仅为 459mm,但侵蚀模数最大;2000~2007 年平均降雨量最大为 542.6mm,侵蚀模数最小。由表 12-21 和图 12-22 可见,马家沟流域自 1981~2007 年土壤侵蚀模数在总体趋势上表现出 3 个阶段:①平缓下降;②先跳跃式增加,后急剧减小;③先骤减,后平缓下降。

1981～1990 年平均土壤侵蚀模数在 11290t/(km² · a)左右,尽管在这十年间,1983 年和 1990 年侵蚀模数相对较大,但侵蚀模数的总体趋势为平缓下降,这是由于在 20 世纪 80 年代小流域开展了以梯田建设为突破口的山、水、田、林、路综合治理示范工程,对土地进行"2 化",即坡耕地梯田化、宜林耕地绿化。通过不断治理,使流域内坡耕地的面积减少,梯田面积增加,林地面积也有增加。随着土地利用的改善,流域土壤侵蚀模数也相应降低。

与 20 世纪 80 年代相比,90 年代侵蚀模数明显增大,这与人为因素影响有直接的关系。马家沟流域自 1990 年以来人口数在逐年增加,居民点所占面积也从 40.12hm² 增加到了 60.22hm²。随着人口的增加,滥砍滥伐等现象也在逐步增加,因此,水土流失急剧增大,从而造成土壤侵蚀模数与 80 年代相比骤增。但 1990～2000 年的十年间,土壤侵蚀模数却逐年下降,这是因为面对人口增加、水土流失增加的现象,当地政府开始重视水土保持,严禁乱砍滥伐,并且在流域坡面和沟道布置了相应的水土保持措施,加之,90 年代后期降雨量也较小,1997 年降雨量仅 233mm,在水土保持和降雨的双重影响下,水土流失及侵蚀模数下降。

2001～2007 年侵蚀模数比 1991～2000 年下降较多。一方面是由于随着退耕还林政策的实施,2001～2007 年林地面积又有了较大幅度的增加,林地面积从 190.78hm² 增加到 1702.83hm²,而坡耕地面积也相应减少。另一方面是由于马家沟流域自 2000 年以后开始了以淤地坝为主的大规模沟道治理,沟谷坡下部被淤地坝沉积泥沙覆盖,对沟谷坡的稳定起到了一定的加强和巩固作用,在一定程度上减轻甚至遏制了沟谷坡下部侵蚀的发生。

参 考 文 献

白清俊.2000.黄土坡面细沟侵蚀带产流产沙模型研究[J].水土保持学报,14(1):93—96.

柏跃勤,常茂德.2002.黄土高原地区小流域坝系相对稳定研究进展与建议[J].中国水土保持,(10):12—13.

包为民,陈耀庭.1994.中大流域水沙耦合模拟物理概念模型[J].水科学进展,5(4):287—292.

蔡强国.1989.坡长对坡耕地侵蚀产沙过程的影响[J].云南地理环境研究,(1):34—43.

蔡强国,陆兆熊.1996.黄土丘陵沟壑区典型小流域侵蚀产沙过程模型[J].地理学报,51(2):108—117.

曹文洪.1993.土壤侵蚀的坡度界限研究[J].水土保持通报,13(4):1—5.

曹文洪,胡海华,吉祖稳.2007.黄土高原地区淤地坝坝系相对稳定研究[J].水利学报,38(5):606—610.

曹文洪,李占斌,陈丽华,等.2012.沟壑整治工程优化配置与建造技术[M].北京:中国水利水电出版社.

曹文洪,张启舜,姜乃森.1993.黄土地区一次暴雨产沙数学模型的研究[J].泥沙研究,(1):1—13.

陈浩.1999.黄河中游小流域的泥沙来源研究[J].土壤侵蚀与水土保持学报,5(1):19—26.

陈浩.2001.流域系统水沙过程变异规律研究进展[J].水土保持学报,15(5):101—105.

陈军峰,李秀彬.2001.森林植被变化对流域水文影响的争论[J].自然资源学报,16(5):474—480.

陈军锋,裴铁璠,陶向新.2000.河流两侧坡面非对称采伐森林对流域暴雨-径流过程的影响[J].应用生态学报,11(2):210—214.

陈丽华,余新晓.1995.晋西黄土地区水土保持林地土壤入渗性能的研究[J].北京林业大学学报,17(1):42—47.

陈丽华,余新晓,董源,等.1989.森林水文研究[M].北京:中国林业出版社.

陈永宗.1988.黄土高原现代侵蚀与治理[M].北京:科学出版社.

陈彰岑,于德广,雷元静,等.1998.黄河中游多沙粗沙区快速治理模式的实践与理论[M].郑州:黄河水利出版社.

承继成.1964.关于坡地剥蚀过程的分带性[M].北京:科学出版社.

范瑞瑜.1985.黄河中游地区小流域土壤流失量计算方程的研究[J].中国水土保持,(2):12—18.

范瑞瑜.2005.黄土高原坝系工程的相对稳定性[J].中国水土保持科学,3(3):103—109.

方学敏,万兆惠,徐永年.1997.土壤抗蚀性研究现状综述[J].泥沙研究,(2):87—91.

傅伯杰,陈利顶,马克明.1999.黄土高原小流域土地利用变化对生态环境的影响[J].地理学报,54(3):241—246.

符淙斌,安芷生.2002.我国北方干旱化研究——面向国家需求的全球变化科学问题[J].地学前言,9(2):271—275.

高学田,包忠谟.2001.降雨特性和土壤结构对溅蚀的影响[J].水土保持学报,15(3):24—26.

高永年.2004.区域土地利用结构变化及其动态仿真研究[D].南京.南京农业大学硕士学位论文.

高照亮.2006.基于土地利用变化的淤地坝坝系规划研究[D].咸阳:西北农林科技大学博士学位论文.

郭忠升.1996.水土保持林有效覆盖率及其确定方法研究[J].土壤侵蚀与水土保持学报,2(3):67—72.

韩仕峰,黄旭.1993.黄土高原的土壤水分利用与生态环境的关系[J].生态学杂志,12(1):25—28.

贺康宁,张建军.1997.晋西黄土残塬沟壑区水土保持林坡面径流规律的研究[J].北京林业大学学报,119(4):1—6.

胡建忠,范小玲,王愿昌,等.1998.黄土高原沙棘人工林地土壤抗蚀性指标探讨[J].水土保持通报,18(2):25—30.

黄冠华,詹卫华.2002.土壤水分特性曲线的分形模拟[J].水科学进展,13(1):55—60.

黄礼隆,陈祖铭,任守贤.1994.森林水文研究方法[J].四川林业科技,15(1):15—30.

黄炎和,卢程隆,付勤,等.1993.闽东南土壤流失预报研究[J].水土保持学报,7(4):13—18.

黄奕龙,傅伯杰,陈立顶.2003.生态水文过程进展[J].生态学报,23(3):580—587.

姜娜,邵明安,雷廷武,等.2005.黄土高原六道沟小流域坡面土壤入渗特性的空间变异研究[J].水土保持学报,19(1):14—17.

江忠善,李秀英.1985.坡面流速试验研究[J].中科院西北水土保持研究所集刊,(7):46—50.

江忠善,李秀英.1988.黄土高原土壤流失预报方程中降雨侵蚀力和地形因子的研究[J].中国科学院水土保持研究所集刊,(7):40—45.

蒋德麒,向立.1990.水土保持是治黄之本[M].北京:水利科学出版社.

蒋定生,范兴科,李新华,等.1995.黄土高原水土流失严重地区土壤抗冲性的水平和垂直变化规律研究[J].水土保持学报,9(2):1—8.

蒋定生,周清,范兴科,等.1994.小流域水沙调控正态整体模型模拟实验[J].水土保持学报,8(2):25—30.

焦菊英,刘元宝,唐克丽.1992.小流域沟间与沟谷地径流泥沙来量的探讨[J].水土保持学报,6(2):24—28.

金争平,赵焕勋,和泰,等.1991.皇甫川区小流域土壤侵蚀量预报方程研究[J].水土保持学报,5(1):8—18.

雷志栋,杨诗秀,谢森传.1988.土壤水动力学[M].北京:清华大学出版社.

李凯荣,王佑民.1990.黄土地区刺槐林地水分条件与生产力研究[J].水土保持通报,6:58—65.

李文华,何永涛,杨丽韫.2001.森林对径流影响研究的回顾和展望[J].自然资源学报,11(5):390—406.

李秀彬.1996.全球环境变化研究的核心领域——土地利用/土地覆被变化的国际研究动向[J].地理学报,51(6):553—558.

李占斌,朱冰冰,李鹏.2008.土壤侵蚀与水土保持研究进展[J].土壤学报,45(5):802—809.

刘昌明,曾燕.2002.植被变化对产水量影响的研究[J].中国水利,(10):112—117.

刘昌明,钟骏襄.1978.黄土高原森林对年径流影响的初步研究[J].地理学报,33(2):112—126.

刘昌明,李道峰,田英,等.2003.基于DEM的分布式水文模型在大尺度流域应用研究[J].地理科学进展,22(5):437—445.

刘春利,邵明安,张兴昌,等.2005.神木水蚀风蚀交错带退耕坡地土壤含水率空间变异性研究[J].水土保持学报,19(1):132—135.

刘卉芳.2004.晋西黄土区森林植被对嵌套流域径流泥沙影响研究[D].北京:北京林业大学硕士学位论文.

刘卉芳.2010.黄土高原典型坝系流域土地利用/覆被变化的水沙效应研究[D].北京:中国水利水电科学研究院博士学位论文.

刘康,陈一鄂.1989.渭北黄土高原地区刺槐林群落生产力的研究[J].西北大学学报,9:197—201.

刘前进,蔡强国,刘纪根,等.2004.黄土丘陵沟壑区土壤侵蚀模型的尺度转换[J].资源科学,26(21):81—84.

刘世海,曹文洪,吉祖稳,等.2005.陕西延安黄土高原地区淤地坝建设规模研究[J].水土保持学报,19(5):127—130.

刘元宝,朱显谟,周佩华,等.1988.黄土高原土壤侵蚀垂直分带性研究[J].中国科学院西北水保所集刊,7(1):5—8.

刘增文,王佑民.1990.人工油松林蒸腾耗水及林地水分动态特征的研究[J].水土保持通报,(6):78—85.

卢金发,黄秀花.2003.黄河中游土地利用变化对输沙的影响[J].地理研究,22(5):571—578.

陆中臣.1993.晋陕蒙接壤区北片的侵蚀产沙楼趔,黄土高原(重点产沙区)信息系统研究(续集)[M].北京:测绘出版杜.

马霭乃.1990.土壤侵蚀因子的信息提取及建模应用[J].中国水土保持,(3-7):33—36.

马雪华.1993.森林水文学[M].北京:中国林业出版社.

孟庆枚.1996.黄土高原水土保持[M].郑州:黄河水利出版社.

牟金泽,孟庆枚.1983.降雨侵蚀土壤流失方程的初步研究[J].中国水土保持,(6):25—27.

潘成忠,上官周平.2003.黄土半干旱丘陵区陡坡地土壤含水率空间变异性研究[J].农业工程学报,19(6):5—10.

潘维伟.1989.全国森林水文学术讨论会文集[M].北京:测绘出版社.

戚隆溪,黄兴法.1997.坡面降雨径流和土壤侵蚀的数值模拟[J].力学学报,29(3):343—348.

秦伟.2009.北洛河上游土壤侵蚀特征及其对植被重建的响应[D].北京:北京林业大学博士学位论文.

邱扬,傅伯杰,王军,等.2000.黄土丘陵小流域土壤水分时空分异与环境关系的数量分析[J].生态学报,20(5):741—742.

冉大川.2006.黄河中游水土保持措施的减水减沙作用研究[J].资源科学,28(1):93—100.

冉大川,刘斌,王宏.2006.黄河中游典型支流水土保持措施减洪减沙作用研究[M].郑州:黄河水利出版社.

任立良,刘新仁.1999.数字高程模型在排水系统拓扑评价中的应用[J].水科学进展,10(2):129—134.

任立良,刘新仁.2000.基于DEM的水文物理过程模拟[J].地理研究,19(4):369—376.

任志远,张艳芳.2003.土地利用变化与生态安全评价[M].北京:科学出版社.

芮孝芳.1995.产汇流理论[M].北京:中国水利水电出版社.

芮孝芳.1999.地貌瞬时单位线研究进展[J].水科学进展,10(3):345—350.

尚松浩,毛晓敏,雷志栋,等.2000.冬小麦田间墒情预报的BP神经网络模型[J].水利学报,(4):60—63.

沈冰,王文焰.1993.植被影响下黄土坡地降雨漫流数学模型[J].水土保持学报,7(1):23—28.

石培礼,李文华.2001.森林植被变化对水文过程和径流的影响效应[J].自然资源学报,16(5):481—487.

史培军.1997.人地系统动力学研究的现状与展望[J].地学前缘,4(1-2):201—211.

史培军,宫鹏,李晓兵,等.2000.土地利用/覆被变化研究的方法与实践[M].北京:科学出版社.

孙立达,孙保平,陈禹,等.1988.西吉县黄土丘陵沟蜒区小流域土壤流失量预报方程[J].自然资源学报,3(2):141—153.

孙立达,朱金兆.1995.水土保持林体系综合效益研究与评价[M].北京:中国科学技术出版社.

孙铁珩,裴铁璠.1996.森林流域洪涝灾害成因分析与防治对策[J].中国减灾,6(3):35—38.

孙中峰.2007.晋西黄土区径流异质性及水文过程模拟研究[D].北京:北京林业大学博士学位论文.

谭钦文.2008.中线法高堆尾矿坝优化理论及其关键力学问题研究[D].重庆:重庆大学博士学位论文.

汤立群.1996.流域产沙模型研究[J].水科学进展,7(1):47—53.

唐政洪,蔡强国.2002.我国主要土壤侵蚀产沙模型研究评述[J].山地学报,20(4):466—475.

唐政洪,蔡强国,许峰,等.2002.不同尺度条件下的土壤侵蚀实验检测及模型研究[J].水科学进展,13(6):781—787.

王东升,曹磊.1995.混沌、分形及其应用[M].合肥:中国科学技术大学出版社.

王根绪,刘桂民,常娟.2005.流域尺度生态水文研究评述[J].生态学报,25(4):893—903.

王根绪,钱鞠,程国栋.2001.水文生态科学研究的现状与展望[J].地球科学进展,16(3):314—323.

王国庆,王云璋.2002.黄河上中游径流对气候变化的敏感性分析[J].应用气象学,13(1):117—121.

王礼先,张志强.1998.森林植被变化的水文生态效应研究进展[J].世界林业研究,(6):6—23.

王思远,刘纪远,张增祥,等.2001.中国土地利用时空特征分析[J].地理学报,56(6):631—639.

王万忠.1984.黄土地区降雨特性与土壤流失关系的研究Ⅲ:关于侵蚀性降雨标准的问题[J].水

土保持通报,4(2):58-62.

王万忠,焦菊英.1996.中国降雨侵蚀R值的计算与分布(Ⅱ)[J].土壤侵蚀与水土保持学报,2(1):29-39.

王秀兰,包玉海.1999.土地利用动态变化研究方法探讨[J].地理科学进展,18(1):81-87.

王中根,刘昌明,黄友波.2003.SWAT模型的原理、结构及应用研究[J].地理科学进展,22(1):79-86.

王中根,夏军,刘昌明,等.2007.分布式水文模型的参数率定及敏感性分析探讨[J].自然资源学报,22(4):649-654.

魏天兴,余新晓,朱金兆,等.2001.黄土区防护林主要造林树种水分供需关系研究[J].应用生态学报,12(2):185-189.

魏霞,李占斌,李勋贵,等.2007.大理河流域水土保持减沙趋势分析及其成因[J].水土保持学报,21(4):67-71.

温远光,刘世荣.1995.我国主要森林生态类型降水截持规律的数量分析[J].林业科学,31(4):289-298.

吴长文,王礼先.1995.林地土壤的入渗及其模拟分析[J].水土保持研究,2(1):71-75.

吴发启,张玉斌,王健.2004.黄土高原水平梯田的蓄水保土效益分析[J].中国水土保持科学,2(1):34-37.

吴普特.1997.动力水蚀实验研究[M].西安:陕西科学技术出版社.

吴钦孝,赵鸿雁,汪有科.1998.黄土高原油松林地产流产沙及其过程研究[J].生态学报,18(2):151-157.

吴素业.1992.安徽大别山区降雨侵蚀力指标的研究[J].中国水土保持,(2):32-33.

夏佰成,胡金明,宋新山.2004.地理信息系统在流域水文生态过程模拟研究中的应用[J].水土保持研究,11(1):5-8.

肖培青,郑粉莉,姚文艺.2007.坡沟系统侵蚀产沙及其耦合关系研究[J].泥沙研究,(2):30-31.

谢平,朱勇,陈广才,等.2007.考虑土地利用/覆被变化的集总式流域水文模型及应用[J].山地学报,25(3):257-264.

谢云,刘宝元,章文波.2000.侵蚀性降雨标准研究[J].水土保持学报,14(4):6-11.

徐学选,刘江华,高鹏,等.2003.黄土丘陵区植被的土壤水文效应[J].西北植物学报,23(8):1347-1351.

许炯心.2006.人类活动和降水变化对嘉陵江流域侵蚀产沙的影响[J].地理科学,26(4):432-437.

许炯心,孙季.2006.无定河水土保持措施减沙效益的临界现象及其意义[J].水利学进展,17(5):610-614.

许有鹏,陈钦峦,朱静玉.1995.遥感信息在水文动态模拟中的应用[J].水科学进展,6(2):156-161.

严登华,何岩,王浩,等.2005.水文生态过程对水环境影响研究述评[J].水科学进展,16(5):748-752.

杨华. 2001. 山西吉县黄土区切沟分类的研究[J]. 北京林业大学学报, 23(1):38—43.

杨文治, 邵明安. 2000. 黄土高原土壤水分研究[M]. 北京:科学出版社.

姚文艺, 汤立群. 2001. 水力侵蚀产沙过程及模拟[M]. 郑州:黄河水利出版社.

尹国康. 1998. 黄河中游多沙粗沙区水沙变化原因分析[J]. 地理学报, 53(2):174—180.

尹婧, 邱国玉, 熊育久. 2008. 北方干旱化和土地利用变化对泾河流域径流的影响[J]. 自然资源学报, 13(2):211—218.

尹婧. 2008. 气候变化和土地利用/覆被变化对泾河流域生态水文过程的影响研究[D]. 北京:北京师范大学博士学位论文.

余新晓, 秦永胜. 2001. 森林植被对坡地不同空间尺度侵蚀产沙影响分析[J]. 水土保持学报, 8(4):66—69.

余新晓, 张建军, 朱金兆. 1996. 黄土地区防护林生态系统土壤水分条件的分析与评价[J]. 林业科学, 32(4):289—296.

余新晓, 张学霞, 李建军, 等. 2006. 黄土地区小流域植被覆盖和降水对侵蚀产沙过程的影响[J]. 生态学报, 26(1):1—8.

袁家祖, 张汉雄. 1991. 黄土高原地区森林植被建设的优化模型[M]. 北京:科学出版社.

张洪江, 北原曜, 远藤泰造, 等. 1995. 晋西不同林地状况对糙率系数 n 值影响研究[J]. 水土保持通报, 15(2):10—20.

张建军, 贺康宁, 朱金兆. 1995. 晋西黄土区水土保持林林冠截留的研究[J]. 北京林业大学学报, 17(2):27—31.

张金慧, 徐立青. 2003. 从韭园沟看淤地坝工程的蓄洪拦泥作用[J]. "全国水土流失与江河泥沙灾害及其防治对策"学术研讨会会议文摘.

张金池, 庄家尧, 林杰. 2004. 不同土地利用类型土壤侵蚀量的坡度效应[J]. 中国水土保持科学, 2(3):6—9.

张培文, 刘德富, 郑宏, 等. 2004. 降雨条件下坡面径流和入渗耦合的数值模拟[J]. 岩土力学, 25(1):109—113.

张秋菊, 傅伯杰, 陈利顶, 等. 2003. 黄土丘陵沟壑区县域耕地变化驱动要素研究[J]. 水土保持学报, 17(4):146—147.

张万儒, 许本彤. 1986. 森林土壤定位研究方法[M]. 北京:中国林业出版社.

张宪奎, 许清华, 卢秀琴, 等. 1992. 黑龙江省土壤流失方程的研究[J]. 水土保持通报, 12(4):1—3.

张晓明. 2007. 黄土高原典型流域土地利用/森林植被演变的水文生态响应与尺度转换研究[D]. 北京:北京林业大学博士学位论文.

张晓明, 余新晓, 张学培, 等. 2002. 晋西黄土区主要造林树种单株耗水量研究[J]. 林业科学, 42(9):17—23.

张晓萍, 张橹, 王勇, 等. 2009. 黄河中游地区年径流对土地利用变化时空响应分析[J]. 中国水土保持科学, 7(1):19—23.

张岩, 朱清科. 2006. 黄土高原侵蚀性降雨特征分析[J]. 干旱区资源与环境, 20(6):99—101.

张运生, 曾志远, 李硕. 2005. GIS 辅助下的江西潋水河流域径流的化学组成计算机模拟研究

［J］. 土壤学报,42(4):559—568.

张志强,王礼先,余新晓,等. 2001. 森林植被影响径流形成机制研究进展［J］. 自然资源学报,16(1):79—83.

张志强,余新晓,赵玉涛,等. 2003. 森林对水文过程影响研究进展［J］. 应用生态学报,14(1):113—116.

郑粉莉. 1989. 发生细沟侵蚀的临界坡长与坡度［J］. 中国水土保持,10(8):23—24.

郑粉莉,高学田. 2003. 坡面土壤侵蚀过程研究进展［J］. 地理科学,23(2):230—235.

中国科学院南京土壤研究所. 1978. 土壤理化分析［M］. 上海:上海科学技术出版社.

中国科学院南京土壤研究所物理研究室. 1978. 土壤物理性质测定法［M］. 北京:科学出版社.

中野秀章. 1983. 森林水文学［M］. 李云森译. 北京:中国林业出版社.

钟登华,王仁超,皮钧. 1995. 水文预报时间序列神经网络模型［J］. 水利学报,(2):69—72.

钟祥浩,程根伟. 2001. 森林植被变化对洪水的影响分析［J］. 山地学报,19(5):413—417.

周佩华,窦葆璋,孙清芳,等. 1981. 降雨能量试验研究初报［J］. 水土保持通报,1(1):51—60.

周佩华,王占礼. 1987. 黄土高原土壤侵蚀暴雨标准［J］. 水土保持通报,7(1):38—44.

周佩华,武春龙. 1993. 黄土高原抗冲性的试验研究方法探讨［J］. 水土保持学报,7(1):29—34.

周晓峰,赵惠勋,孙慧珍. 2001. 正确评价森林水文效应［J］. 自然资源学报,16(5):420—426.

朱金兆,松冈广雄. 2001. 中国黄土高原治山技术研究［M］. 北京:中国林业出版社.

朱金兆,魏天兴,张学培. 2002. 基于水分平衡的黄土区小流域防护林体系高效空间配置［J］. 北京林业大学学报,24(5-6):5—13.

朱清科,沈应柏,朱金兆,等. 1999. 黄土区农林复合系统分类研究［J］. 北京林业大学学报,21(3):36—40.

朱清科,朱金兆,沈应柏,等. 1998. 论黄土区农林复合生态经济系统结构与发展［J］. 土壤侵蚀与水土保持学报,4(4):72—76.

朱显谟. 1956. 黄土区土壤侵蚀分类［J］. 土壤学报,4(2):99—105.

朱新军,王中根,李建新,等. 2006. SWAT 模型在漳卫河流域应用研究［J］. 地理科学进展,25(5):105—108.

朱雪芹,潘世兵,张建立. 2003. 流域水文模型和 GIS 集成技术研究现状与展望［J］. 地理与地理信息科学,19(3):10—13.

Arnold J G, Williams J R. 1995. SWRRB-A Watershed Scale Model for Soil and Water Resources Management［M］. Colorado:Water Resource Publications,847—908.

Arnold J G, Srinivasan R, Muttiah R S, et al. 1999. Continental scale simulation of the hydrologic balance［J］. Journal of American Water Resources Association,35(5):1037—1051.

Bergkamp G. 1998. Hydrological influences on the resilience of Quercus spp. dominated geoeco-systems in central Spain［J］. Geomorphology,23(2):101—126.

Beven K G, Germann P F. 1982. Macropores and water flow in soils［J］. Water Resources Research,18(5):303—325.

Beven K J. 1987. Towards the use of catchment geomorphology in flood frequency predictions ［J］. Earth Surface Processes and Landforms,12(1):69—82.

Beven K J,Clarke R T. 1986. On the variation of infiltration into a homogeneous soil matrix containing a population of macropores[J]. Water Resources Research,22(3):383—388.

Bruijnzeel L A. 2004. Hydrological functions of tropical forests:Not seeing the soils for the trees [J]. Agriculture Ecosystems and Environment,104(1):185—228.

Buttle J M,Creed I F,Pomeroy J W. 2000. Advances in Canadian forest hydrology,1995-1998 [J]. Hydrological Processes,14(9):1551—1578.

Calder I. 2000. Land use impacts on water resources[R]. Land-Water Linkages in Rural Watersheds Electronic Workshop,Roma.

Calder I R,Hall R L,Bastable H G,et al. 1995. The impact of land use change on water resources in sub_Saharan Africa:A modeling study of Lake Malawi[J]. Journal of Hydrology,170(1): 123—135.

Calver A. 1988. Calibration,sensitivity and validation of a physically-based rainfall-runoff model [J]. Journal of Hydrology,103(1-2):103—115.

Carpenter W C,Hoffman M E. 1997. Guidelines for the selection of networkarchitecture[J]. Artificial Intelligence for Engineering Design Analysis and Manufacturing,11(5):395—408.

Chu S T. 1987. Generalized mein-larson infiltration model[J]. Journl of Irrigation and Drainage Engineering,113(2):155—162.

Cruise J F,Limaye A S,AL-Abed N. 1999. Assessment of impacts of climate change on water quality in the south-eastern United States[J]. Journal of the American Water Resources Association,35(6):1539—1550.

Dawson C W,Wilby R. 1998. An artificial neural network approach to rainfall-runoff modeling [J]. Hydrological Sciences Journal,43(1):47—66.

Eckhardt K,Ulbrich U. 2003. Potential impacts of climatechange on ground water recharge and streamflow in a central European low mountain range[J]. Journal of Hydrology,284(1):244—252.

French M N,Krajewski W F,Cuykendall R R. 1992. Rainfall forecasting in space and time using a neural network[J]. Journal of Hydrology,137:1—37.

Green W H. Ampt G. 1911. Studies of soil physics. Part I. The flow of air and water through soils [J]. Journal of the Agriculutural Society,4:1—24.

Holtan H N. 1961. A Concept for infiltration estimates in watershed engineering. USDA Agricultural Research Service,Publication ARS-41—51.

Horton R E. 1935. Surface Runoff Phenomena[M]. New York:Horton Hydrology Laboratory Publication.

Hurley D G,Pantelis G. 1985. Unsaturated and saturated flow through a thin porous layer on a hillslope[J]. Water Resources Research,21(6):821—824.

Kannan N,White S M,Worrall F,et al. 2007. Seneitivity analysis and identification of the best evapotranspiration and runoff options for hydrological modeling in SWAT-2000[J]. Journal of Hydrology,(332):456—466.

Kusumandari A,Mitchell B. 1997. Soil erosion and sediment yield in forest agroforestry areas in West Java,Indonesia[J]. Journal of Soil and Water Conservation,40(2):289—297.

Leavesley G H. 1994. Modeling the effects of climate change on water resources-a review[J]. Climatic Change,28(1-2):159—177.

Leavesley G H,Markstrom S L,Restrepo P J,et al. 2002. A modular approach to addressing models design,scale,and parameter estimation issues in distributed hydrological modeling[J]. Hydrological Processes,16(2):173—187.

Legesse D,Vallet-Coulomb C,Gasse F. 2003. Hydrological response of a catchment to climate and land use change in tropical Africa:Case study South Central Ethiopia[J]. Journal of Hydrology,275:67—85.

Massman W J. 1980. Water storage on forest foliage:a general model[J]. Water Resources Research,16:210—216.

Massman W J. 1983. The derivation and validation of a new model for the interception of rainfall by forests[J]. Agricultural and Forest Meteorology,28(3):261—286.

Mein R G,Larson C L. 1973. Modeling infiltration during a steady rain[J]. Water Resources Research,9(2):384—394.

National Assessment Synthesis Team. 2000. Climate change impacts on the United States:the potential consequences of climate variability and change[R]. US Global Change Research Program,Washington D C.

Neitsch S L,Arnold J G,Kiniry J R,et al. 2002. Soil and Water Assessment Tool Theoretical Manual[M]. Texas:Grassland Soil Water Research Laboratory.

Philip J R. 1957. The theory of infiltration. I. The infiltration equation and its solution[J]. Soil Science,83(5):345—357.

Robson A, Neal C. 1991. Chemical signals in an upland catchment in mid-Wales-some implications for water movement[C]. Third National Hydrology Symposium,England,317—324.

Sidle R C,Tsuboyamaet Y,Hosoda I,et al. 1995. Seasonal hydrologic responses at various spatial scales in a small forested catchment, Hitachi Ohta, Japan[J]. Journal of Hydrology,168(1):227—250.

Sklash M G,Farvolden R N. 1979. The role of groundwater in storm runoff[J]. Journal of Hydrology,43(79):43—65.

Smith R E,Parlange J Y. 1978. A parameter efficient infiltration model[J]. Water Resources Research,14(3):533—538.

Stanley A C,Misganaw D. 1996. Detection of changes in streamflow and floods resulting from clim ate fluctuations and landuse-drainage changes[J]. Climatic Change,32(4):411—421.

Stone M C,Hotchkiss R H,Hubbard C M,et al. 2001. Impacts of climate change on Missouri river basin water yield[J]. Journal of the American Water Resources Association, 37 (5):1119—1129.

Wen C G,Lee C S. 1998. A rteural r'network approach to mulhi objec-tiveptimization for water quality management in a riverbasin[J]. Water Resources Research,34(3):427—436.

Weyman D R. 1970. Throughflow on hillslopes and its relation to the stream hydrograph[J]. Hydrological Science Bulletin,15(3):25—33.

Wilson G V, Luxmoore R J. 1988. Infiltration,macroporosity and mesoporosity distribution on two forested watersheds[J]. Soil Science Society of America Journal,52(2):329—335.

Wischmerie W H, Smith D D. 1978. Predicting rainfall-erosion losses:A guide to conservation Planning[R]. Agriculture Homdbook,537. Washington D C.

Woolhiser D A, Liggett J A. 1967. Unsteady one-dimenstional flow over a plane:The rising hydrograph[J]. Water Resources Research,3(3):753—771.

Zonneveld I. 2003. Natural and artificial landscape change in a Dutch Estuary:partially monitored with low budget method (a study in the fourth dimension)[J]. Journal of Environmental Sciences,15(2):152—154.

Zuazo V H D, Martinez J R F, Raya A M. 2004. Impact of vegetative cover on runoff and soil erosion at hillslope scale in Lanjaron,Spain[J]. Environmentalist,24(1):39—48.